21世纪高等学校计算机专业实用规划教材

数据结构习题与实训教程（C语言描述）（第2版）

王梦菊　齐景嘉　主编

清华大学出版社
北京

内容简介

本书分为上、下两篇。上篇为习题部分，共分为10章。每章又可分为"基本知识提要"、"典型题解析"、"知识拓展"、"测试习题与参考答案"4部分。"基本知识提要"部分给出了本章的知识结构图，并对易于混淆、难以理解或需要深入探讨的问题进行了整理。"典型题解析"部分选取了本章的经典题型进行分析，给出了详细的解题步骤。"知识拓展"部分对本章涉及的知识进行延展，对在更深入应用知识时可能遇到的疑惑进行解析。"测试习题与参考答案"部分从研究生入学考试及各类计算机专业考试中选取了大量试题，并给出了参考答案，可作为读者自测或教学考试的参考题目。下篇为实验指导部分，精选了各章实训内容，并给出了完整的C语言程序供学生上机实习参考。全书将习题与实验指导相配合，更加方便读者课后复习和上机实验时使用。

本书精选700多道习题及实训题目，内容丰富；结构清楚，答案完整，便于自学。本书与齐景嘉、王梦菊编写的教材《数据结构(C语言描述)(第2版)》(ISBN978-7-302-40973-1)相配套，可作为普通高等院校计算机及相关专业数据结构与算法课程的教学参考书和实验指导教材，同时适合参加计算机专业研究生入学考试、各类计算机专业等级考试的考生研习，还可供计算机应用技术人员参考使用。

图书在版编目(CIP)数据

数据结构习题与实训教程：C语言描述/王梦菊，齐景嘉主编.--2版.--北京：清华大学出版社，2015(2020.9重印)
21世纪高等学校计算机专业实用规划教材
ISBN 978-7-302-40972-4

Ⅰ.①数…　Ⅱ.①王…②齐…　Ⅲ.①数据结构－高等学校－教学参考资料②C语言－程序设计－高等学校－教学参考资料　Ⅳ.①TP311.12②TP312

中国版本图书馆CIP数据核字(2015)第166795号

责任编辑：付弘宇　薛　阳
封面设计：常雪影
责任校对：焦丽丽
责任印制：刘海龙

出版发行：清华大学出版社
网　　址：http://www.tup.com.cn，http://www.wqbook.com
地　　址：北京清华大学学研大厦A座　　**邮　　编**：100084
社 总 机：010-62770175　　**邮　　购**：010-62786544
投稿与读者服务：010-62776969，c-service@tup.tsinghua.edu.cn
质量反馈：010-62772015，zhiliang@tup.tsinghua.edu.cn
课件下载：http://www.tup.com.cn，010-83470236
印 装 者：三河市君旺印务有限公司
经　　销：全国新华书店
开　　本：185mm×260mm　　**印　　张**：14.5　　**字　　数**：347千字
版　　次：2011年10月第1版　　2015年9月第2版　　**印　　次**：2020年9月第4次印刷
印　　数：4001～4500
定　　价：39.00元

产品编号：066034-02

前　言

"数据结构"是计算机专业的核心课程，是设计和实现系统软件及大型应用软件的重要理论技术基础。这是一门较为复杂和难以理解的课程，因此，通过对概念和习题的讲解与分析，对重点知识的整理与归纳，可以帮助读者加深理解所学知识的本质，从而更好地掌握数据结构的原理和算法。同时，将各种数据结构和算法应用于复杂程序设计，并通过上机实验对算法进行验证，可以有效地提高学习效果。

本书针对"数据结构"课程的教学和学习需要而编写，与齐景嘉、王梦菊编写的教材《数据结构(C语言描述)(第2版)》(ISBN978-7-302-40973-1)相配套。按照课程的讲授顺序，阐述了线性表、栈和队列、串、数组和稀疏矩阵、广义表、树形结构、图、查找、排序、文件等内容。在本书的编写中作者考虑了计算机类专业全国硕士研究生入学统一考试的要求，精选了部分考研试题，同时选择了一些各类计算机等级考试中出现的"数据结构"试题，结合作者实际教学中的教案，给出了与该课程本科教学大纲相配合的700多道习题及实训题目。

全书分为上、下两篇。上篇为习题部分，共分为10章。每章又分为"基本知识提要"、"典型题解析"、"知识拓展"和"测试习题与参考答案"4部分。"基本知识提要"部分给出了本章的知识结构图，便于读者把握本章知识脉络，对本章节的知识有一个全局的了解。之后给出了本章的重点知识整理，对于易于混淆、难以理解或需要深入探讨的问题进行了阐述。"典型题解析"部分选取了本章的经典题型，并进行了深入透彻的分析，给出了详细的解题步骤，使读者能够举一反三，掌握此类题型的解析方法。"知识拓展"部分对本章涉及的知识进行延展，对在更深入应用知识时可能遇到的疑惑进行解析。"测试习题与参考答案"部分从研究生入学考试及各类计算机专业考试中选取了大量试题，并给出了参考答案，分为填空、选择、判断、应用题和算法设计共5种题型，可作为读者自测或教学考试的参考题目。下篇为实验指导部分，精选了各章实训内容，并给出了完整的C语言程序，全部程序都在TC 2.0下调试成功。使学生通过阅读与实践，掌握编写实用程序的方法和技巧。附录部分给出了数据结构中经常出现的术语的中英文对照。

本书由王梦菊、齐景嘉任主编，侯菡萏、刘玉喜、徐辉任副主编。李凌霞参加了本书的编写工作。解晨光任主审。

各章编写分工如下：第1章、第2章和下篇实训指导部分由哈尔滨金融学院的齐景嘉编写，第3章和第10章由黑龙江大学的徐辉编写，第4章和第5章由哈尔滨师范大学的刘玉喜和哈尔滨金融学院的李凌霞编写，第6章和第9章由哈尔滨金融学院的王梦菊编写，第7章和第8章由哈尔滨金融学院的侯菡萏编写，全书由哈尔滨金融学院的王梦菊统一编排定稿。

本书编者都是多年从事本课程教学的教师，但由于编者水平有限，不妥与疏漏之处在所难免，殷切希望广大读者批评指正。

本书所含源代码等相关资源可以从清华大学出版社网站 www.tup.com.cn 下载。关于本书或资源使用中的任何问题，请联系 fuhy@tup.tsinghua.edu.cn。

编　者

2015年5月

上篇　数据结构习题与解答

下篇 数据结构实验

上　篇
数据结构习题与解答

第1章 概　　述

1.1 基本知识提要

1.1.1 知识结构图

- 概论
  - 学习数据结构的意义
  - 基本概念和术语
    - 数据组织的三个层次(数据、数据元素和数据项)
    - 数据结构包含的三方面内容(数据的逻辑结构、存储结构和数据的运算)
    - 数据结构的两大类逻辑结构(线性结构和非线性结构)
    - 数据存储结构的 4 种存储方法(顺序、链式、索引和散列)
  - 算法的描述和分析
    - 算法的概念
    - 算法的特征及评价标准
    - 算法的时间复杂度及空间复杂度的概念

1.1.2 常用术语解析

结构：指的是数据元素之间存在的关系。

数据结构：有一个特性相同的数据元素的集合，如果在数据元素之间存在一种或多种特定的关系，则称之为一个数据结构。数据结构是相互之间存在着某种逻辑关系的数据元素的集合。

二元组：数据结构是一个二元组 Data_Structures＝(D，S)。其中 D 是数据元素的有限集，S 是 D 上关系的有限集。

数据类型：指一个值的集合和定义在此集合上的一组操作的总称。

抽象数据类型(ADT)：指一个数学模型以及定义在此数学模型上的一组操作。

算法：为了解决某类问题而规定的一个有限长的操作序列。

时间复杂度：随着问题规模 n 的增长，算法执行时间的增长率和 f(n)的增长率相同，则可记作：T(n)＝O(f(n))，称 T(n)为算法的(渐近)时间复杂度。一般地，以原操作在算法中重复执行的次数作为算法运行时间的衡量准则。

1.1.3 重点知识整理

1. 学习数据结构的意义

著名的瑞士计算机科学家沃思教授曾提出：算法＋数据结构＝程序。这里的数据结构是指数据的逻辑结构和存储结构，而算法则是对数据运算的描述。由此可见，程序设计的实质是对实际问题选择一种好的数据结构，加之设计一个好的算法，而好的算法在很大程度上取决于描述实际问题的数据结构。因此，解决问题的一个关键步骤是选取合适的数据结构表示该问题，然后才能写出有效的算法。

2. 数据、数据元素和数据项

数据是指所有能输入到计算机中并能被计算机加工、处理的符号的集合。它是信息的载体，其含义极其广泛，诸如数、符号、字体、图形、声音等都可以看作是数据。因此，在概念上不同于大家平常理解的"数"的概念。

数据元素是数据的基本单位。有时一个数据元素包括若干个数据项。

数据项是数据不可再分割的最小标识单位。

综合起来看，数据、数据元素和数据项反映了数据组织的三个层次，即数据可以由若干个数据元素组成，数据元素又由若干个数据项组成。

3. 数据的逻辑结构

数据的逻辑结构实际上就是数据的组织形式，它反映的是数据元素之间的一种关联方式或称为"邻接关系"。可分为4种基本类型：集合、线性结构、树状结构和图状结构。

关于数据的逻辑结构，要特别注意以下几点：

(1) 逻辑结构与数据元素本身的形式、内容无关；

(2) 逻辑结构与数据元素的相对位置无关；

(3) 逻辑结构与所含数据元素的个数无关；

(4) 逻辑结构与数据的存储无关，它是独立于计算机的。

4. 数据的存储结构

数据的存储结构就是指数据在计算机内的表示，它涉及数据元素的表示及元素之间关系的表示两个方面。数据的存储方式有4种，分别是顺序存储结构、链式存储结构、索引存储结构和散列存储结构。

5. 运算的概念

数据的运算就是指对数据施加的操作。最常用的运算有检索、插入、删除、更新、排序等。这些运算实际上是在抽象的数据上所施加的抽象操作。因此在这里，我们只关心这些操作是"做什么"的，而无须考虑"怎么做"。

有一点需要明确，数据的运算是定义在数据的逻辑结构上的，因此每一种逻辑结构对应着一个运算的集合。

6. 算法的时间复杂度和空间复杂度的概念、计算方法、数量级表示

一个算法的时间复杂度 T(n)是该算法的时间耗费，它是该算法所求解问题规模 n 的函数。

一个算法的空间复杂度 S(n)是该算法所耗费的存储空间，它也是问题规模 n 的函数。算法的时间复杂度和空间复杂度合称为算法的复杂度。

时间复杂度从好到坏的级别依次是：常量阶 O(1)、对数阶 $O(\log_2 n)$、线性阶 O(n)、线性对数阶 $O(n\log_2 n)$、平方阶 $O(n^2)$、指数阶 $O(2^n)$。

在很多算法中，其时间复杂度还与所处理数据的分布状态有关。有时会根据各种可能出现的数据分布状态中最好、最坏的情况来估计算法的最好、最坏时间复杂度；有时也会对数据分布做出某种假设(如等概率)，然后估计算法的平时时间复杂度。

7. 数据分析

关于数据分析涉及到5个方面，而后续章节中对每一种数据结构的讨论，也是按以下5个方面(步骤)来展开的：

(1) 数据逻辑结构上的特点；

(2) 定义在逻辑结构上的基本运算；

(3) 数据在计算机内的表示(即存储结构)；

(4) 在具体存储结构上的运算实现；

(5) 对算法的时间性能、空间性能进行评价。

每种数据结构在上述5个方面都是密切相关的，而不同数据结构的对应方面也有着相互联系。所以在学习过程中，要善于进行比较，找出彼此间的相同点和不同点，这样有助于加深理解并逐渐在头脑中形成一个完整的体系。

1.2 典型题解析

例1.1 分析下列程序段的时间复杂度。

```
int i = 1;
while(i <= n)
i = i * 2;
```

例题解析：

对时间复杂度的分析主要是看循环体里面的语句执行的次数。循环体里面是i=i * 2，即每循环1次i值增加1倍，所以执行次数与n之间是以2为底的对数关系，故时间复杂度为$O(\log_2 n)$。

例1.2 分析下列查找函数的最坏时间复杂度。

```
int locate(int a[],int n,int k)
{int i;
i = n;
while(i >= 1&&a[i]!= k)
i -- ;
return i;
}
```

例题解析：

当查找不成功时，总是比较n+1次，所以最坏时间复杂度为n+1，其数量级$T(n)=O(n)$。

例1.3 分析下列函数的时间复杂度。

```
int max;
void function(int a[],int n)
{int i,k;
max = a[0];
for(i = 1;i < n;i++)
if(a[i]> max)
{max = a[i];
```

```
k = i;}
}
```

例题解析：

循环体内必须经过 n－1 次循环比较，所以时间复杂度为 n－1，其数量级 T(n)＝O(n)。

例 1.4 分析下列程序段的时间复杂度。

```
int i,j,s = 0;
 for(i = 1;i < n;i++)
  for(j = i + 1;j <= n;j++)
       s++;
```

例题解析：

用渐进时间复杂度 T(n)＝O(f(n))来度量；其中 f(n)是程序段中频度最大的语句的频度。本例为 s＋＋语句的频度。

$$f(n) = \sum_{i=1}^{n}(n-i) = n(n-1)/2$$

所以

$$T(n)=O(n^2/2-n/2)=O(n^2/2)=O(n^2)$$

1.3 知识拓展

程序设计、算法和数据结构的关系是怎样的？

程序设计是为计算机处理问题编制一组指令集。

算法是处理问题的策略。

数据结构是问题(非数值计算)的数学模型，是一门讨论“描述现实世界实体的数学模型(非数值计算)及其上的操作在计算机中如何表示和实现”的学科。

数值计算的程序设计需要先将其转换成数学公式(模型)，再选择程序设计语言编写程序。例如以下数值计算问题的数学模型为：

结构静力分析计算——线性代数方程组；

全球天气预报——环流模式方程(球面坐标系)。

以下为非数值计算问题的算法和模型举例。

旅馆客房的管理：

算法：先进后出。

模型：队列。

铺设城市的煤气管道：

算法：如何规划使得总投资花费最少。

模型：图。

1.4 测试习题与参考答案

测试习题

一、填空题

1. 数据的逻辑结构在计算机存储器内的表示，称为数据的(　　)。

2. 数据的逻辑结构可以分为(　　)结构和(　　)结构两大类。

3. 顺序存储结构是把逻辑上相邻的结点存储在物理上(　　)的存储单元里,结点之间的逻辑关系由存储单元位置的邻接关系来体现。

4. 链式存储结构是把逻辑上相邻的结点存储在物理上(　　)的存储单元里,结点之间的逻辑关系由附加的指针域来体现。

5. 算法分析的两个主要方面是(　　)复杂度和(　　)复杂度。

6. 数据的存储结构可用4种基本的存储方法表示,它们分别是(　　)、(　　)、(　　)和(　　)。

7. 线性结构反映结点间的逻辑关系是(　　)的,非线性结构反映结点间的逻辑关系是(　　)。

8. 在图状结构中,每个结点的前驱结点数和后继结点数可以(　　)。

9. 数据结构包括(　　)、(　　)和(　　)三方面的内容。

10. 在树状结构中,元素之间存在(　　)关系。

二、选择题

1. 数据结构是一门研究非数值计算的程序设计问题中计算机的操作对象以及它们之间的(　　)和运算的学科。

A. 结构　　B. 关系　　C. 运算　　D. 算法

2. 数据结构被形式化定义为(K,R),其中K是数据元素的有限集合,R是K上的(　　)有限集合。

A. 操作　　B. 映像　　C. 存储　　D. 关系

3. 在数据结构中,从逻辑上可以将数据结构分成(　　)。

A. 动态结构和静态结构　　B. 内部结构和外部结构

C. 线性结构和非线性结构　　D. 紧凑结构和非紧凑结构

4. 计算机算法指的是(　　)。

A. 计算方法　　B. 调度方法

C. 解决问题的有穷指令序列　　D. 处理问题的任何程序

5. 算法分析的主要目的是(　　)。

A. 分析数据结构的合理性　　B. 分析数据结构的复杂性

C. 分析算法的时空效率以求改进　　D. 分析算法的有穷性和确定性

6. 下列所列举的几个特征中,不属于算法的主要特征的是(　　)。

A. 有穷性　　B. 可行性　　C. 确定性　　D. 简单性

7. 数据结构是指(　　)。

A. 数据元素的组织形式　　B. 数据类型

C. 数据存储结构　　D. 数据定义

8. 数据在计算机内有顺序和链式两种存储方式,在存储空间使用的灵活性上,链式存储比顺序存储要(　　)。

A. 低　　B. 高　　C. 相同　　D. 不好说

9. 数据结构只是研究数据的逻辑结构和物理结构,这种观点(　　)。

A. 正确　　B. 错误

C. 前半句对,后半句错　　　　D. 前半句错,后半句对

10. 数据在计算机存储器内表示时,物理地址与逻辑地址不相同,称之为(　　)。

A. 存储结构　　　　B. 逻辑结构

C. 链式存储结构　　　　D. 顺序存储结构

三、判断题

1. 顺序存储方式只能用于存储线性结构。(　　)
2. 链式存储方式只能用于存储非线性结构。(　　)
3. 树状结构是一种非线性结构,因此只能用顺序存储方式。(　　)
4. 数据结构的逻辑结构只有三大类:线性结构、树状结构和图状结构。(　　)
5. 时间复杂度和空间复杂度是衡量一个算法优劣的重要依据。(　　)
6. 一个算法通常都有5个特征:有穷性、确定性、可行性、输入和输出。(　　)
7. 程序由有限的语句构成,为了完成一个特定的任务,它是一个算法。(　　)
8. 线性表的逻辑顺序与存储顺序总是一致的。(　　)
9. 线性表的唯一存储形式是数组。(　　)
10. 数据元素是数据的基本单位。(　　)

四、简答题

1. 下列是某种数据结构的二元组表示,试画出其图形表示,并指出属于何种数据结构类型。

(1)

A=(K,R)

K={1,2,3,4,5,6}

R={<1,2>,<1,3>,<2,4>,<3,5>,<3,6>}

(2)

B=(K,R)

K={a,b,c,d,e,f,g,h}

R={<a,b>,<a,d>,<a,f>,<b,c>,<b,d>,<d,e>}

2. 对于如下的一元多项式:

$$P(x) = a_n x^n + a_{n-1} x^{n-1} + \cdots + a_1 x + a_0$$

请写出求其值的两种不同的算法,然后分析这两种算法的时间复杂度,并指出哪一个算法更好。

3. 计算下列程序段的渐进时间复杂度,用数量级O()表示,问题的输入规模都为n。

(1)

```
int i = 0,k = 0;
do{
k = k + 10 * i;
i++;
}while(i < n);
```

(2)

```
int i = 1,j = 0;
```

```
 while(i + j <= n){
if(i < j) j++;
else i++;
  }
```

(3)

```
  int a, i,j;
 for (i = 1;i < n;i++) {
a++;
 for(j = 1;j <= i;j++)
   a = a * j;
   }
```

(4)

```
int i,j,s = 0;
for(i = 1;i <= n;i++)
for(j = 1;j <= n - i;j++)
  s++;
```

参考答案

一、填空题

1. 存储结构
2. 线性　非线性
3. 连续
4. 任意
5. 时间　空间
6. 顺序　链式　索引　散列
7. 一对一　一对多或多对多
8. 有多个
9. 数据的逻辑结构　数据的存储结构　数据的运算
10. 一对多

二、选择题

1. B　2. D　3. C　4. C　5. C　6. D　7. A　8. B　9. B　10. C

三、判断题

1. ×　2. ×　3. ×　4. ×　5. √　6. √　7. ×　8. ×　9. ×　10. √

四、简答题

1.

(1)

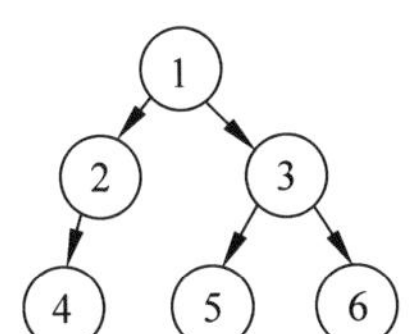

(2)

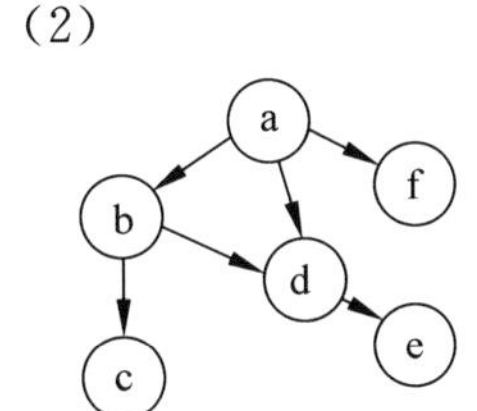

2.

算法1：

```
int fun1(int n,int x)
{
int i,j,s,p,a[n+1];
for(i=0;i<=n;i++)
  scanf("%d",&a[i]);
s=a[0];
for(i=1;i<=n;i++){
  p=1;
  for(j=1;j<=i;j++)
    p= p*x;
  s=s+a[i]*p;
  }
}
```

算法2：

```
int fun1(int n,int x)
{
int i,s,p,a[n+1];
for(i=0;i<=n;i++)
  scanf("%d",&a[i]);
s=a[0];
p=1;
for(i=1;i<=n;i++)
{    p= p*x;
     s=s+a[i]*p;
  }
}
```

因为算法1的时间复杂度为$O(n^2)$，算法2的时间复杂度为$O(n)$，所以算法2比算法1更好。

3.

(1) $O(n)$　(2) $O(n)$　(3) $O(n^2)$　(4) $O(n^2)$

第2章 线 性 表

2.1 基本知识提要

2.1.1 知识结构图

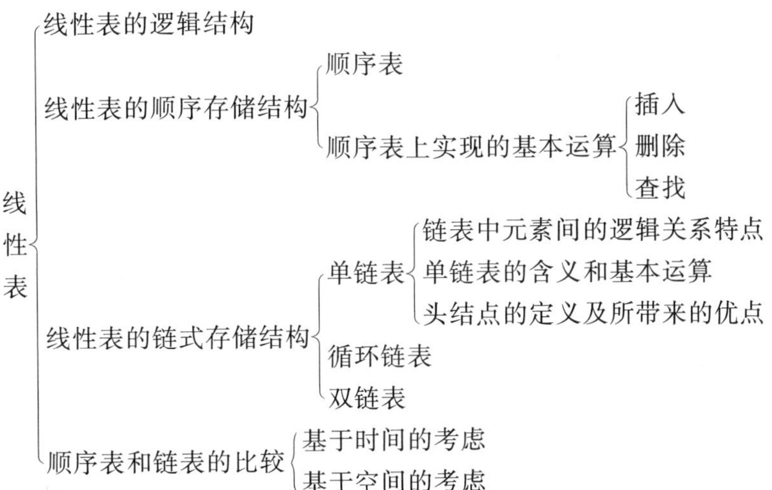

2.1.2 常用术语解析

线性表：一个数据元素的有序(次序)集。对于非空的线性表，集合中必存在唯一的一个"第一元素"，集合中必存在唯一的一个"最后元素"。除最后元素之外，均有唯一的后继；除第一元素之外，均有唯一的前驱。

表长：表中的元素个数。

位序：数据元素在线性表中的位置序号。

基地址：线性表的起始地址。

初始化操作：生成一个空表。如果是顺序表，则置表长为空；如果是链表，生成头指针和头结点。

定位：查找线性表中的某个数据元素，返回该元素的序号或指针。

数据域：存储数据元素信息的域。

指针域：存储结点存储位置的域。

指针(链)：指针域中存储的信息(即地址)。

2.1.3 重点知识整理

1. 线性表的逻辑结构

线性表是一种典型的线性结构,结点间的关系是一对一的。

2. 线性表的顺序存储结构

把线性表的结点按逻辑次序依次存放在一组地址连续的存储单元里,这种方法存储的线性表称为顺序表。

顺序表上实现的基本运算有插入、删除、查找等,应该注意的是插入运算要完成以下三件事:

(1) 判别插入位置i是否有效,即要求1≤i≤n+1;

(2) 是否有空间插入;

(3) 从第n到第i个结点,每个结点均向后移动一个位置,空出第i个位置,在这个位置上插入新元素,并使表的长度加1。

此算法的平均时间复杂度为O(n),移动结点的平均次数为表长的一半。

与插入运算不同,删除运算要完成以下两件事:

(1) 判别删除位置i是否有效,即要求1≤i≤n;

(2) 从第i+1到第n个结点,每个结点均向前移动一个位置,然后表的长度减1。

此算法的平均时间复杂度为O(n),移动结点的平均次数接近表长的一半。

3. 线性表的链式存储结构

链表:指用链接方式存储的线性表。这时,链表中结点的逻辑次序和物理次序不一定相同,用附加的指针表示结点间的逻辑关系。

单链表:每个结点上都有一个指针域,用来指向该结点的直接后继。单链表上有建立单链表(头插法、尾插法),查找运算(按序号查找、按值查找),插入运算和删除运算等基本运算,要能分析其时间复杂度。

循环链表:循环链表与单链表基本相同,每个结点也包括一个数据域和一个指针域。但最后一个结点的指针域不空,指向表头结点。注意采用尾指针表示循环链表的好处:当表的插入和删除主要发生在表的首尾两端时,则采用尾指针表示的循环链表为宜。

双链表:为了方便涉及前驱的操作,在单链表的基础上再添加一个前驱指针,这样就构成了双链表。在双链表中,找一个结点的直接前驱的时间为O(1),而在单链表中,要从开始结点找起,其时间为O(n)。

4. 链表中头结点的定义及所带来的优点

我们在链表的开始结点(首结点)之前附加一个结点,并称它为头结点,那么会带来以下两个优点:

(1) 由于开始结点的位置被存放在头结点的指针域中,所以在链表的第一个位置上的操作就和在表的其他位置上操作一致,无须进行特殊处理;

(2) 无论链表是否为空,其头指针是指向头结点的非空指针(空表中头结点的指针域空),因此空表和非空表的处理也就统一了。

5. 顺序表和链表的比较

顺序表和链表各有长短,应根据应用中的实际情况来选定用哪种存储结构。通常从时间和空间两个方面来考虑。

(1) 基于时间的考虑

顺序表：用向量实现的；是一种随机存取结构，即对表中任一结点都可在 O(1)时间内直接地存取。适合于静态查找；而要进行插入和删除操作时，则需移动大量结点。

链表：在链表中要查找某个结点，需从头指针开始沿链扫描才能取得，所以不宜做查找；但对于插入和删除操作，都只需修改指针(但对在单链表的某个结点之前插入或删除某个结点，仍需从头指针开始找到它的直接前驱)。所以链表宜做这种动态的插入和删除操作。

(2) 基于空间的考虑

存储密度＝结点数据本身所占的存储量/结点结构所占的存储总量

顺序表：静态存储分配的，其存储密度为 1。

链表：动态存储分配的，其存储密度小于 1。

当线性表的长度 n 变化较大时，宜采用链表。

2.2 典型题解析

例 2.1 已知一顺序表 LA，现将 LA 中的数据元素逆置。

例如：LA＝(1,4,3,6,5,2,13)

则逆置后：LA＝(13,2,5,6,3,4,1)

例题解析：

算法实现的思路：逆置运算是将某顺序表中的元素(a_1，a_2，…，a_{n-1}，a_n)置换成(a_n，a_{n-1}，…，a_2，a_1)。也就是将 a_1 与 a_n 互换，a_2 与 a_{n-1} 互换，…，如图 2.1 所示。

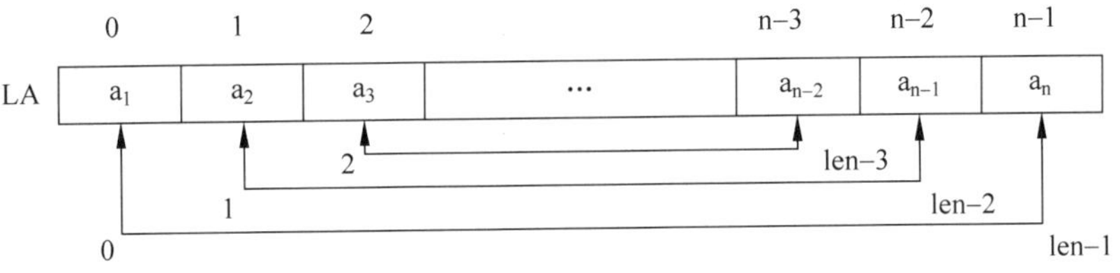

图 2.1 顺序表上逆置元素运算示意图

由图 2.1 可知，第 i 号单元的元素与第 len－i－1 号单元的元素互换。算法实现如下：

```
void invert( SEQUENLIST * LA)
{
        int i;
        DATATYPE1 temp;
        for( i = 0;i < LA -> len/2;i++)
        {temp = LA -> data[i];
            LA -> data[i] = LA -> data[LA -> len - i - 1];
            LA -> data[LA -> len - i - 1] = temp;
        }
}
```

例 2.2 设有一个顺序表 q,其中的元素按值非递减有序排列。试编写一个算法,使得插入一个元素 x 后,仍保持顺序表的有序性。

例题解析:

非递减有序序列是一个按值从小到大进行排序的序列,而且该序列中可能存在值相同的元素。本题的算法思想是:从顺序表的最后一个元素开始,依次向前查找适当的插入位置,每查找一步,元素就向后移一位。最后将待插入元素 x 插入到适当的位置处。

```
void insert(SEQUENLIST *q,DATATYPE1 x)
{int i;
for(i=q->len-1;q->data[i]>=x&&i>=0;i--)
q->data[i+1]=q->data[i];
q->data[i+1]=x;
q->len++;
}
```

例 2.3 已知一个顺序表中的元素按值非递增有序排列,试写一算法,删除表中值相同的多余元素。

例题解析:

由于顺序表中的元素按值非递增有序排序,值相同的元素一定排列在一起,因此可以依次比较相邻的元素,若值相等则删除其中的一个,并使其后面的元素依次向前移动一位;若值不相等,则继续向后查找。

```
void delete(SEQUENLIST *q)
{
  int i,j,k;
  for(i=0;i<q->len-1;i++)
  if(q->data[i]==q->data[i+1])
    { for(k=i+1;k<q->len-1;k++)
        q->data[k]=q->data[k+1];
     q->len--;
     i--;}
}
```

例 2.4 已知一个顺序表 LA,现在要求复制一个 LA 的拷贝 LB。

例题解析:

这个算法实现的思路是:定义两个等长度的顺序表,将 LB 初始化为空表,然后依次从 LA 中取数据元素,插入到顺序表 LB 中对应的位置上。

```
void COPYLIST( SEQUENLIST *LA,SEQUENLIST *LB)
{
        int k,n;
        DATATYPE1 x;
        INITIATE( LB);
        n=LENGTH( LA);
        if( n!=0)
            for( k=1;k<=n;k++)
            {    x=GET( LA,k);
                 INSERT( LB,k,x);
```

```
            }
        else
            printf( "List is empty");
}
```

例 2.5 判断单链表 head 中的结点是否递增有序。

例题解析：

依次扫描单链表中的相邻结点，在扫描过程中若发现前一个结点的值大于后一个结点的值，说明单链表不是递增有序的，则返回 0；否则继续这一过程，直到所有结点都扫描完，说明单链表是递增有序的，返回 1。

```
int panding(LINKLIST * head)
{LINKLIST * p;
p = head -> next;
while(p&&p -> next)
{if(p -> data > p -> next -> data)
return 0;
else
p = p -> next;
}
return 1;
}
```

例 2.6 已知 L1 和 L2 分别指向两个单链表的头结点，且已知长度分别为 m 和 n，试写一算法将这两个链表连接在一起，请分析算法的时间复杂度。

例题解析：

首先找到单链表 L1 的终端结点的位置，然后将单链表 L2 的开始结点连接到 L1 的尾部，回收 L2 的头结点空间，最后返回头指针 L1。

```
LINKLIST * lianjie(LINKLIST * L1, LINKLIST * L2, int m, int n)
{LINKLIST * p = L1;
while(m > 0)
{p = p -> next; m -- ;}
p -> next = L2 -> next;
free(L2);
return L1;
}
```

该算法的时间复杂度为 O(m)，m 是单链表 L1 的长度。

例 2.7 对于给定的单链表 head，试写一个删除 head 中值为 x 的结点的直接前驱结点的算法。

例题解析：

该算法中只找到值为 x 的结点 * p 和它的直接前驱结点 * q，要删除 q 所指结点，只需把 p 所指结点中的值 x 放到 q 所指结点的值域中，再删除结点 * p 即可。

```
void deleteq(LINKLIST * head, DATATYPE2 x)
{LINKLIST * p, * q;
q = head;
```

```
p = head -> next;
while(p&&p -> data!= x)
{q = p;
p = p -> next;
}
if(p == NULL)
printf("x not in head");
else if(q == head)
printf("x is the first node, it has no prior node");
else {q -> data = x;
q -> next = p -> next;
free(p);}
}
```

例 2.8 有一个单链表 head,其中不同结点的数据域值可能相同,试写一个算法计算数据域为 x 的结点个数。

例题解析:

依次扫描该链表中的每个结点,每遇到一个值为 x 的结点,则结点个数加 1,结点个数存储在变量 n 中。

```
int count(LINKLIST * head)
{LINKLIST * p;
int n = 0;
p = head -> next;
while(p)
{if(p -> data == x)
n++;
p = p -> next;
}
return n;
}
```

例 2.9 试写一个算法,计算一个循环链表中结点的个数。

例题解析:

依次扫描该循环链表中的每个结点,注意循环链表中最后一个结点的 next 中存放的是头结点的地址。

```
int count(LINKLIST * head)
{LINKLIST * p;
int n = 0;
p = head;
while(p -> next!= head)
{p = p -> next;
n++;
}
return n;
}
```

例 2.10 已知一顺序表,表中记录按学号递增有序,要求在表中增加一个学生的记录,该学生的学号、姓名、英语成绩、高数成绩、计算机成绩从键盘输入,增加记录后,表仍递增有序。

例题解析：

这里顺序表中数据元素的类型为结构体类型，因此首先定义该结构体类型，再定义顺序表类型。另外，顺序表中的记录是按照学号递增有序的，所以，在建立顺序表的时候，要注意将顺序表建成一个递增有序的表。插入数据的过程与前面顺序表上的基本操作中插入数据元素的过程类似，只是多了一步在有序表中寻找插入位置的过程，因此，函数的参数只有一个有序表 L，而没有位置 i 和数据元素 b，数据元素 b 是在函数中从键盘输入的，位置 i 是通过一条循环语句查找到的。下列程序给出了建立有序表的过程、插入数据元素的过程以及输出有序表的过程。

```
#define MAXSIZE 100
typedef struct
{
        long id;
        char name[10];
        int English;
        int maths;
        int computer;
}student;                                          //结构体类型表示学生的情况
typedef struct
{
        student data[MAXSIZE];
        int len;
}SEQUENLIST;                                       //定义线性表
void creat_stu( SEQUENLIST *L)                     //创建有序表
{
        long a;
        int c,d,e,i,j;
        char b[10];
    printf( "输入学生的学号、姓名、英语成绩、高数成绩、计算机成绩,学号为 -99 时结束!\n");
        L->len = 0;
        printf( "输入学生的学号: \n");
        scanf(" %ld",&a);
        while( a!= -99)
        {   printf( "输入学生的姓名及英语成绩、高数成绩、计算机成绩: \n");
            scanf( "%s%d%d%d",b,&c,&d,&e);
            i = L->len;
            while( i>= 1&&a<L->data[i-1].id)       //寻找插入单元 i
                i--;
            for( j = L->len;j>i;j--)               //i 单元后的所有元素向后移动一个单元
            {   L->data[j].id = L->data[j-1].id;
                strcpy( L->data[j].name,L->data[j-1].name);
                L->data[j].English = L->data[j-1].English;
                L->data[j].maths = L->data[j-1].maths;
                L->data[j].computer = L->data[j-1].computer;
            }
            L->data[i].id = a;                     //在 i 单元插入新输入的数据元素
            strcpy( L->data[i].name,b);
```

```
            L->data[i].English = c;
            L->data[i].maths = d;
            L->data[i].computer = e;
            L->len++;
            printf( "输入学生的学号: \n");
            scanf( "%ld",&a);
        }
    }
void insert_stu( SEQUENLIST *L)                              //插入一个学生的记录
{
        long a;
        int c,d,e,i,j;
        char b[10];
        printf( "输入学生的学号、姓名、英语成绩、高数成绩、计算机成绩\n");
        scanf( "%ld%s%d%d%d",&a,b,&c,&d,&e);
        i = L->len;
        while( i>= 1&&a<L->data[i-1].id)
            i--;
        for( j = L->len;j>i;j--)
        {   L->data[j].id = L->data[j-1].id;
            strcpy( L->data[j].name,L->data[j-1].name);
            L->data[j].English = L->data[j-1].English;
            L->data[j].maths = L->data[j-1].maths;
            L->data[j].computer = L->data[j-1].computer;
        }
        L->data[i].id = a;
        strcpy(L->data[i].name,b);
        L->data[i].English = c;
        L->data[i].maths = d;
        L->data[i].computer = e;
        L->len++;
}
void print(SEQUENLIST L)                                     //显示所有学生记录
{
        int i;
        printf( "学号   姓名   英语成绩   高数成绩   计算机成绩\n");
        for( i = 1;i<= L.len;i++)
        printf( "%-8ld%-8s%-8d%-8d%-8d\n",L.data[i-1].id,
                L.data[i-1].name,L.data[i-1].English,L.data[i-1].maths,
                L.data[i-1].computer);
}
```

2.3 知识拓展

链表是最简单的基于指针的数据结构,它支持用户在分散的位置存储变量,链表是任意类型指针数据结构的构件块。图2.2为依据指针数目对链表进行分类。

有一种说法是在单向链表中也有可能向后遍历,但是这样做应该吗?

答案是“不”。不应该为了向读者展示某些指针技巧而牺牲程序的可读性。应该牢记,

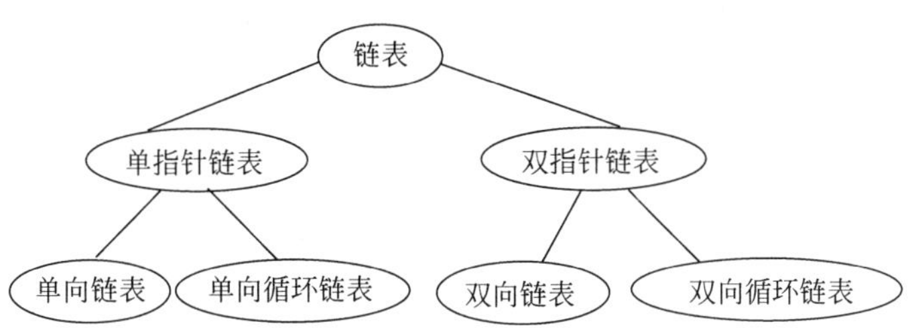

图 2.2　依据指针数目对链表分类

在多开发者的环境中，代码的可读性十分重要，不能仅仅为了展示晦涩的指针而牺牲可读性。因此，经验法则是：当需要单行线时，选择单向链表。另一方面，双行道使用双向链表才能最佳地表达。如果在访问了链表的最后一个结点之后需要返回到起点，那么应该使用循环版本的单向或双向链表。

2.4　测试习题与参考答案

测试习题

一、填空题

1. 一线性表表示如下：($a_1,a_2,\cdots,a_n$)，其中每个 a_i 代表一个(　　)。a_1 称为(　　)结点，a_n 称为(　　)结点，i 称为 a_i 在线性表中的(　　)。对任意一对相邻结点 a_i、a_{i+1} ($1\leqslant i\leqslant n$)，a_i 称为 a_{i+1} 的直接(　　)，a_{i+1} 称为 a_i 的直接(　　)。

2. 线性表 a 的元素长度为 4，在顺序存储结构下 LOC(a_1)=1000，则 LOC(a_3)=(　　)。

3. 线性表 L=(a,b,c,d,e)，经运算 DELETE(L,3)后，L=(　　)，再经过 INSERT(L,2,w)运算后，L=(　　)。调用函数 GET(L,3)的结果为(　　)。

4. 在一个长度为 n 的顺序表中，向第 i 个元素($1\leqslant i\leqslant n$)之前插入一个新元素时，需向后移动(　　)个元素。

5. 在单链表中除首结点外，任意结点的存储位置都由(　　)结点中的指针指示。

6. 循环链表最大的优点是(　　)。

7. 设 rear 是指向非空、带头结点的循环单链表的尾指针，则该链表首结点的存储位置是(　　)。

8. 在带有头结点的单链表 L 中，若要删除第一个结点，则需执行下列三条语句：(　　)；L−>next=U−>next;free(U);。

9. 顺序表中逻辑上相邻的元素在物理位置上(　　)相连。

10. 在 n 个结点的顺序表中插入一个结点要平均移动(　　)个结点，具体的移动次数取决于(　　)。

11. 在顺序表中访问任意一个结点的时间复杂度均为(　　)，因此，顺序表也称为(　　)的数据结构。

12. 顺序表相对于链表的优点有(　　)和(　　)。

13. 链表相对于顺序表的优点有(　　)和(　　)操作方便。

14. 在循环链表中,可根据任一结点的地址遍历整个链表,而单链表中需知道(　　)才能遍历整个链表。

15. 在n个结点的单链表中要删除已知结点*p,需找到(　　),其时间复杂度为(　　)。

二、选择题

1. 顺序表的一个存储结点仅仅存储线性表的一个(　　)。

A. 数据元素　　B. 数据项　　C. 数据　　D. 数据结构

2. 对于顺序表,以下说法错误的是(　　)。

A. 顺序表是用一维数组实现的线性表,数组的下标可以看成是元素的绝对地址

B. 顺序表的所有存储结点按相应数据元素间的逻辑关系决定的次序依次排列

C. 顺序表的特点是:逻辑结构中相邻的结点在存储结构中仍相邻

D. 顺序表的特点是:逻辑上相邻的元素,存储在物理位置也相邻的单元中

3. L是顺序表,已知LENGTH(L)的值是5,经运算DELETE(L,2)后LENGTH(L)的值是(　　)。

A. 5　　B. 0　　C. 4　　D. 6

4. 带头结点的单链表head为空的判断条件是(　　)。

A. head=NULL　　B. head->next=NULL

C. head->next=head　　D. head!=NULL

5. 若某线性表最常用的操作是取第i个元素和找第i个元素的前驱元素,则采取(　　)存储方式最节省时间。

A. 单链表　　B. 双链表

C. 单向循环链表　　D. 顺序表

6. 链表不具有的特点是(　　)。

A. 随机访问　　B. 不必事先估计存储空间

C. 插入删除时不需移动元素　　D. 所需的空间与线性表成正比

7. 在一个单链表中,已知q所指结点是p所指结点的直接前驱,若在p、q之间插入s结点,则执行(　　)操作。

A. s->next=p->next;p->next=s;　　B. q->next=s;s->next=p;

C. p->next=s->next;s->next=p;　　D. p->next=s;s->next=q;

8. 线性表采用链式存储时,结点的存储地址(　　)。

A. 必须是不连续的　　B. 连续与否均可

C. 必须是连续的　　D. 和头结点的存储地址相连续

9. 将长度为n的单链表链接在长度为m的单链表之后的算法的时间复杂度为(　　)。

A. O(1)　　B. O(n)　　C. O(m)　　D. O(m+n)

10. 单链表的存储空间利用率(　　)。

A. 大于1　　B. 等于1

C. 小于1　　D. 不能确定

11. 在一个单链表中,若删除p所指结点的后续结点,则执行(　　)。

A. p->next=p->next->next;

B. p=p->next;p->next=p->next->next;

C. p－＞next＝p；

D. p＝p－＞next－＞next；

12. 从一个具有 n 个结点的单链表中查找其值等于 x 的结点时，在查找成功的情况下，需平均比较(　　)个结点。

A. n　　B. n/2　　C. (n－1)/2　　D. (n＋1)/2

13. 非空的循环链表 head 的尾结点(由指针 p 所指)满足(　　)。

A. p－＞next＝NULL；　　B. p＝NULL；

C. p－＞next＝head；　　D. p＝head；

14. 设 rear 是指向非空带头结点的循环链表的尾指针，则删除首结点的操作表示为(　　)。

A. s＝rear；rear＝rear－＞next；free(s)；

B. rear＝rear－＞next；free(rear)；

C. rear＝rear－＞next－＞next；free(rear)；free(s)；

D. s＝rear－＞next－＞next；rear－＞next－＞next＝s－＞next；free(s)；

15. 若某线性表中最常用的操作是在最后一个元素之后插入一个元素和删除最后一个元素，则采用(　　)存储方式最节省运算时间。

A. 单链表　　B. 双链表

C. 带头结点的循环链表　　D. 容量足够大的顺序表

16. 线性表是(　　)。

A. 一个有限序列，可以为空　　B. 一个有限序列，不可以为空

C. 一个无限序列，可以为空　　D. 一个无限序列，不可以为空

17. 对一个具有 n 个元素的线性表，建立其单链表的时间复杂度为(　　)。

A. $O(1)$　　B. $O(n)$　　C. $O(n^2)$　　D. $O(\log_2 n)$

18. 在一个具有 n 个结点的有序单链表中插入一个新结点并仍然保持有序的时间复杂度是(　　)。

A. $O(n)$　　B. $O(n^2)$　　C. $O(1)$　　D. $O(n\log_2 n)$

19. 若某线性表最常用的操作是在最后一个元素之后插入一个元素和删除第一个元素，则采用(　　)存储方式最节省运算时间。

A. 单链表　　B. 仅有头指针的循环链表

C. 双链表　　D. 仅有尾指针的循环链表

20. 单链表中，增加一个头结点的目的是为了(　　)。

A. 使单链表至少有一个结点　　B. 标识表结点中首结点的位置

C. 方便运算的实现　　D. 说明单链表是线性表的链式存储

三、判断题

1. 顺序表可以方便地随机存取表中的任一元素。　　(　　)

2. 顺序表上插入一个数据元素的操作的时间复杂度为 $O(1)$。　　(　　)

3. 顺序表中作删除操作时不需移动大量数据元素。　　(　　)

4. 线性表的链式存储结构，表中元素的逻辑顺序与物理顺序一定相同。　　(　　)

5. 对双向链表来说，结点 *p 的存储位置既存放在其前驱结点的后继指针域中，也存放在它的后继结点的前驱指针域中。　　(　　)

6. 在顺序表和单链表上实现读表元素运算的平均时间复杂度均为 O(1)。 ( )
7. 在线性表中插入一个数据元素的时间复杂度为 O(n)。 ( )
8. 存储空间利用率高是顺序存储线性表的唯一优点。 ( )
9. 线性表的唯一存储形式是数组。 ( )
10. 线性表中结点间的关系是一对一的。 ( )

四、应用题

1. 试述顺序表的优缺点。
2. 对以下单链表分别执行下列各程序段,画出结果示意图。

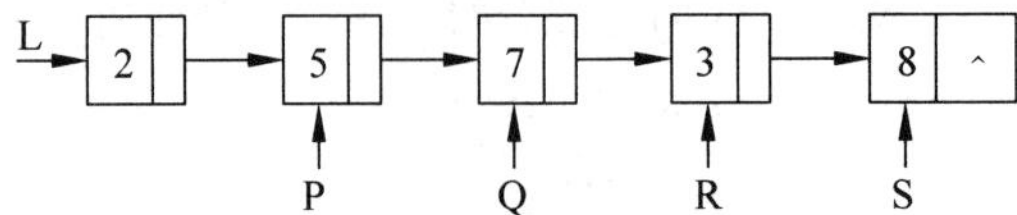

(1) `Q = P -> next;`

(2) `L = P -> next;`

(3) `R -> data = P -> data;`

(4) `R -> data = P -> next -> data;`

(5) `P -> next -> next -> next -> data = P -> data;`

(6) `T = P;`
```
while(T!= NULL){T -> data = T -> data * 2;T = T -> next;}
```

(7) `T = P;`
```
while(T -> next!= NULL){T -> data = T -> data * 2;T = T -> next;}
```

3. 已知带表头结点的非空单链表 L,指针 P 指向 L 链表中的一个结点(非首结点、非尾结点),试从下列提供的答案中选择合适的语句序列。

(1) 删除 P 结点的直接后继结点的语句是__________;

(2) 删除 P 结点的直接前驱结点的语句序列是__________;

(3) 删除 P 结点的语句序列是__________;

(4) 删除首结点的语句序列是__________;

(5) 删除尾结点的语句序列是__________。

a) `P = P -> next;`

b) `P -> next = P;`

c) `P -> next = P -> next -> next;`

d) `P = P -> next -> next;`

e) `while(P!= NULL) P = P -> next;`

f) `while(Q -> next!= NULL) {P = Q;Q = Q -> next;}`

g) `while(P -> next!= Q) P = P -> next;`

h) `while(P -> next -> next!= Q) P = P -> next;`

i) `while(P -> next -> next!= NULL) P = P -> next;`

j) `Q = P;`

k) `Q = P -> next;`

l) `P = L;`

m) L=L->next;

n) free(Q);

五、算法设计题

1. 一个一年定期储蓄客户表如表 2.1 所示，编写一算法实现客户的查找。要求输入账号，能够输出客户的所有信息。

表 2.1　一年定期储蓄客户表

账号	姓名	金额/元
23001	李明	5000
23008	贾燕	6000
23190	王昭	2100
23451	谢永丰	4500

2. 设 L 为带头结点的单链表，且其数据元素值无序，写一算法，删除表中值相同的多余元素。

3. 写一算法，建立有序递增单链表。

参考答案

一、填空题

1. 数据元素(或结点)　起始　终端　位置　前驱　后继
2. 1008
3. (a,b,d,e)　(a,w,b,d,e)　b
4. n－i＋1
5. 直接前驱
6. 从链表中任一结点出发都可以访问到表中的每一个元素
7. rear－＞next－＞next
8. U＝L－＞next;
9. 一定
10. n/2　表长 n 和插入位置 i
11. O(1)　随机存取
12. 随机存取　空间利用率高
13. 插入　删除
14. 头指针
15. 它的直接前驱结点的地址　O(n)

二、选择题

1. A　2. A　3. C　4. B　5. D　6. A　7. B　8. B　9. C
10. C　11. A　12. D　13. C　14. D　15. D　16. A　17. B
18. A　19. D　20. C

三、判断题

1. √　2. ×　3. ×　4. ×　5. √　6. ×　7. ×　8. ×　9. ×　10. √

四、简答题

1. 顺序表的优点：便于随机存取；存储空间连续，不必增加额外的存储空间。

顺序表的缺点：插入和删除操作要移动大量数据元素，存储单元的分配要预先进行。

2.

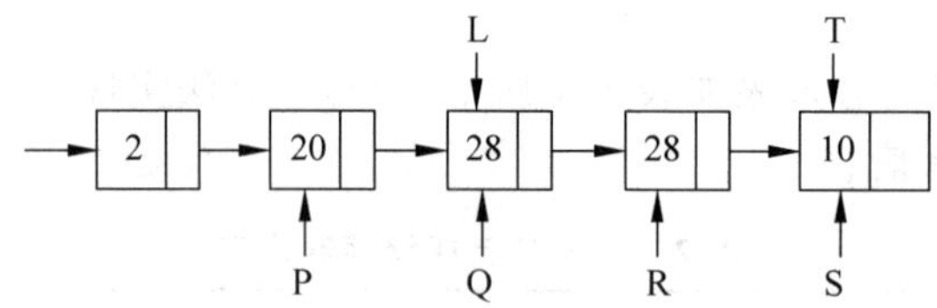

3. (1)k),c),n)

(2) j),l),h),k),c),n)

(3) j),l),g),c),n)

(4) l),k),c),n)

(5) i),k),c),n)

五、算法设计题

1.

```
#define MAXSIZE 100
typedef struct
{
    int id;
    char name[10];
    int deposit;
}customer;
typedef struct
{
    customer data[MAXSIZE];
    int len;
}SEQUENLIST;
void display(SEQUENLIST *L)
{
    int i,m;
    printf("输入要查找的客户账号:\n");
    scanf("%d",&m);
    i=0;
    while(i<L->len&&L->data[i]->id!=m)
        i++;
    if(i<L->len)
    {
        printf("查找成功!\n");
        printf("账号      姓名      金额\n");
        printf("%8d%8s%8d",L->data[i]->id,L->data[i]->name,L->data[i]->
deposit);
    }
    else
        printf("查找失败\n");
}
```

2.

```
void wuxudele(LINKLIST *L)
{LINKLIST *p, *q, *r;
p=L->next;
while(p&&p->next)
{r=p;
  q=p->next;
  while (q)
   if(p->data==q->data)
     {r->next=q->next;
      free(q);
      q=r->next;
     }
  else
   {r=q;q=q->next;}
p=p->next;
}
}
```

3.

```
LINKLIST *creat_order( )
{
    LINKLIST *head, *t, *p, *q;
    char ch;
    t=(LINKLIST *)malloc(sizeof(LINKLIST));
    head=t;
    t->next=NULL;
    while((ch=getchar())!='$')
    {
        t=(LINKLIST *)malloc(sizeof(LINKLIST));
        t->data=ch;
        q=head;
        p=head->next;
        while(p!=NULL&&p->data<ch)
        {
            q=p;
            p=p->next;
        }
        q->next=t;
        t->next=p;
    }
  return(head);
}
```

第3章 栈和队列

3.1 基本知识提要

栈和队列是编程中最简单、最常用的数据结构之一，本章重点阐述栈和队列的概念、具体实现以及与栈和队列有关的应用。

3.1.1 知识结构图

- 栈和队列
  - 栈
    - 栈的定义、性质 （栈底、栈顶、空栈、满栈）
    - 栈的逻辑运算 （入栈、出栈、取栈顶）
    - 栈的实现 （顺序栈、链栈）
  - 队列
    - 队列的定义、性质 （队头、队尾、空队）
    - 队列的逻辑运算 （入队、出队、取队头）
    - 队列的实现 （顺序队、链队、循环队列）

3.1.2 常用术语解析

栈：限定在表的一端进行插入和删除操作的线性表。

栈顶：通常把插入、删除的一端称为栈顶。

栈底：最先进栈的数据元素所在的位置为栈底。

空栈：不含任何数据元素的栈称为空栈。

满栈：栈中所有的空间上都有数据元素，不能再进行入栈操作。

队列：限定只能在表的一端进行插入和在另一端进行删除操作的线性表。

队头：允许删除的另一端称为队头。

队尾：通常把允许插入的一端称为队尾。

空队列：没有任何数据元素的队列称为空队列。

满队列：队列中每个位置都有元素，不能再进行入队操作。

3.1.3 重点知识整理

1. 栈和队列的基本概念

栈和队列是两种操作受限的线性表。

栈(Stack)是限定在表的一端进行插入和删除操作的线性表，栈按照后进先出(LIFO,

Last In First Out)的原则进行操作,假设栈 S=(a_1,a_2,…,a_n),若栈中元素按 a_1,a_2,… ,a_n 的次序进栈,其中 a_1 是栈底元素,a_n 为栈顶元素,则出栈顺序为 a_n,a_{n-1},…,a_1。

队列(Queue)是限定只能在表的一端进行插入和在另一端进行删除操作的线性表。通常把允许插入的一端称为队尾(rear),允许删除的另一端称为队头(front)。队列按照先进先出 FIFO(First In First Out)的原则进行操作。若在空队列中插入元素 a_1,a_2,… ,a_n,其中 a_1 是队头元素,a_n 为队尾元素,则出队顺序为 a_1,a_2,… ,a_n。

2. 栈和队列的基本逻辑运算

(1) 栈的基本逻辑运算

栈的基本运算有以下 6 种。

① 置空栈 Init_Stack(S):将已有的栈 S 置空。

② 判断栈是否为空 IsStack_Empty(S):返回栈 S 是否为空栈。

③ 判断栈是否满 IsStack_Full(S):返回栈 S 是否为满栈。

④ 入栈 Push_Stack(S,x):在栈不满的情况下,将元素 x 压入栈 S 中。

⑤ 出栈 Pop_Stack(S):在栈不空的情况下,将栈顶元素弹出栈 S。

⑥ 取栈顶元素 GetTop_Stack(S):返回栈顶元素的值,但是不改变栈顶指针。

(2) 队列的基本逻辑运算

队列的运算同栈的运算类似,不同的是删除运算在表的头部进行。

① 置空队 Init(Q):将已有的队列 Q 置空。

② 判断队列是否为空 IsEmpty(Q):返回队列 Q 是否为空队列。

③ 判断队列是否满 IsFull(Q):返回队列 Q 是否为满队列。

④ 入队 Push(Q,X):在队列不满的情况下,将元素 X 压入队列 Q 中。

⑤ 出队 Pop(S):在队列不空的情况下,将队头元素弹出队列 Q。

⑥ 取队头元素 GetFront(Q):返回队头元素的值,但是不改变队头指针。

3. 栈和队列的存储结构

显然,以上栈和队列的基本逻辑运算是人为规定的运算定义,只是为了我们在程序中能更好地应用栈和队列这类数据结构。计算机中用来实现定义、存储栈和队列的方式有两种——顺序表实现和链表实现。

(1) 顺序栈

栈是操作受限的线性表,由栈的定义可知,栈底的位置是不变的,只有栈顶的位置随着进栈和出栈的操作变化,只需要用一个整形变量指示栈顶的位置就可以。因此,顺序栈的定义如下:

```
#define datatype char
#define MAXSIZE 100
typedef struct
{datatype data[MAXSIZE];
 int top;
}SEQSTACK ;
```

定义一个指向顺序栈的指针:

```
SEQSTACK  *s;
```

s是SEQSTACK类型的顺序栈，s－＞data[0]是栈底元素，s－＞data[top]是栈顶元素，栈是正向增长的，进栈时需将s－＞top加1，出栈时需将s－＞top减1，s－＞top＜0表示空栈，s－＞top＝MAXSIZE－1表示栈满。当栈满时再做进栈操作将产生空间溢出，简称"上溢"，当栈空时再进行出栈操作，则产生"下溢"。

(2) 链栈

为了克服由顺序存储分配固定空间所产生的溢出和空间浪费，可以采用链式存储结构来存储栈，这样的栈称为链栈。链栈的类型定义如下：

```
#define datatype char
typedef struct stacknode
{
 datatype data;
 struct stacknode * next;
}StackNode * LinkStack ;
LinkStack top;
```

链栈的操作和链表类似，只需要保证进栈和出栈操作放在链表的头部。

(3) 顺序循环队列

队列的顺序存储结构称为顺序队列。随着入队出队操作的进行，整个队列整体向后移动，系统作为队列用的存储区还没有满，但队列却发生了溢出，我们把这种现象称为"假溢出"。解决这一问题的常用方法是采用循环队列，将队列存储空间的最后一个位置绕到第一个位置，即将q－＞data[0]接在q－＞data[MAXSIZE－1]之后，形成逻辑上的环状空间，存储在其中的队列称为循环队列(Circular Queue)。

```
#define MAXLENGTH 10
#define datatype char
struct Queue
{
  datatype Queue_Temp[MAXLENGTH];
  int Front, Rear;
};
```

对一个循环队列而言，由于入队时，队尾指针Q.Rear向前追赶队头指针Q.Front，出队时队头指针追赶队尾指针，因此队列无论是空还是满，都满足Q.Front＝＝Q.Rear条件。为解决无法判断队空或者队满的问题，常用的有三种方法。一是设立一个标识位以区别队列是空还是满。二是设置一个计数器记录队列中元素的个数。三是少用一个元素空间，即尾指针Q.Rear所指向的单元始终为空，约定入队前，测试一下队尾指针是否等于队头指针，若相等则队满；出队时测试队头指针是否等于队尾指针，若相等则认为队空。

(4) 链队列

队列的链式存储结构简称为链队，是一个仅在表头删除和表尾插入的单链表。为了操作方便我们分别用两个指针表示队列头和队列尾，我们将队列头和队列尾指针封装在一起。具体链队的定义如下：

```
typedef struct Queuenode
```

```
  { datatype data;
    struct Queuenode * next;
  } Linknode;                                    /* 链队结点的类型 */
typedef struct
  { Linknode * front, * rear;
  }LINKQUEUE;                                    /* 将头尾指针封装在一起的链队列 */
```

定义一个指向链队列的指针：

```
LINKQUEUE * q;
```

对于链队的操作和链表类似，只需要保证入队操作在链表的头部进行、出队操作放在链表的尾部进行。

3.2 典型题解析

例 3.1 一个栈的入栈序列为 1、2、3、4，则下列序列中不可能是该栈的出栈序列的是(　　)。

A. 1、2、3、4　　B. 2、1、3、4

C. 1、4、3、2　　D. 4、3、1、2

例题解析：对于此类题目，我们需要根据栈的后进先出的性质，逐一选项验证是否为正确的出栈序列。根据栈的定义可知，对于栈 $S=(a_1,a_2,\cdots,a_n)$，若栈中元素按 $a_1,a_2,\cdots,a_n$ 的次序进栈，则出栈顺序为 $a_n,a_{n-1},\cdots,a_1$。

对于 A 选项，在 1、2、3、4 入栈的时刻立刻出栈，这样出栈顺序即为 1、2、3、4，故 A 正确。对于 B 选项，先让 1、2 入栈，然后 2 出栈、1 出栈，再让 3 入栈、出栈，4 入栈、出栈，这样得到的出栈序列即为 2、1、3、4，故 B 正确。对于 C 选项，先让 1 入栈、出栈，然后 2、3、4 全部入栈，再全部出栈，即可得到 1、4、3、2 的出栈顺序，故 C 正确。

对于 D 选项，若想让 4 最先出栈，则必须让 1、2、3、4 全部入栈。此时，只能按照 4、3、2、1 的顺序出栈，而选项 D 中在 4、3 出栈后，栈顶元素为 2，不为 1，故根据栈的特点选项 D 这种出栈序列不可能出现，故本题答案为 D。

例 3.2 利用两个栈 s_1、s_2 模拟一个队列时，如何用栈的运算实现队列的插入、删除以及判队空运算。请简述这些运算的算法思想。

例题解析：栈的特点是**后进先出**，队列的特点是**先进先出**。对于一组数据组成的队列，要求插入操作在队尾进行，删除操作在队头进行。下面分别针对队列的插入、删除和判队空进行处理。首先初始时设栈 s_1 和栈 s_2 均为空且容量相等(这里假设为 3)。利用 s_1 作为入队功能栈，s_2 作为出队功能栈。设将 ABCDE 依次入队、然后依次出队。

(1) 对于队列的插入操作。分以下三种情况讨论：若 s_1 未满，则元素入 s_1 栈；如 ABC 入队时，s_1 都处于未满状态，直接入栈 A、入栈 B、入栈 C，如图 3.1 所示。

第二种情况，若 s_1 满，s_2 空(如图 3.2 所示)，则将 s_1 全部元素退栈，再压栈入 s_2，之后元素入 s_1 栈；当 D 入队时，需要将 s_1 中的数据出栈，然后入栈 s_2。

第三种情况，若 s_1 满，s_2 不空(已有出队列元素)，如图 3.3 所示，则不能入队。

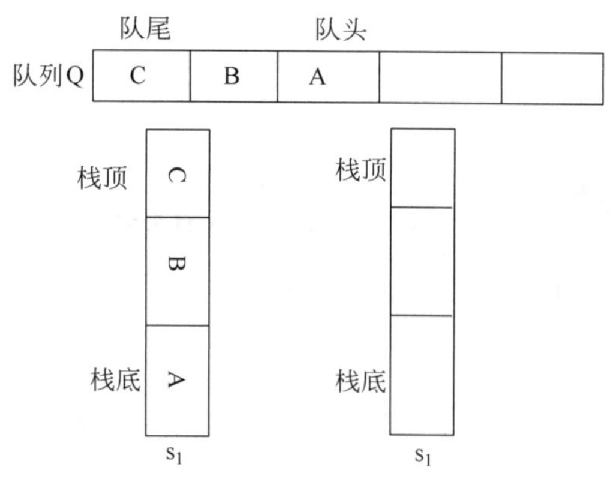

图 3.1 s_1 栈未满

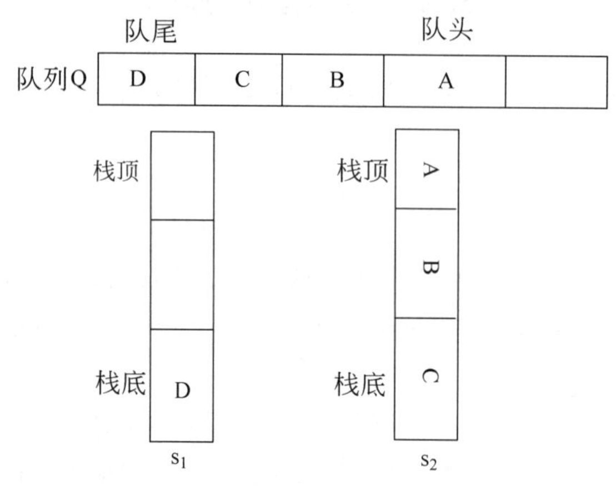

图 3.2 s_1 栈满

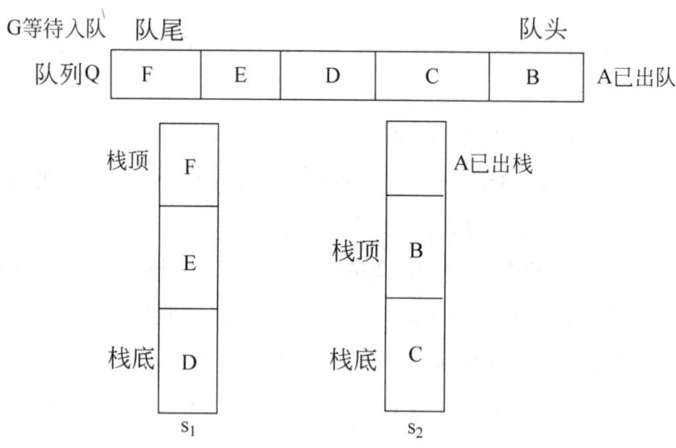

图 3.3 不能入队情况

(2) 用栈 s_1 和 s_2 模拟队列出队(删除):针对模拟入队的三种情况,模拟出队也分为三种情况。第一种情况,若栈 s_2 不空,退栈,即队列的出队;第二种情况,若 s_2 为空且 s_1 不空,则将 s_1 栈中全部元素退栈,并依次压入 s_2 中,s_2 栈顶元素退栈,这就是相当于队列的出队；第三种情况，若栈 s_1 为空并且 s_2 也为空，队列空，不能出队。

(3) 判队空：若栈 s_1 为空并且 s_2 也为空，才是队列空。

s_1 和 s_2 容量之和是队列的最大容量。其操作是：s_1 栈满后，全部退栈并压栈入 s_2(设 s_1 和 s_2 容量相等)。再入栈 s_1 直至 s_1 满。这相当于队列元素"入队"完毕。出队时，s_2 退栈完毕后，s_1 栈中元素依次退栈到 s_2，s_2 退栈完毕，相当于队列中全部元素出队。在栈 s_2 不空情况下，若要求入队操作，只要 s_1 不满，就可压入 s_1 中。若 s_1 满和 s_2 不空状态下要求队列的入队时，按出错处理。

例 3.3 顺序队列一般组织成为环状队列的形式，而且一般队列头或尾其中之一应该特殊处理。例如，队列为 listarray[0..n－1]，队列头指针为 front，队列尾指针为 rear(如图 3.4 所示)，则 listarray[rear]表示下一个可以插入队列的位置。请解释其原因。

例题解析：循环队列解决了用向量表示队列所出现的"假溢出"问题，但同时又出现了如何判断队列的满与空问题。例如，在队列长 10 的循环队列中，若假定队头指针 front 指向队头元素的前一位置，而队尾指针指向队尾元素，则 front＝3、rear＝7 的情况下，连续出队 4 个元素，则 front＝＝rear 为队空；如果连续入队 6 个元素，则 front＝＝rear 为队满。如何判断这种情况下的队满与队空呢？一般采取牺牲一个单元的做法或设标记法。即假设 front＝＝rear 为队空，而(rear＋1)％MaxSize＝＝front 为队满，或通过设标记 tag。若 tag＝0，front＝＝rear 则为队空；若 tag＝1，因入队而使得 front＝＝rear，则为队满。

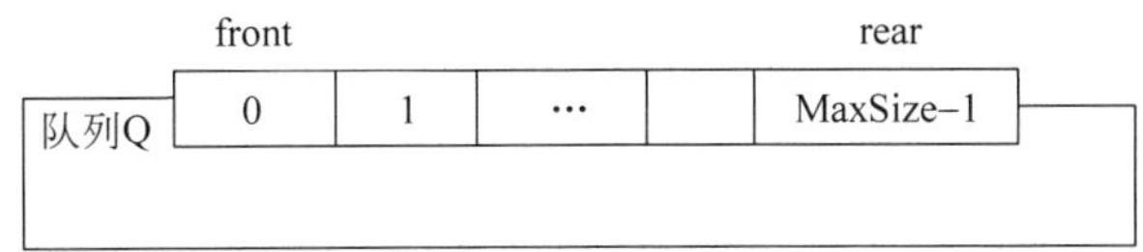

图 3.4 循环队列

本题中队列尾指针 rear，指向队尾元素的下一位置，listarray[rear]表示下一个入队的元素。在这种情况下，我们可规定，队头指针 front 指向队首元素。当 front＝＝rear 时为队空，当(rear＋1)％n＝＝front 时为队满。出队操作(在队列不空的情况下)时，队头指针是 front＝＝(front＋1)％n。具体入队、出队操作请参见教材第 3 章。

例 3.4 假设以顺序存储结构实现一个双向栈(图 3.5)，即在一维数组的存储空间中存在两个栈，它们的栈底分别设在数组的两个端点。试编写实现这个双向栈 tws 的三个操作：初始化 initstack(tws)、入栈 push(tws,i,x)和出栈 pop(tws,i)，其中 i 为 0 或 1，用以分别指示设在数组两端的两个栈。

```
typedef struct                        /* 两栈共享一向量空间 */
{ datatype v[m];                      /* 栈可用空间 0~m-1 */
  int top[2]
}twostack;
```

0　　m-1

栈1底　栈1顶　栈2顶　栈2底

图 3.5 双向栈

例题解析:

(1)

```
void initstack(twostack * s)
/* 两栈共享向量空间,本算法是初始化栈操作 */
{
typedef struct                                  /* 两栈共享一向量空间 */
{ datatype v[m];                                /* 栈可用空间 0~m-1 */
  int top[2]
}twostack;
s->top[0]=0;
s->top[1]=m;

}                                               /* 算法结束 */
```

(2)

```
int push(twostack * s,int i, datatype x)
  /* 两栈共享向量空间,i是0或1,表示两个栈,x是进栈元素 */
/* 本算法是入栈操作 */
{
if (abs(s->top[0] - s->top[1])==1)             /* 栈1和栈2的栈顶相连接 */
        return(0);                              /* 栈满,退出 */
  else {
switch (i)
         {case 0:s->v[++(s->top[0])]=x;break;
          case 1:s->v[--(s->top[1])]=x;break;
          default:
            printf("栈编号输入错误");
              return(0);
          }
         return(1);                             /* 入栈成功 */
        }
}                                               /* 算法结束 */
```

(3)

```
datatype pop(twostack * s,int i)
  /* 两栈共享向量空间,i是0或1,表示两个栈,本算法是退栈操作 */
{ datatype x;
if (s->top[0]==-1 && s->top[1]==m) return(0);                      /* 栈空 */
  else {switch (i)
         {case 0: if (s->top[0]==-1 ) return (0);
                      x=s->v[(s->top[0])--];break;
          case 1: if(s->top[1]==m) return (0);
                      x=s->v[(s->top[1])++];break;
          default: printf("栈编号输入错误");return(0);
          }
         return(x);                             /* 退栈成功 */
        }
}                                               /* 算法结束 */
```

(4)

```
datatype top (twostack * s,int i)
  /* 两栈共享向量空间,i是0或1,表示两个栈,本算法是取栈顶元素操作 */
{ datatype x;
if (s->top[0] == -1 && s->top[1] == m) return(0);                    /* 栈空 */
  else {switch (i)
          {case 0: x = s->v[s->top[0]];break;
           case 1: x = s->v[s->top[1]];break;
           default: printf("栈编号输入错误");return(0);
           }
          return(x);                          /* 取栈顶元素成功 */
         }
}                                             /* 算法结束 */
```

例 3.5 判别读入的字符序列是否为“回文”,例如 abcdedcba 或 abccba 是回文,abced 不是回文。

例题解析:由于回文的字符序列中的分界线不明确,因此无法判定字符序列的“中间位置”,即只能按照回文的定义从字符的两头出发进行判别。

然而,按照题目的要求,这个字符序列是从外部环境输入的。为了在输入结束的时候,同时能得到序列的“头”和“尾”,因此算法中,除了需要用一个栈之外,还需要一个队列。算法的基本思想是:将依次读入的字符分别插入栈和队列,然后依次比较“栈顶”和“队头”的字符。

```
example ( ) {
// 若从终端依次输入的字符序列是"回文",则返回 TRUE,否则返回 FALSE
   InitStack(S); InitQueue(Q);
   scanf(ch);
   while(ch!= '@') {
       Push(S, ch); EnQueue(Q, ch);
       scanf(ch);
   }
state = TRUE;
   while(!StackEmpty && state)
   {
       if(GetTop(S) == GetHead(Q))
          { Pop(S); DeQueue(Q); }
       else state = FALSE;
   }
   return state;
}
```

3.3 知识拓展

什么是双向顺序栈?

双向顺序栈 s 是指在同一向量空间内实现的两个单向顺序栈,它们的栈底分别设在该向量空间的两端。假设以顺序存储结构实现一个双向栈,即在一维数组的存储空间中存在着两个栈,它们的栈底分别设在数组的两个端点。

什么是顺序队列中的溢出现象?

(1)"下溢"现象:当队列为空时,做出队运算产生的溢出现象。"下溢"是正常现象,常用作程序控制转移的条件。

(2)"真上溢"现象:当队列满时,做入队运算产生空间溢出的现象。"真上溢"是一种出错状态,应设法避免。

(3)"假上溢"现象:由于入队和出队操作中,头尾指针只增加不减小,致使被删元素的空间永远无法重新利用。当队列中实际的元素个数远远小于向量空间的规模时,也可能由于尾指针已超越向量空间的上界而不能做入队操作。该现象称为"假上溢"现象。

什么是双端队列?

双端队列(Double-ended Queue,Deque)是一种具有队列和栈的性质的数据结构。双端队列中的元素可以从两端弹出,其限定插入和删除操作在表的两端进行。双端队列可像栈一样,在队列的一端进行入队操作,在另一端进行出队操作。在实际使用中,还可以有输出受限的双端队列(即一个端点允许插入和删除,另一个端点只允许插入的双端队列)和输入受限的双端队列(即一个端点允许插入和删除,另一个端点只允许删除的双端队列)。而如果限定双端队列从某个端点插入的元素只能从该端点删除,则该双端队列就蜕变为两个栈底相邻的栈了。双端队列与栈或队列相比,是一种多用途的数据结构,有时会用双端队列来提供栈和队列两种功能。

3.4 测试习题与参考答案

测试习题

一、填空题

1. 栈是操作受限的线性表,其运算遵循(　　)的原则。

2. (　　)是限定仅在表尾进行插入或删除操作的线性表。

3. 一个栈的输入序列是1、2、3,则不可能的栈输出序列是(　　)。

4. 设有一个空栈,栈顶指针为1000H(十六进制),现有输入序列1、2、3、4、5,经过PUSH、PUSH、POP、PUSH、POP、PUSH、PUSH之后,输出序列是(　　),而栈顶指针值是(　　)H。设栈为顺序栈,每个元素占4个字节。

5. 当两个栈共享同一存储区时,栈利用一维数组stack(1,n)表示,两栈顶指针为top[1]与top[2],则当栈1空时,top[1]为(　　),栈2空时,top[2]为(　　),栈满时为(　　)。

6. 两个栈共享空间时栈满的条件是(　　)。

7. 在做进栈运算时应先判别栈是否(　　);在做退栈运算时应先判别栈是否(　　);当栈中元素为n个,做进栈运算时发生上溢,则说明该栈的最大容量为(　　)。为了增加内存空间的利用率和减少溢出的可能性,由两个栈共享一片连续的空间时,应将两栈的(　　)分别设在内存空间的两端,这样只有当(　　)时才产生溢出。

8. 多个栈共存时,最好用(　　)作为存储结构。

9. 用S表示入栈操作,X表示出栈操作,若元素入栈的顺序为1、2、3、4,为了得到1、3、

4、2 的出栈顺序，相应的 S 和 X 的操作串为(　　)。

10. 顺序栈用 data[1..n]存储数据，栈顶指针是 top，则值为 x 的元素入栈的操作是(　　)。

11. 表达式 23+((12*3-2)/4+34*5/7)+108/9 的后缀表达式是(　　)。

12. 循环队列的引入，是为了克服(　　)。

13. 用下标 0 开始的 N 元数组实现循环队列时，为实现下标变量 M 加 1 后在数组有效下标范围内循环，可采用的表达式是：M：=(　　)(填 PASCAL 语言，C 语言的考生不填)；M=(　　)。

14. 队列是限制插入只能在表的一端，而删除在表的另一端进行的线性表，其特点是(　　)。

15. 已知链队列的头尾指针分别是 f 和 r，则将值 x 入队的操作是(　　)。

二、选择题

1. 栈操作数据的原则是(　　)。

A. 先进先出　　B. 后进先出　　C. 后进后出　　D. 不分顺序

2. 在做进栈运算时，应先判别栈是否(①)，在做退栈运算时应先判别栈是否(②)。当栈中元素为 n 个，做进栈运算时发生上溢，则说明该栈的最大容量为(③)。为了增加内存空间的利用率和减少溢出的可能性，由两个栈共享一片连续的内存空间时，应将两栈的(④)分别设在这片内存空间的两端，这样，当(⑤)时，才产生上溢。

①，② A. 空　　B. 满　　C. 上溢　　D. 下溢

③ A. n-1　　B. n　　C. n+1　　D. n/2

④ A. 长度　　B. 深度　　C. 栈顶　　D. 栈底

⑤ A. 两个栈的栈顶同时到达栈空间的中心点

B. 其中一个栈的栈顶到达栈空间的中心点

C. 两个栈的栈顶在栈空间的某一位置相遇

D. 两个栈均不空，且一个栈的栈顶到达另一个栈的栈底

3. 一个栈的输入序列为 1、2、3、…、n，若输出序列的第一个元素是 n，输出第 i(1≤i≤n)个元素是(　　)。

A. 不确定　　B. n-i+1　　C. i　　D. n-i

4. 若一个栈的输入序列为 1、2、3、…、n，输出序列的第一个元素是 i，则第 j 个输出元素是(　　)。

A. i-j-1　　B. i-j　　C. j-i+1　　D. 不确定的

5. 若已知一个栈的入栈序列是 1、2、3、…、n，其输出序列为 p1、p2、p3、…、pN，若 pN 是 n，则 pi 是(　　)。

A. i　　B. n-i　　C. n-i+1　　D. 不确定

6. 有 6 个元素按照 6、5、4、3、2、1 的顺序进栈，问下列(　　)不是合法的出栈序列。

A. 5、4、3、6、1、2　　B. 4、5、3、1、2、6　　C. 3、4、6、5、2、1　　D. 2、3、4、1、5、6

7. 一个栈的输入序列为 1、2、3、4、5，则下列序列中不可能是栈的输出序列的是(　　)。

A. 2、3、4、1、5　　B. 5、4、1、3、2　　C. 2、3、1、4、5　　D. 1、5、4、3、2

8. 循环队列 A[0..m-1]存放其元素值，用 front 和 rear 分别表示队头和队尾，则当前

队列中的元素数是(　　)。

A. (rear-front+m)%m　　B. rear-front+1

C. rear-front−1　　D. rear-front

9. 循环队列存储在数组A[0..m]中,则入队时的操作为(　　)。

A. rear=rear+1　　B. rear=(rear+1) mod (m−1)

C. rear=(rear+1) mod m　　D. rear=(rear+1) mod (m+1)

10. 若用一个大小为6的数组来实现循环队列,且当前rear和front的值分别为0和3,当从队列中删除一个元素,再加入两个元素后,rear和front的值分别为(　　)。

A. 1和5　　B. 2和4　　C. 4和2　　D. 5和1

11. 已知输入序列为a、b、c、d,经过输出受限的双向队列后能得到的输出序列有(　　)。

A. d、a、c、b　　B. c、a、d、b　　C. d、b、c、a　　D. b、d、a、c

12. 若以1、2、3、4作为双端队列的输入序列,则既不能由输入受限的双端队列得到,也不能由输出受限的双端队列得到的输出序列是(　　)。

A. 1、2、3、4　　B. 4、1、3、2　　C. 4、2、3、1　　D. 4、2、1、3

13. 输入序列为ABC,可以变为CBA时,经过的栈操作为(　　)。

A. push,pop,push,pop,push,pop　　B. push,push,push,pop,pop,pop

C. push,push,pop,pop,push,pop　　D. push,pop,push,push,pop,pop

14. 若一个栈以向量V[1..n]存储,初始栈顶指针top为n+1,则下面x进栈的正确操作是(　　)。

A. top:=top+1;　V [top]:=x　　B. V [top]:=x;top:=top+1

C. top:=top−1;　V [top]:=x　　D. V [top]:=x;top:=top−1

15. 若栈采用顺序存储方式存储,现两栈共享空间V[1..m],top[i]代表第i个栈(i=1,2)栈顶,栈1的底在v[1],栈2的底在V[m],则栈满的条件是(　　)。

A. |top[2]−top[1]|=0　　B. top[1]+1=top[2]

C. top[1]+top[2]=m　　D. top[1]=top[2]

16. 栈主要在(　　)中应用。

A. 递归调用　　B. 子程序调用　　C. 表达式求值　　D. 以上均是

17. 一个递归算法必须包括(　　)。

A. 递归部分　　B. 终止条件和递归部分

C. 迭代部分　　D. 终止条件和迭代部分

18. 执行完下列语句段后,i的值为(　　)。

```
int f(int x)
{ return ((x>0) ? x* f(x-1):2);}
 int i ;
 i = f(f(1));
```

A. 2　　B. 4　　C. 8　　D. 无限递归

19. 表达式a*(b+c)−d的后缀表达式是(　　)。

A. abcd*+−　　B. abc+*d−　　C. abc*+d−　　D. −+*abcd

20. 表达式 3＊ 2^(4＋2＊2－6＊3)－5 求值过程中当扫描到 6 时，对象栈和算符栈为(　　)，其中^为乘幂。

A. 3,2,4,1,1;(＊^(＋＊－　　　　B. 3,2,8;(＊^－

C. 3,2,4,2,2;(＊^(－　　　　D. 3,2,8;(＊^(－

三、判断题

1. 递归操作不一定需要使用栈，通常也使用队列。(　　)

2. 队列是实现过程和函数调用等子程序所必需的结构。(　　)

3. 两个栈共用静态存储空间，头部相对使用可以避免空间溢出问题。(　　)

4. 两个栈共享一片连续内存空间时，为提高内存利用率，减少溢出机会，应把两个栈的栈底分别设在这片内存空间的两端。(　　)

5. 即使对不含相同元素的同一输入序列进行两组不同的合法的入栈和出栈组合操作，所得的输出序列也一定相同。(　　)

6. 有 n 个数顺序(依次)进栈，出栈序列有 Cn 种，Cn＝[1/(n＋1)]×(2n)! /[(n!)×(n!)]。(　　)

7. 栈与队列是一种特殊操作的线性表。(　　)

8. 若输入序列为 1、2、3、4、5、6，则通过一个栈可以输出序列 3、2、5、6、4、1。(　　)

9. 栈是限制存取点的线性结构，而队列不是。(　　)

10. 任何一个递归过程都可以转换成非递归过程。(　　)

四、应用题

1. 假设以 S 和 X 分别表示入栈和出栈操作，则对初态和终态均为空的栈操作可由 S 和 X 组成的序列表示(如 SXSX)。

(1) 试指出判别给定序列是否合法的一般规则。

(2) 两个不同合法序列(对同一输入序列)能否得到相同的输出元素序列？如能得到，请举例说明。

2. 有 5 个元素，其入栈次序为 A、B、C、D、E，在各种可能的出栈次序中，以元素 C、D 最先出栈(即 C 第一个且 D 第二个出栈)的次序有哪几个？

3. 如果输入序列为 1、2、3、4、5、6，试问能否通过栈结构得到以下两个序列：4、3、5、6、1、2 和 1、3、5、4、2、6。请说明为什么不能或如何才能得到。

4. 若元素的进栈序列为 A、B、C、D、E，运用栈操作，能否得到出栈序列 B、C、A、E、D 和 D、B、A、C、E？为什么？

5. 设输入序列为 a、b、c、d，试写出借助一个栈可得到的两个输出序列和两个不能得到的输出序列。

6. 设输入序列为 2、3、4、5、6，利用一个栈能得到序列 2、5、3、4、6 吗？栈可以用单链表实现吗？

7. 试证明若借助栈由输入序列 1、2、…、n 得到输出序列 P1、P2、…、Pn(它是输入序列的一个排列)，则在输出序列中不可能出现这样的情形：存在着 i<j<k，使 Pj<Pk<Pi。

8. 设一数列的输入顺序为 1、2、3、4、5、6，若采用堆栈结构，并以 A 和 D 分别表示入栈和出栈操作，试问通过入出栈操作的合法序列：

(1) 能否得到输出顺序为 3、2、5、6、4、1 的序列。

(2) 能否得到输出顺序为1、5、4、6、2、3的序列。

9. (1)什么是递归程序?

(2) 递归程序的优、缺点是什么?

(3) 递归程序在执行时,应借助于什么来完成?

(4) 递归程序的入口语句、出口语句一般用什么语句实现?

10. 试推导出当总盘数为n的Hanoi塔的移动次数。

五、算法设计题

1. 输入一个表达式,该表达式含+、-、*、/和操作数,以回车结束,计算该表达式的值。

2. 模拟浏览器

网页浏览器通常都具有前进和后退的功能,例如单击"后退"按钮后可以退回到上一次访问的页面,在程序中实现这种功能的一种方式是建立两个栈来记录浏览过的网页。下面要求写出实现这样的特性的一个程序,该程序需要完成的功能如下。

(1) 建立两个栈,分别为"前进栈"和"后退栈",并初始化栈顶。

(2) "访问"操作:将当前显示的页面的网址(字符串表示)压入"后退栈",然后使当前正在访问的页面置成新的网页,最后不要忘了将"前进栈"置空。

(3) "后退"操作:将当前显示的页面的网址压入"前进栈",然后从"后退栈"中弹出一个网址,作为当前访问页面(如果"后退栈"为空,则整个"后退"操作被视作无效操作,不做任何改动)。

(4) "前进"操作:将当前显示的页面的网址压入"后退栈",然后从"前进栈"中弹出一个网址,作为当前访问页面(如果"前进栈"为空,则整个"前进"操作被视作无效操作,不做任何改动)。

(5) 当输入(2)~(4)这些操作时,先执行相应操作,然后将当前浏览器正在访问页面的网址输出。

(6) "退出"操作:退出浏览器程序。

注意: 这里假定程序最初被执行时,当前正在访问的页面地址为"about:blank"。

输入下列字符串时:

```
visit www.baidu.com
visit www.sina.com
back
visit www.csdn.com
back
back
back
forward
quit
```

程序需要依次序输出如下信息:

```
www.baidu.com
www.sina.com
www.baidu.com
www.csdn.com
www.baidu.com
```

about:blank
about:blank
www.baidu.com

参考答案

一、填空题

1. 后进先出　　2. 栈　　3. 3、1、2　　4. 2、3　100CH

5. 0　n+1　top[1]+1=top[2]

6. 两栈顶指针值相减的绝对值为 1(或两栈顶指针相邻)

7. 满　空　n　栈底　两栈顶指针相邻(即值之差的绝对值为 1)

8. 链式存储结构

9. S×SS×S××

10. data[++top]=x;

11. 23.12.3 * 2-4/34.5 * 7/++108.9/+(注:表达式中的点(.)表示将数隔开,如 23.12.3 是三个数)

12. 假溢出时大量移动数据元素

13. (M+1) MOD N　(M+1)% N

14. 先进先出

15. s=(LinkedList)malloc(sizeof(LNode)); s->data=x; s->next=NULL; r->next=s; r=s;

二、选择题

1. B　2. BABDC　3. B　4. D　5. D　6. C　7. B　8. A　9. D
10. B　11. D　12. C　13. B　14. C　15. B　16. D　17. B　18. B
19. B　20. D

三、判断题

1. ×　2. ×　3. ×　4. √　5. ×　6. √　7. √　8. √　9. ×　10. √

四、应用题

1. (1)通常有两条规则。第一是给定序列中 S 的个数和 X 的个数相等;第二是从给定序列的开始,到给定序列中的任一位置,S 的个数要大于或等于 X 的个数。

(2) 可以得到相同的输出元素序列。例如,输入元素为 A、B、C,则两个输入的合法序列 A、B、C 和 B、A、C 均可得到输出元素序列 A、B、C。对于合法序列 A、B、C,我们使用本题约定的S×S×S×操作序列;对于合法序列 B、A、C,我们使用 SS××S×操作序列。

2. 三个:C、D、E、B、A,C、D、B、E、A,C、D、B、A、E。

3. 输入序列为 1、2、3、4、5、6,不能得出 4、3、5、6、1、2,其理由是:输出序列最后两元素是 1、2,前面 4 个元素(4、3、5、6)得到后,栈中元素剩 1、2,且 2 在栈顶,不可能栈底元素 1 在栈顶元素 2 之前出栈。

得到 1、3、5、4、2、6 的过程如下:1 入栈并出栈,得到部分输出序列 1;然后 2 和 3 入栈,3 出栈,部分输出序列变为 1、3;接着 4 和 5 入栈,5、4 和 2 依次出栈,部分输出序列变为 1、3、5、4、2;最后 6 入栈并退栈,得到最终结果 1、3、5、4、2、6。

4. 能得到出栈序列B、C、A、E、D,不能得到出栈序列D、B、A、C、E。其理由为:若出栈序列以D开头,说明在D之前的入栈元素是A、B和C,三个元素中C是栈顶元素,B和A不可能早于C出栈,故不可能得到D、B、A、C、E的出栈序列。

5. 借助栈结构,n个入栈元素可得到1/(n+1)((2n)!/(n!*n!))种出栈序列。本题有4个元素,可有14种出栈序列,a、b、c、d和d、c、b、a就是其中两种。但d、a、b、c和a、d、b、c是不可能得到的两种。

6. 不能得到序列2、5、3、4、6。栈可以用单链表实现,这就是链栈。由于栈只在栈顶操作,所以链栈通常不设头结点。

7. 如果i<j,则对于pi<pj的情况,说明pi在pj入栈前先出栈。而对于pi>pj的情况,则说明要将pj压到pi之上,也就是在pj出栈之后pi才能出栈。这就说明,对于i<j<k,不可能出现pj<pk<pi的输出序列。换句话说,对于输入序列1、2、3,不可能出现3、1、2的输出序列。

8. (1)能得到3、2、5、6、4、1。在1、2、3依次进栈后,3和2出栈,得部分输出序列3、2;然后4、5入栈,5出栈,得部分出栈序列3、2、5;6入栈并出栈,得部分输出序列3、2、5、6;最后退栈,直到栈空。得输出序列3、2、5、6、4、1。其操作序列为AAADDAADADDD。

(2) 不能得到输出顺序为1、5、4、6、2、3的序列。部分合法操作序列为ADAAAADDAD,得到部分输出序列1、5、4、6后,栈中元素为2、3,3在栈顶,故不可能2先出栈,得不到输出序列1、5、4、6、2、3。

9. (1)一个函数在结束本函数之前,直接或间接调用函数自身,称为递归。例如,函数f在执行中,又调用函数f自身,这称为直接递归;若函数f在执行中,调用函数g,而g在执行中,又调用函数f,这称为间接递归。在实际应用中,多为直接递归,也常简称为递归。

(2) 递归程序的优点是程序结构简单、清晰,易证明其正确性。缺点是执行中占内存空间较多,运行效率低。

(3) 递归程序执行中需借助栈这种数据结构来实现。

(4) 递归程序的入口语句和出口语句一般用条件判断语句来实现。递归程序由基本项和归纳项组成。基本项是递归程序出口,即不再递归即可求出结果的部分;归纳项是将原来的问题化成简单的且与原来形式一样的问题,即向着"基本项"发展,最终"到达"基本项。

10. 设Hn为n个盘子的Hanoi塔的移动次数(假定n个盘子从钢针X移到钢针Z,可借助钢针Y)。

则 Hn=2Hn−1+1　　//先将n−1个盘子从X移到Y,第n个盘子移到Z,再将那n−1个移到Z

= 2(2Hn − 2 + 1) + 1

= 22Hn − 2 + 2 + 1

= 22(2Hn − 3 + 1) + 2 + 1

= 23Hn − 3 + 22 + 2 + 1

…

= 2kHn − k + 2k − 1 + 2k − 2 + … + 21 + 20

= 2n − 1H1 + 2n − 2 + 2n − 3 + … + 21 + 20

因为H1=1,所以原式

Hn=2n−1+2n−2+…+21+20=2n−1

故总盘数为n的Hanoi塔的移动次数是2n−1。

五、算法设计题

1.

```
#include<stdio.h>
#include<string.h>
#define MAXLENGTH 100
char sign_stack[MAXLENGTH];                    /* ----------- 符号栈 --------------- */
int sign_top;
void sign_Empty()                               //置空栈
{
sign_top = -1;                                  //栈顶指针
}
int sign_IsEmpty()                              //判断栈是否为空
{
if(sign_top == -1) return 1;
    return 0;
}
void sign_Push(char c)                          //入栈操作
{
sign_top++;
    sign_stack[sign_top] = c;
}
char sign_Pop()                                 //出栈操作
{
char c = sign_stack[sign_top];
    sign_top--;
    return c;
}
char sign_Top()                                 //取栈顶操作
{
return sign_stack[sign_top];
}
int num_stack[MAXLENGTH];                       /* ----------- 数值栈 --------------- */
int num_top;
void num_Empty()                                //置空栈
{
num_top = -1;                                   //栈顶指针
}
int num_IsEmpty()                               //判断栈是否为空
{
if(num_top == -1) return 1;
    return 0;
}
void num_Push(int x)                            //入栈操作
{
num_top++;
    num_stack[num_top] = x;
}
int num_Pop()                                   //出栈操作
{
```

```
int x = num_stack[num_top];
    num_top -- ;
    return x;
}
int num_Top()                                   //取栈顶操作
{
return num_stack[num_top];
}
void compoe(char * ine,char * poe)              /* ----- 求后缀表达式 --------- */
{   int i,j;
    char c;
    sign_Empty();                               //将存储符号的栈置空
for(i = 0,j = 0;i < strlen(ine);i++)            //循环遍历表达式 j 标识后缀表达式的末尾
    {
     if(ine[i]> = '0' && ine[i]< = '9')         //数字直接加到后缀表达式当中
        {   poe[j++] = ine[i++];
            while(ine[i]> = '0' && ine[i]< = '9')
            {   poe[j++] = ine[i++];}
            poe[j++] = ',';                     //用逗号将不同元素间隔开
            i -- ;
    }
        else if(ine[i] == '+' || ine[i] == '-')
   {
    while(!sign_IsEmpty())                      //将栈中的符号依次出栈,直到符号'('或栈空为止
            {
            if(sign_Top() == '(') break;
                c = sign_Pop();
                poe[j++] = c;}
            sign_Push(ine[i]);                  //将 + 、- 号入栈
        }
        else if(ine[i] == '*' || ine[i] == '/')
        {
        while(!sign_IsEmpty())                  //将符号依次出栈直到符号'('、'*'、'/'或栈空为止
            {
            c = sign_Top();
                if(c == '(' || c == '+' || c == '-') break;
                poe[j++] = c;
        }
            sign_Push(ine[i]);                  //将 * 、/号入栈
        }
        else if(ine[i] == '(')                  //左括号直接进入后缀表达式
        {
        sign_Push(ine[i]);
}
        else if(ine[i] == ')')                  //直到右括号前,所有符号出栈进入后缀表达式
        {
         while(sign_Top()!= '(')
            {
            c = sign_Pop();
                poe[j++] = c;
            }
```

```
                        sign_Pop();
    }
}
    while(!sign_IsEmpty()){
        poe[j++] = sign_Pop();}
    poe[j] = '\0';}
/* ---------------- 计算表达式的值 ---------------- */
int deal(char * poe)
{   int i,a,b,num;
    num_Empty();                              //将数值栈置空
    //求表达式值
    for(i = 0;i < strlen(poe);i++)
    {if(poe[i]> = '0' && poe[i]< = '9')       //遇到数字,则将数值压入数值栈
        {num = poe[i] - '0';
            i++;
            while(poe[i]> = '0' && poe[i]< = '9')
            {   num = num * 10 + poe[i] - '0';
                i++;}
            num_Push(num);}
else                        //如果为运算符号,则每次从数值栈中取出两个数,进行运算后,再压入栈中
        {b = num_Pop();
            a = num_Pop();
            if(poe[i] == '+')
            {num_Push(a + b);}
            else if(poe[i] == '-')
            {num_Push(a - b);}
            else if(poe[i] == '*')
            {num_Push(a * b);}
            else if(poe[i] == '/')
            {if(b == 0) return 0;
                num_Push(a/b);}}}
return num_Top();}
int main()
{   char ine[100];                            //原表达式
    char poe[100];                            //后缀表达式
    int result;                               //存储计算结果
    printf("请输入需要计算的表达式(如果计算结束请输入字符#):\n");
        while(1){
    scanf("%s",ine);                          //输入表达式
        if(ine[0] == '#') break;
        compoe(ine,poe);                      //求后缀表达式
        result = deal(poe);
        printf("该表达式的值为%d\n",result);
}
    return 0;
}
```

2.

```
#include <stdlib.h>
#include <stdio.h>
```

```
#include<string.h>
struct stack
{   char webname[100] ;
    struct stack * next ;
} *t1, *t2;
struct stack *Setnull( struct stack * top)  //初始化栈
{   while(top)
    {  struct stack * p = top ;
        free(p);
        top = top->next ;
}
return NULL ;
}
struct stack *Push(struct stack* top , char webname[])   //
{    struct stack * p = (struct stack *) malloc(sizeof(struct stack) );
    strcpy( p->webname,webname);
    p->next = top ;
return p ;
}
struct stack * Pop(struct stack * top )      //弹出栈
{   if(top)
    {   struct stack * p = top ;
        top = top ->next ;
        free(p);
}
return top;
}
struct stack * Top( struct stack * top )     //取栈顶
{   if( top )
        return top ;
return NULL ;
}
int main()
{
char cur[100] ={""};
    char chin[100] ;
    struct stack * tem ;
    strcpy(cur,"htpp://www.acm.org");
    while(1)
    {
     scanf("%s",chin);
        if( strcmp(chin,"QUIT") == 0)
        {t1 = Setnull(t1);
            t1 = Setnull(t2);
            break;
    }
        else if( strcmp(chin,"VISIT") == 0 )
        {
        if( strcmp(cur,"")!= 0 )
            {
            t1 = Push(t1,cur);
```

```
            strcpy(cur,"");
        }
        scanf("%s",cur);
        printf("%s\n",cur);
        t2 = Setnull(t2);
        }
    else if( strcmp(chin,"FORWARD") == 0 )
    {
    if( Top(t2) )
        {
        if( strcmp(cur,"")!= 0 )
            {
            t1 = Push(t1,cur);
                strcpy(cur,"");
            }
            tem = Top(t2);
            strcpy(cur,tem->webname);
            t2 = Pop(t2);
            printf("%s\n",cur);
     }
        else {printf("Ignored\n");}}
    else if( strcmp(chin,"BACK") == 0 )
    {
    if( Top(t1) )
        {
         if( strcmp(cur,"")!= 0 )
            {
            t2 = Push(t2,cur);
                strcpy(cur,"");}
            tem = Top(t1);
            strcpy(cur,tem->webname);
            t1 = Pop(t1);
            printf("%s\n",cur);
   }
        else
        {
        printf("Ignored\n");}
     }
    else {
         printf("error\n");
         }
  }
  return 0;
}
```

第4章 串

4.1 基本知识提要

4.1.1 知识结构图

- 串
  - 串的定义与特性
    - 串的定义(串、串的长度、空串、子串、主串、串相等)
    - 串的运算(串的赋值、判断串相等、求串的长度、串的连接、求子串、查找子串、模式匹配运算、插入运算、删除运算)
  - 串的存储结构
    - 串的定长顺序存储表示
    - 串的堆分配存储表示
    - 串的块链存储表示
  - 串运算的实现
    - 朴素模式匹配算法
    - 模式匹配的 Brute-Force 算法
    - 模式匹配的 KMP 算法
  - 串的应用

4.1.2 常用术语解析

串:串又叫字符串,是由零个或多个字符组成的有限序列,一般记作 $s=\text{"}c_1c_2\cdots c_n\text{"}(n\geqslant 0)$。含零个字符的串称为空串。串中所含字符的个数称为该串的长度(或串长)。

子串:串中任意个连续字符组成的序列称为该串的子串。

主串:包含子串的串相应地称为主串,子串是主串的一部分。

位置:某个字符在串中出现的序号叫做这个字符在串中的位置,子串在主串的位置是子串的第一个字符在主串中出现的位置。

串相等:两个串的长度相等,同时两个串的对应位置的字符相同。

模式:设有两个字符串 T 和 P,若打算在串 T 中查找是否有与串 P 相等的子串,则称串 T 为目标(Target)、P 为模式(Pattern)。

串的模式匹配:查找模式串在目标串中的匹配位置的运算为模式匹配(Pattern Matching)。

4.1.3 重点知识整理

1. 空串和空格串

注意要区别空串和空格串,空格串由一个或多个空格字符组成,长度为串中空格字符的个数，而空串不包含任何字符，其长度为0。

空串是任意串的子串；任意串是它自身的子串。一个串除它本身以外的其他子串都是它的真子串。

2. 串的存储结构

串的存储表示有三种：定长顺序存储表示、堆分配存储表示和块链存储表示。

(1) 串的定长顺序存储表示简称为顺序串，它用一组地址连续的存储单元来存储串中的字符序列。在串的定长顺序存储结构中，按照预定义的大小，为每个定义的串变量分配一个固定长度的存储区，因此可用定长的字符数组来实现。用C语言描述串的定长顺序存储表示为：

```
int MAXSTRLEN = 255;                    //用户可自己定义最大串长
char String[MAXSIZELEN];
```

这种字符串的存储表示简单，但其存储数组的空间是在程序编译时静态分配的，一旦这个空间在字符存入时放满了，由于数组空间不能扩展，将导致程序不能圆满完成预定功能，克服这个弊病唯有不限定串长的最大长度，即动态分配串值的存储空间。

(2) 堆分配存储表示，即顺序串的动态分配存储方式。这种存储表示的特点是：仍以一组地址连续的存储单元存储字符序列，但它们的存储空间是在程序执行过程中动态分配而得。在C语言中，动态分配用new和free来管理。利用new为每一个新产生的串分配一块实际串长所需的空间，若成功分配，则返回一个指向起始地址的指针作为串的起始地址。当串被删除时，用free来释放串所占用的空间。

串的堆分配存储表示为：

```
struct string
{
    Char * str;                         //串数组
    int size;                           //串长
}
struct string s1;                       //定义一个字符串变量s1
s1.str = new char[size];           //给s1分配size大小的空间，并由str指向空间的起始地址
free( );                                //删除串s1所占用的空间
```

(3) 串的块链存储表示采用链表方式存储串值，用链表存储串值时，每个结点可以存放一个字符，也可以存放多个字符。图4.1是结点大小为1的字符串块链存储的示意图，图4.2是结点大小为4的字符串块链存储的示意图。

head → w → v → u → x → y → z ∧

图4.1 结点大小为1的串的链表存储结构

head → w v u x → y z # # ∧

图4.2 结点大小为4的串的链表存储结构

设链表中每个结点只存放一个字符，则在C语言中可使用如下说明。

① 结点大小为1的块链表示为：

```
struct list1
{
    struct list * next;                 //指向下一个结点的指针
    char data;                          //存放字符
```

```
}
list1 *point;                          //point为结构类型的指针,指向第一结点
```

② 结点大小为4的块链表示为:

```
struct list4
{
    struct list *next;
    char data[4];                      //在一个结点中可放4个字符
}
list4 *point;
```

需要注意,当结点大小大于4时,字符串的长度不一定是结点大小的整数倍,使得最后一个结点的数据域不一定总能全被字符占满,此时可以使用不属于串值的字符,如"#"来填补空下来的空间。

3. 串的运算实现

设有两个字符串T和P,若打算在串T中查找是否有与串P相等的子串,则称串T为目标(Target)、P为模式(Pattern),并称查找模式串在目标串中的匹配位置的运算为模式匹配(Pattern Matching)。

(1) 模式匹配的Brute-Force算法

它的基本思想是用P的字符依次与T中的字符做比对。这种算法每趟顺序比对目标串T与模式串P中的对应字符,一旦发现不匹配,则将模式串P右移,让模式串P的第0个字符与目标串T的下一位置对齐,再用模式串P中的字符与目标串T中对应的字符顺序比对,这样一趟一趟比对下去,直到出现以下两个情况之一时,匹配过程结束。

① 如果模式串P每一位都与目标串T对应位字符比对相等,则匹配成功,算法返回模式串P第0个字符在目标串T中匹配的下标位置;

② 如果模式串P与目标串T对应位字符比对不相等,目标串T后面所剩字符个数少于模式串P的长度,则模式匹配失败,算法返回-1。

设char T[]="aaaaaacdaxue",P[]="aac",并定义模式匹配算法的首部为int nfind(char T[],char P[]),则使用Brute-Force方法的模式匹配过程如图4.3所示。

	0	1	2	3	4	5	6	7	8	9	10	11
第一趟比对	a	a	a	a	a	a	c	d	a	x	u	e
	a	a	c	×								
第二趟比对	a	a	a	a	a	a	c	d	a	x	u	e
		a	a	c	×							
第三趟比对	a	a	a	a	a	a	c	d	a	x	u	e
			a	a	c	×						
第四趟比对	a	a	a	a	a	a	c	d	a	x	u	e
				a	a	c	×					
第五趟比对	a	a	a	a	a	a	c	d	a	x	u	e
					a	a	c	√				

图4.3 Brute-Force算法匹配过程示例

P 为参加比对的模式串，T 是目标串，Brute-Force 算法如下所示：

```
int nfind(char T[],char P[]){
//在目标串 T 中从第 0 个字符开始寻找模式串 P 在 T 中匹配的位置
//若在 T 中找不到与串 P 匹配的子串,则函数返回 - 1,否则返回 P 在 T 中第一次匹配的位置
int i,j,last = T.n - P.n;                    // last 是在 T 中可取到与 P 等长子串的最后位置
   for(i = 0;i <= last;i++){
   for(j = 0;j < P.n;j++)
        if(T.ch[i + j]!= p.ch[j]) break;
   if(j == P.n) return i;
   }
Return - 1;
};
```

这种算法简单，易于理解，但效率不高，主要原因是：主串指针在若干个字符序列比较相等后，若有一个字符比较不相等，仍需回溯。该算法在最好情况下的时间复杂度为 O(m)，即主串的前 m 个字符正好等于模式串的 m 个字符，在最坏情况下的时间复杂度为 O(nm)。

(2) 模式匹配的 KMP 算法

KMP 算法较 Brute-Force 算法有较大改进，主要是消除了主串指针的回溯，从而使算法效率有了某种程度的提高。KMP 算法的基本思路：每当一趟匹配过程中出现字符比对不等时，不需回溯 i 指针，而是利用已经得到的“部分匹配”的结果将模式向右“滑动”尽可能远的一段距离后，继续进行比较。设 char T[]="ababcabcacbab"，P[]="abcac"，则使用 KMP 方法的模式匹配过程如图 4.4 所示。

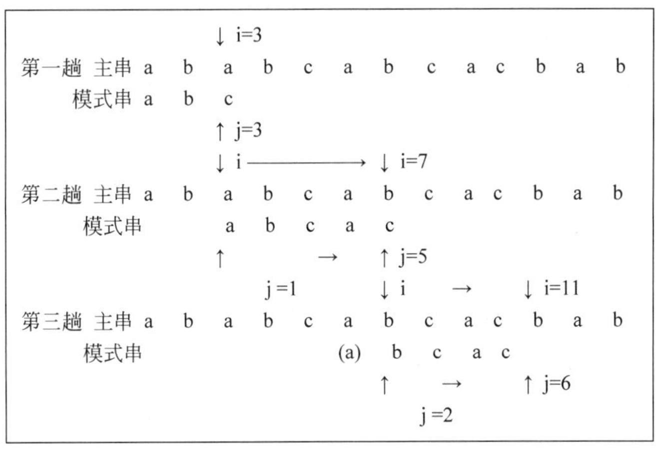

图 4.4　KMP 算法的匹配过程示例

P 为参加比对的模式串，T 是目标串，KMP 算法如下所示：

```
int KMPFind(String &P)
{
    int lenP = P.size, lenT = T.size;
    while(j < I&&LENT < LENS)
      if(P.str[j] =  = T.str[i])
          {
            i++;
```

```
            j++;
          }
        else
          if(j == 0)
            i++;
          else
            j = f(j - 1) + 1;
    if(j > lent)
    else
        return i - lenP;
}
```

4.2 典型题解析

例 4.1 若串 S1="ABCDEFG",S2="9898",S3="###",S4="012345",则执行 concat(replase(S1,substr(S1,length(S2),length(S3)),S3),substr(S4,index(S2,'8'),length(S2)))的结果为(　　)。

A. ABC###G0123　　B. ABCD###2345

C. ABC###G2345　　D. ABC###G1234

答案为 D。

例题解析:

函数 concat(x,y)返回 x 和 y 的连接串,substr(s,i,j)返回串 s 从序号 i 的字符开始的 j 个字符组成的子串,length(s)返回串 s 的长度。replase(s,t,v)用 v 替换 s 中出现的所有与 t 相等的子串,index(s,t,i)是当 s 中存在与 t 值相同的子串时,返回它在 s 中的第 i 个字符之后第一次出现的位置。

```
substr(S1,length(S2),length(S3)) = substr(S1,4,3) = "DEF";
replase(S1,substr(S1,length(S2),length(S3)),S3) = replase(S1, "DEF",S3) = "ABC###G";
substr(S4,index(S2, '8'),length(S2)) = substr(S4,2,4) = "1234";
concat(replace(S1,substr(S1,length(S2),length(S3)),S3),substr(S4,index(S2,'8'),
length(S2))) = concat("ABC###G", "1234") = "ABC###G1234".
```

例 4.2 若串 s="software",其子串个数是(　　)

A. 8　　B. 37　　C. 36　　D. 9

答案为 C。

例题解析:

s 的长度为 8,长度为 8 的子串有 1 个,长度为 7 的子串有 2 个,长度为 6 的子串有 3 个,长度为 5 的子串有 4 个,……,长度为 1 的子串有 8 个,共有(1+8)×8/2=36 个。

例 4.3 设 S 为一个长度为 n 的字符串,其中的字符各不相同,则 S 中的互异的非平凡子串(非空且不同于 S 本身)的个数是多少?

例题解析: 长度为 n 的字符串中互异的非平凡子串(非空且不同于 S 本身)的个数计算如下:长度为 1 的子串有 n 个,长度为 2 的子串有 n−1 个,长度为 3 的子串有 n−2 个,……,长度为 n−1 的子串有 2 个,长度为 n 的子串有 1 个(按题意要求这个子串就是 S 本身,不能计算在总数内)。故子串个数为(2+n)×(n−1)/2。

例 4.4 请举例说明 KMP 算法的执行过程。

例题解析：

```
#include <iostream.h>
#include <string.h>
int KMP(const char * Text,const char * Pattern)         //const 表示函数内部不会改变该参数值
{
    if( !Text||!Pattern|| Pattern[0] == '\0' || Text[0] == '\0' )
        return -1;                                       //空指针或空串,返回-1
    int len = 0;
    const char * c = Pattern;
    while( * c++!= '\0')                                 //移动指针比移动下标快
    {
        ++len;                                           //字符串长度
    }
    int * next = new int[len + 1];
    get_nextval(Pattern,next);                           //求 Pattern 的 next 函数值
    int index = 0, i = 0, j = 0;
    while(Text[i]!= '\0' && Pattern[j]!= '\0' )
    {
        if(Text[i] == Pattern[j])
        {
            ++i;                                         //继续比较后继字符
            ++j;
        }
        else
        {
            index += j - next[j];
            if(next[j]!= -1)
                j = next[j];                             //模式串向右移动
            else
            {
                j = 0;
                ++i;
            }
        }
    }                                                    //while
    delete next[j];
    if(Pattern[j] == '\0')
        return index;                                    //匹配成功
    else
        return -1;
}
int main( )                                              //abCabCad
{
    char * text = "bababCabCadcaabcaababcbaaaabaaacababcaabc";
    char * pattern = "adCadCad";
      //getNext(pattern,n);
      //get_nextval(pattern,n);
```

```
    Printf("%s,%s",KMP(text,pattern));
    return 0;
}
```


设在 S="abcabcabdabba"中查找 T="abcabd",如果使用 KMP 匹配算法,当第一次搜索到 S[5]和 T[5]不等后,S 下标不是回溯到 1,T 下标也不是回溯到开始,而是根据 T 中 T[5]='d'的模式函数值,直接比较 S[5]和 T[2]是否相等,因为相等,S 和 T 的下标同时增加;因为又相等,S 和 T 的下标又同时增加……最终在 S 中找到了 T。

KMP 匹配算法和简单匹配算法效率比较,一个极端的例子是:

在 S="AAAAA…AAB"(100 个 A)中查找 T="AAAAAAAAAB",简单匹配算法每次都是比较到 T 的结尾,发现字符不同,然后 T 的下标回溯到开始,S 的下标也要回溯相同长度后增 1,继续比较。如果使用 KMP 匹配算法,就不必回溯。

对于一般文稿中串的匹配,简单匹配算法的时间复杂度可降为 O(m+n),因此在多数的实际应用场合下被应用。

KMP 算法的核心思想是利用已经得到的部分匹配信息来进行后面的匹配过程。看前面的例子,为什么 T[5]='d'的模式函数值等于 2(next[5]=2),其实这个 2 表示 T[5]='d'的前面有两个字符和开始的两个字符相同,且 T[5]='d'不等于开始的两个字符之后的第三个字符(T[2]='c')。

也就是说,如果开始的两个字符之后的第三个字符也为'd',那么,尽管 T[5]='d'的前面有两个字符和开始的两个字符相同,T[5]='d'的模式函数值也不是 2,而是 0。

在 S="abcabcabdabba"中查找 T="abcabd",如果使用 KMP 匹配算法,当第一次搜索到 S[5]和 T[5]不等后,S 下标不是回溯到 1,T 下标也不是回溯到开始,而是根据 T 中 T[5]=='d'的模式函数值,直接比较 S[5]和 T[2]是否相等。

next[5]=2,其实这个 2 表示 T[5]='d'的前面有两个字符和开始的两个字符相同。因为,S[4] =T[4],S[3] =T[3],根据 next[5]=2,有 T[3]=T[0],T[4] =T[1],所以 S[3]=T[0],S[4] =T[1](两对相当于间接比较过了),因此,接下来比较 S[5]和 T[2]是否相等。

S[3]和 T[0]、S[4]和 T[1]是根据 next[5]=2 间接比较相等,那 S[1]和 T[0]、S[2]和 T[0]之间又是怎么跳过,可以不比较的呢?因为 S[0]=T[0],S[1]=T[1],S[2]=T[2],而 T[0] !=T[1], T[1] !=T[2],S[0] !=S[1],S[1] !=S[2],所以 S[1] !=T[0],S[2] !=T[0],还是从理论上间接比较了。

假设 S 不变,在 S 中搜索 T="abaabd"这种情况,当比较到 S[2]和 T[2]时,发现不等,就去看 next[2]的值,next[2]=-1,意思是 S[2]已经和 T[0]间接比较过了,不相等,接下来去比较 S[3]和 T[0]。

假设 S 不变,在 S 中搜索 T="abbabd"。这种情况,当比较到 S[2]和 T[2]时,发现不等,就去看 next[2]的值,next[2]=0,意思是 S[2]已经和 T[2]比较过了,不相等,接下来去比较 S[2]和 T[0]。

假设 S="abaabcabdabba",在 S 中搜索 T="abaabd"。这种情况下当比较到 S[5]和 T[5]时,发现不等,就去看 next[5]的值,next[5]=2,意思是前面的比较过了,其中,S[5]的前面有两个字符和 T 的开始两个相等,接下来去比较 S[5]和 T[2]。

那么,怎么求串的模式函数值 next[n]呢?

定义如下。

(1) next[0]=-1,是指任何串的第一个字符的模式值规定为-1。

(2) next[j]=-1,是指模式串 T 中下标为 j 的字符,如果与首字符相同,且 j 的前面的 1~k 个字符与开头的 1~k 个字符不等(或者相等但 T[k]==T[j])(1≤k<j)。

如:T="abCabCad",则 next[6]=-1,因 T[3]=T[6]。

(3) next[j]=k,是指模式串 T 中下标为 j 的字符,如果 j 的前面 k 个字符与开头的k 个字符相等,且 T[j]!=T[k](1≤k<j)。即 T[0]T[1]T[2]… T[k-1]=T[j-k]T[j-k+1]T[j-k+2]…T[j-1]且 T[j]!=T[k](1≤k<j)。

(4) next[j]=0,是指除(1)、(2)、(3)的其他情况。

举例:

(1) 求 T="abcac"的模式函数的值。

next[0]=-1 根据(1)。

next[1]=0 根据(4),因(3)有 1≤k<j;不能说,j=1,T[j-1]==T[0]。

next[2]=0 根据(4),因(3)有 1≤k<j;(T[0]=a)!=(T[1]=b)。

next[3]=-1 根据(2)。

next[4]=1 根据(3)有 T[0]=T[3]且 T[1]=T[4]。

即

下标	0	1	2	3	4
T	a	b	c	a	c
next	-1	0	0	-1	1

若 T="abcab"将是这样:

下标	0	1	2	3	4
T	a	b	c	a	b
next	-1	0	0	-1	0

为什么 T[0]==T[3],还会有 next[4]=0? 因为 T[1]==T[4],根据(3)且"T[j] !=T[k]"被划入(4)。

(2) 求 T="ababcaabc"的模式函数的值。

next[0]=-1　根据(1)。

next[1]=0　根据(4)。

next[2]=-1　根据(2)。

next[3]=0　根据(3),虽 T[0]=T[2],但 T[1]=T[3],被划入(4)。

next[4]=2　根据(3),T[0]T[1]=T[2]T[3]且 T[2] !=T[4]。

next[5]=-1　根据(2)。

next[6]=1　根据(3),T[0]=T[5]且 T[1]!=T[6]。

next[7]=0　根据(3),虽 T[0]=T[6],但 T[1]=T[7],被划入(4)。

next[8]=2　根据(3),T[0]T[1]=T[6]T[7]且 T[2]!=T[8]。

即

下标	0	1	2	3	4	5	6	7	8
T	a	b	a	b	c	a	a	b	c
next	−1	0	−1	0	2	−1	1	0	2

(3) 求 T="abCabCad"的模式函数的值。

下标	0	1	2	3	4	5	6	7
T	a	b	C	a	b	C	a	d
next	−1	0	0	−1	0	0	−1	4

next[5]=0　　根据(3),虽 T[0]T[1]=T[3]T[4],但 T[2]==T[5]。

next[6]=−1　根据(2),虽前面有 abC=abC,但 T[3]==T[6]。

next[7]=4　　根据(3),前面有 abCa=abCa,且 T[4]!=T[7]。

若 T[4]==T[7],即 T="adCadCad",那么将是 next[7]=0,而不是 next[7]=4,因为 T[4]==T[7]。

下标	0	1	2	3	4	5	6	7
T	a	d	C	a	d	C	a	d
next	−1	0	0	−1	0	0	−1	0

```
void get_nextval(const char * T, int next[ ])
{
    // 求模式串 T 的 next 函数值并存入数组 next
    int j = 0, k = -1;
    next[0] = -1;
    while ( T[j/* +1 */] != '\0' )
    {
        if (k == -1 || T[j] == T[k])
        {
            ++j; ++k;
            if (T[j]!= T[k])
                next[j] = k;
            else
                next[j] = next[k];
        }                                       //if
        else
            k = next[k];
    }                                           //while
}
```

4.3 知识扩展

串的模式匹配是查找模式串在目标串中的匹配位置的运算过程,在现实生活中模式匹配算法有哪些应用呢?

互联网时代网络影响着人们生活的方方面面,而搜索引擎是人们应用网络的首选,搜索引擎是在计算机上基于字符匹配的搜索,这种搜索是通过移位和字符匹配,使计算机产生匹配结果,从海量资料中寻找对应的关键字,获取人们需要的信息。例如百度搜索引擎,采用模式的广泛匹配算法进行广告营销,当网民搜索词与购买关键词高度相关时,即使并未提交这些词，推广结果也获得展现机会。触发推广结果的搜索词包括同义近义词、相关词、变体形式(如加空格、语序颠倒、错别字等)、完全包含关键词的短语等。由此，广泛匹配帮助广告主定位更多潜在客户，提升品牌知名度，节省大量方案设计、物料撰写、系统设置等操作时间。

4.4 测试习题与参考答案

测试习题

一、填空题

1. 空格串是指(　　)，其长度等于(　　)。

2. 组成串的数据元素只能是(　　)。

3. 设正文串长度为 n，模式串长度为 m，则串匹配的 KMP 算法的时间复杂度为(　　)。

4. 两个字符串相等的充分必要条件是(　　)。

5. 一个字符串中(　　)称为该串的子串。

6. 串的两种最基本的存储方式是(　　)。

7. INDEX("DATASTRUCTURE","STR")=(　　)。

8. 模式串 P="abaabcac"的 next 函数值序列为(　　)。

9. 设 T 和 P 是两个给定的串，在 T 中寻找等于 P 的子串的过程称为(　　)，又称 P 为(　　)。

10. 串是一种特殊的线性表，其特殊性表现在(　　)。

11. 模式串 P="abaabcac"的 next 函数值序列为(　　)。

12. 字符串"ababaaab"的 nextval 函数值为(　　)。

13. 已知 U="xyxyxyxxyxy"; t="xxy";

```
ASSIGN(S,U);
ASSIGN(V,SUBSTR(S,INDEX(s,t),LEN(t) + 1));
ASSIGN(m,"ww")
```

求 REPLACE(S,V,m)=(　　)。

14. 实现字符串拷贝的函数 strcpy 为:

```
void strcpy(char *s , char *t) /* copy t to s */
{
  while  (________)
}
```

15. 下列程序判断字符串 s 是否对称，对称则返回 1，否则返回 0。如 f("abba")返回 1，f("abab")返回 0。

```
int f(________)
 {
  int i = 0,j = 0;
  while (s[j]) ________;
```

```
    for(j--; i<j && s[i]==s[j]; i++,j--);
        return(________)
}
```


二、选择题

1. 下面关于串的叙述中,(　　)是不正确的。

A. 串是字符的有限序列

B. 空串是由空格构成的串

C. 模式匹配是串的一种重要运算

D. 串既可以采用顺序存储,也可以采用链式存储

2. 设有两个串p和q,其中q是p的子串,求q在p中首次出现的位置的算法称为(　　)。

A. 求子串　　B. 联接　　C. 匹配　　D. 求串长

3. 字符串"ababaabab"的nextval为(　　)。

A. (0,1,0,1,0,4,1,0,1)　　B. (0,1,0,1,0,2,1,0,1)

C. (0,1,0,1,0,0,0,1,1)　　D. (0,1,0,1,0,1,0,1,1)

4. 串的长度是指(　　)。

A. 串中所含不同字母的个数　　B. 串中所含字符的个数

C. 串中所含不同字符的个数　　D. 串中所含非空格字符的个数

5. 设S为一个长度为n的字符串,其中的字符各不相同,则S中的互异的非平凡子串(非空且不同于S本身)的个数为(　　)。

A. $2n-1$　　B. n^2

C. $(n^2/2)+(n/2)$　　D. $(n^2/2)+(n/2)-1$

6. 已知串S="aaab",其next数组值为(　　)。

A. 0123　　B. 1123　　C. 1231　　D. 1211

7. 串"ababaaababaa"的next数组为(　　)。

A. 012345678999　　B. 012121111212

C. 011234223456　　D. 0123012322345

8. 若串S1="ABCDEFG",S2="9898",S3="###",S4="012345",执行concat(replase(S1,substr(S1,length(S2),length(S3)),S3),substr(S4,index(S2,'8'),length(S2))),其结果为(　　)。

A. ABC###G0123　　B. ABCD###2345

C. ABC###G1234　　D. ABCD###1234

9. 模式串t="vabcaabbcabcaabdab",该模式串的next数组的值为(　　)。

A. 0 1 1 1 2 2 1 1 1 2 3 4 5 6 7 1 2　　B. 0 1 1 1 2 1 2 1 1 2 3 4 5 6 1 1 2

C. 0 1 1 1 0 0 1 3 1 0 1 1 0 0 7 0 1　　D. 0 1 1 1 2 2 3 1 1 2 3 4 5 6 7 1 2

10. 模式串t="abcaabbcabcaabdab",该模式串的nextval数组的值为(　　)。

A. 0 1 1 1 0 0 1 3 1 0 1 1 0 0 7 0 1　　B. 0 1 1 1 2 2 3 1 1 2 3 4 5 6 7 1 2

C. 0 1 1 0 0 1 1 1 0 1 1 0 0 1 7 0 1　　D. 0 1 1 0 2 1 3 1 0 1 1 0 2 1 7 0 1

11. 空串与空格字符组成的串的区别在于(　　)。

A. 没有区别　　B. 两串的长度不相等

C. 两串的长度相等　　　　D. 两串包含的字符不相同

12. 一个子串在包含它的主串中的位置是指(　　)。

A. 子串的最后那个字符在主串中的位置

B. 子串的最后那个字符在主串中首次出现的位置

C. 子串的第一个字符在主串中的位置

D. 子串的第一个字符在主串中首次出现的位置

13. 下面的说法中,只有(　　)是正确的。

A. 字符串的长度是指串中包含的字母的个数

B. 字符串的长度是指串中包含的不同字符的个数

C. 若 T 包含在 S 中,则 T 一定是 S 的一个子串

D. 一个字符串不能说是其自身的一个子串

14. 若 SUBSTR(S,i,k)表示求 S 中从第 i 个字符开始的连续 k 个字符组成的子串的操作,则对于 S="Beijing&Nanjing",SUBSTR(S,4,5)=(　　)。

A. "ijing"　　B. "jing&"　　C. "ingNa"　　D. "ing&N"

15. 若 INDEX(S, T)表示求 T 在 S 中的位置的操作,则对于 S="Beijing&Nanjing",T="jing",INDEX(S, T)=(　　)。

A. 2　　B. 3　　C. 4　　D. 5

16. 若 REPLACE(S,S1,S2)表示用字符串 S2 替换字符串 S 中的子串 S1 的操作,则对于 S="Beijing&Nanjing",S1="Beijing",S2="Shanghai",REPLACE(S,S1,S2)=(　　)。

A. "Nanjing&Shanghai"　　B. "Nanjing&Nanjing"

C. "ShanghaiNanjing"　　D. "Shanghai&Nanjing"

17. 在长度为 n 的字符串 S 的第 i 个位置插入另外一个字符串,i 的合法值应该是(　　)。

A. $i>0$　　B. $i \leqslant n$　　C. $1 \leqslant i \leqslant n$　　D. $1 \leqslant i \leqslant n+1$

18. 字符串采用结点大小为 1 的链表作为其存储结构,是指(　　)。

A. 链表的长度为 1

B. 链表中只存放 1 个字符

C. 链表的每个链结点的数据域中不仅只存放了一个字符

D. 链表的每个链结点的数据域中只存放了一个字符

三、判断题

1. KMP 算法的特点是在模式匹配时指示主串的指针不会变小。(　　)

2. 串是一种数据对象和操作都特殊的线性表。(　　)

3. 如果一个串中的所有字符均在另一串中出现,那么说明前者是后者的子串。(　　)

4. 设模式串的长度为 m,目标串的长度为 n,当 $n \approx m$ 且处理只匹配一次的模式时,朴素的匹配(即子串定位函数)算法所花的时间代价可能会更小。(　　)

四、应用题

1. 名词解释:串。

2. 描述以下概念的区别:空格串与空串。

3. 分别在顺序存储和一般链接存储两种方式下,用 C 语言写出实现把串 s1 复制到串

s2 的串复制函数 strcpy(s1,s2)。

4. 两个字符串 S1 和 S2 的长度分别为 m 和 n。求这两个字符串最大共同子串算法的时间复杂度为 T(m,n)。估算最优的 T(m,n),并简要说明理由。

5. 设主串 S="xxyxxxyxxxxyxyx",模式串 T="xxyxy"。请问：如何用最少的比较次数找到 T 在 S 中出现的位置？相应的比较次数是多少？

6. 设字符串 S="aabaabaabaac",P="aabaac"。

(1) 给出 S 和 P 的 next 值和 nextval 值；

(2) 若 S 做主串,P 做模式串,试给出利用 KMP 算法的匹配过程。

7. 模式匹配算法是在主串中快速寻找模式的一种有效的方法,如果设主串的长度为 m,模式的长度为 n,则在主串中寻找模式的 KMP 算法的时间复杂性是多少？如果某一模式 P="abcaacabaca",请给出它的 next 函数值及 next 函数的修正值 nextval 的值。

8. 设 S1、S2 为字符串,请给出使 S1//S2＝S2//S1 成立的所有可能的条件(//为连接符)。

9. 已知 s ="(xyz)＋＊",t =" (x＋z)＊y"。试利用联结、求子串和置换等基本运算,将 s 转化为 t 。

10. 试利用 KMP 算法和改进算法分别求 p_1＝"abaabaa"和 p_2＝"aabbaab"的 next 函数和 nextval 函数。

11. 设目标为 t="abcaabbabcabaacbacba",模式为 p="abcabaa"。

(1) 计算模式 p 的 naxtval 函数值；

(2) 不写出算法,只画出利用 KMP 算法进行模式匹配时每一趟的匹配过程。

12. 模式匹配算法是在主串中快速寻找模式的一种有效的方法,如果设主串的长度为 m,模式的长度为 n,则在主串中寻找模式的 KMP 算法的时间复杂性是多少？如果有一模式 P="abcaacabaca",请给出它的 next 函数值及 next 函数的修正值 nextval 之值。

13. 用无回溯的模式匹配法(KMP 法)及快速的无回溯的模式匹配法求模式串 T 的 next[j]值,添入如表 4.1 所示的值。

表 4.1 KMP 法和快速 KMP 法的 next[j]的值

j	1 2 3 4 5 6 7
t	a a b b a a b
KMP 法求得的 next[j]值	
快速无回溯法求得的 next[j]值	

14. 在改进了的(无回溯)字符串模式匹配中,要先求 next 数组的值。下面是求 nextval 值的算法。

```
TYPE SAR = ARRAY[1..m] OF INTEGER;
            PTY = ARRAY[1..m] OF CHAR;
PROCEDURE next2(PPTY;VAR NEXTVALSAR);
{在模式 P 中求 nextval 数组的值}
(1)  BEGIN
(2)  J = 1;NEXTVAL[1] = 0;K = 0
(3)  REPEAT
```

```
(4)   IF (K = 0) OR (P[J] = P[K])
(5)   THEN [ J = J + 1;K = K + 1;
(6)          IF P[J] = P[K]
(7)             THEN NEXTVAL[J]  = NEXTVAL[K]
(8)                ELSE NEXTVAL[J]  = K
(9)   ELSE K = NEXTVAL[K]
(10) UNTIL J = m
(11) END;
```

算法中(4)有 P[J]=P[K],(6)中也有 P[J]=P[K]。两处比较语句相同。请分析说明这两处比较语句的含义是什么?分析此算法在最坏情况下的时间复杂度。

15. 在字符串模式匹配的 KMP 算法中,求模式的 next 数组值的定义如下:

$$\text{next}[j]=\begin{cases}0 & \text{当 } j=1 \text{ 时}\\ \max\{k \mid 1<k<j \text{ 且 } 'p_1\cdots p_{k-1}'='p_{j-k+1}\cdots p_{j-1}'\} & \text{当此集合不空时}\\ 1 & \text{其他情况}\end{cases}$$

请问:

(1) 当 j=1 时,为什么要取 next[1]=0?

(2) 为什么要取 max{k},k 最大是多少?

(3) 其他情况是什么情况,为什么取 next[j]=1?

16. 给出 KMP 算法中失败函数 f 的定义,并说明利用 f 进行串模式匹配的规则,该算法的技术特点是什么?

17. 在模式匹配 KMP 算法中所用失败函数 f 的定义中,为何要求 $p_1p_2\cdots p_{f(j)}$ 为 $p_1p_2\cdots p_j$ 两头匹配的真子串,且为最大真子串?

18. 如果两个串含有相等的字符,能否说它们相等?

19. KMP 算法(字符串匹配算法)较 Brute-Force(朴素的字符串匹配)算法有哪些改进?

20. 已知 KMP 串匹配算法中子串为 babababaa,写出 next 数组改进后的 next 数组信息值(要求写出数组下标起点)。

五、算法设计题

1. 以顺序存储结构表示串设计算法。求串 S 中出现的第一个最长重复子串及其位置并分析算法的时间复杂度。

2. 编写算法实现串的置换操作。

3. 函数 void insert(char *s, char *t, int pos)将字符串 t 插入到字符串 s 中,插入位置为 pos,用 C 语言实现该函数。假设分配给字符串 s 的空间足够让字符串 t 插入。

4. 设有一个长度为 s 的字符串,其字符顺序存放在一个一维数组的第一至第 s 个单元中(每个单元存放一个字符)。现要求从此串的第 m 个字符之后删除长度为 t 的子串,m<s,t<(s−m),并将删除后的结果复制在该数组的第 s 个单元以后的单元中,试设计此删除算法。

5. 设 s 和 t 是表示成单链表的两个串,试编写一个找出 s 中第一个不在 t 中出现的字符(假定每个结点只存放一个字符)的算法。

6. 设要加密的信息为一个串,组成串的字符均取自 ASCII 中的小写英文字母,假设串采用定长顺序存储,串的长度存放在数组的 0 号单元,串值从 1 号单元开始存放,写出凯撒密码的加密解密算法(已知 a 的 ASCII 码值是 97)。

7. 函数 void insert(char *s, char *t, int pos)将字符串 t 插入到字符串 s 中,插入位置为 pos。请用 C 语言实现该函数。假设分配给字符串 s 的空间足够让字符串 t 插入(说明:不得使用任何库函数)。

8. 已知字符串 s1 中存放一段英文,写出算法 format(s1, s2, s3, n),将其按给定的长度 n 格式化成两端对齐的字符串 s2,多余的字符送 s3。

9. 写一个递归算法来实现字符串逆序存储,要求不另设串存储空间。

10. 已知三个字符串分别为 s="ab…abcaabcbca…a",s'="caab",s"="bcb"。利用所学字符串基本运算的函数得到结果串为 s'''="caabcbca…aca…a",要求写出得到上述结果串 s 所用的函数及执行算法。

11. 设 s、t 为两个字符串,分别放在两个一维数组中,m、n 分别为其长度,判断 t 是否为 s 的子串。如果是,输出子串所在位置(第一个字符),否则输出 0。

12. 编写程序,统计在输入字符串中各个不同字符出现的频度并将结果存入文件(字符串中的合法字符为 A～Z 和 0～9)。

13. S="S_1S_2…Sn"是一个长为 N 的字符串,存放在一个数组中,写出将 S 改造之后输出的算法:

(1) 将 S 的所有第偶数个字符按照其原来的下标从大到小的次序放在 S 的后半部分;

(2) 将 S 的所有第奇数个字符按照其原来的下标从小到大的次序放在 S 的前半部分。

例如:

S='ABCDEFGHIJKL'

则改造后的 S 为'ACEGIKLJHFDB'。

参考答案

一、填空题

1. 由空格字符(ASCII 值 32)所组成的字符串　空格个数　　2. 字符

3. O(m+n)　　4. 两串的长度相等且两串中对应位置上的字符也相等

5. 任意个连续的字符组成的子序列　　6. 顺序存储和链式存储

7. 5　　8. 01122312　　9. 模式匹配　模式串

10. 其数据元素都是字符　　11. 01122312　　12. 01010421

13. "xyxyxywwy"　　14. *s++=*t++或(*s++=*t++)!='\0'

15. char s[ ]　j++　i>=j

二、选择题

1. B　2. C　3. A　4. B　5. D　6. A　7. C　8. C　9. D　10. D

11. B　12. D　13. C　14. B　15. C　16. D　17. C　18. D

三、判断题

1. √　2. √　3. ×　4. √

四、应用题

1. 串是零个至多个字符组成的有限序列。从数据结构角度讲,串属于线性结构。与线性表的特殊性在于串的元素是字符。

2. 空格是一个字符，其 ASCII 码值是 32。空格串是由空格组成的串，其长度等于空格的个数。空串是不含任何字符的串，即空串的长度是零。

3.

顺序存储：

```
#include "string.h"
#define MAXN 100
char s[MAXN];
int S_strlen(char s[])
{
  int i;
  for(i = 0;s[i]!= '\0';i++);
    return(i);
}
void S_strcpy(char s1[],char s2[])
{
  int i;
  for(i = 0;s1[i]!= '\0';i++)
    s2[i] = s1[i];
    s2[i] = '\0';
}
```

一般链接存储：

```
#include "stdio.h"
typedef struct node
{
  char data;
  struct node *link;
}NODE;
NODE *L_strcpy(NODE *s1)
{
  NODE *s2, *t1, *t2, * s;
  if(s1 == NULL)
    return(NULL);
  else
  {
     t1 = s1;
     t2 = (NODE *)malloc(sizeof(NODE));
     s2 = t2;
     while(t1!= NULL)
     {
        s = (NODE *)malloc(sizeof(NODE));
        s -> data = t1 -> data;
        t2 -> link = s;
        t2 = s;
        t1 = t1 -> link;
     }
     t2 -> link = NULL;
     s = s2;
```

```
        s2 = s2 -> link;
        free(s);
      return(s2);
    }
}
```


4. 最优的 T(m,n)是 O(n)。串 S2 是串 S1 的子串,且在 S1 中的位置是 1。开始求出最大公共子串的长度恰是串 S2 的长度,一般情况下,T(m,n) =O(m * n)。

5. 朴素的模式匹配(Brute-Force)时间复杂度是 O(m * n),KMP 算法有一定改进,时间复杂度达到 O(m+n)。本题也可采用从后面匹配的方法,即从右向左扫描,比较 6 次成功。另一种匹配方式是从左往右扫描,但是先比较模式串的最后一个字符,若不等,则模式串后移;若相等,再比较模式串的第一个字符,若第一个字符也相等,则从模式串的第二个字符开始,向右比较,直至相等或失败。若失败,模式串后移,再重复以上过程。按这种方法,本题比较 18 次成功。

6. (1) S 的 next 与 nextval 值分别为 012123456789 和 002002002009,p 的 next 与 nextval 值分别为 012123 和 002003。

(2) 利用 KMP 算法的匹配过程如下。

第一趟匹配:aabaabaabaac

aabaac(i=6,j=6)

第二趟匹配:aabaabaabaac

(aa)baac

第三趟匹配:aabaabaabaac

(成功) (aa)baac

7. KMP 算法的时间复杂性是 O(m+n)。p 的 next 和 nextval 值分别为 01112212321 和 01102201320。

8. (1)S1 和 S2 均为空串;(2)两串之一为空串;(3)两串串值相等(即两串长度相等且对应位置上的字符相同);(4)两串中一个串长是另一个串长(包括串长为 1 仅有一个字符的情况)的数倍,而且长串就好像是由数个短串经过连接操作得到的。

9. 题中所给操作的含义如下:

//连接函数,将两个串连接成一个串

Substr(S,i,j):取子串函数,从串 S 的第 i 个字符开始,取连续 j 个字符形成子串。

Replace(S_1,i,j,S_2):置换函数,用 S_2 串替换 S_1 串中从第 i 个字符开始的连续 j 个字符。

本题有多种解法,下面是其中的一种:

(1) S_1 = substr(S,3,1)　　//取出字符'y'

(2) S_2 = substr(S,6,1)　　//取出字符'+'

(3) S_3 = substr(S,1,5)　　//取出子串"(xyz)"

(4) S_4 = substr(S,7,1)　　//取出字符'*'

(5) S_5 = replace(S_3,3,1,S_2)　　//形成部分串"(x+z)"

(6) S = S_5//S_4//S_1　　//形成串 t 即"(x+z)*y"

10. p_1 的 next 和 nextval 值分别为 0112234 和 0102102;

p_2 的 next 和 nextval 值分别为 0121123 和 0021002。

11. (1) p 的 nextval 函数值为 0110132。

(2) 利用 KMP(改进的 nextval)算法,每趟匹配过程如下。

第一趟匹配: abcaabbabcabaacbacba
　　　　　　abcab(i=5,j=5)

第二趟匹配: abcaabbabcabaacbacba
　　　　　　abc(i=7,j=3)

第三趟匹配: abcaabbabcabaacbacba
　　　　　　a(i=7,j=1)

第四趟匹配: abcaabbabcabaac bacba
(成功)　　　abcabaa(i=15,j=8)

12. KMP 算法的时间复杂性是 O(m+n)。

p 的 next 和 nextval 值分别为 01112212321 和 01102201320。

13. KMP 法和快速无回溯法求得的 next[j]值分别为 0121123 和 0021002。

14. 算法(4)的 p[J]=p[K]语句是测试模式串的第 J 个字符是否等于第 K 个字符,如是,则指针 J 和 K 均增加 1,继续比较。算法(6)的 p[J]=p[K]语句的意义是当第 J 个字符在模式匹配中失配时,若第 K 个字符和第 J 个字符不等,则下个与主串匹配的字符是第 K 个字符;否则,若第 K 个字符和第 J 个字符相等,则下个与主串匹配的字符是第 K 个字符失配时的下一个(即 NEXTVAL[K])。

该算法在最坏情况下的时间复杂度 $O(m^2)$。

15. (1)当模式串中第一个字符与主串中某字符比较不等(失配)时,next[1]=0 表示模式串中已没有字符可与主串中的当前字符 s[i]比较,主串当前指针应后移至下一字符,再和模式串中的第一个字符进行比较。

(2) 当主串第 i 个字符与模式串中第 j 个字符失配时,若主串 i 不回溯,则假定模式串第 k 个字符与主串第 i 个字符比较,k 值应满足条件 $1<k<j$ 并且"$p_1 \cdots p_{k-1}$"="$p_{j-k+1} \cdots p_{j-1}$",即 k 为模式串向后移动的距离,k 值有多个,为了不使向右移动丢失可能的匹配,k 要取大,由于 max{k}表示移动的最大距离,所以取 max{k},k 的最大值为 j−1。

(3) 在上面两种情况外,发生失配时,主串指针 i 不回溯,在最坏情况下,模式串从第一个字符开始与主串第 i 个字符比较,以便不致丢失可能的匹配。

16. 这里的失败函数 f,即通常讲的模式串的 next 函数,模式串的 next 函数定义如下:

$$\text{next}[j]=\begin{cases}0 & \text{当 } j=1 \text{ 时}\\ \max\{k \mid 1<k<j \text{ 且 } 'p_1\cdots p_{k-1}'='p_{j-k+1}\cdots p_{j-1}'\} & \text{当此集合不空时}\\ 1 & \text{其他情况}\end{cases}$$

进行模式匹配时,若主串第 i 个字符与模式串第 j 个字符发生失配,主串指针 i 不回溯,和主串第 i 个字符进行比较的是模式串的第 next[j]个字符。模式串的 next 函数值,只依赖于模式串,和主串无关,可以预先求出。

该算法的技术特点是主串指针 i 不回溯。在经常发生"部分匹配"的主串很大,不能一次调入内存时,优点特别突出。

17. 失败函数(即 next)的值只取决于模式串自身,若第 j 个字符与主串第 i 个字符失配时,假定主串不回溯,模式串用第 k(即 next[j])个字符与第 i 个相比,有"$p_1 \cdots p_{k-1}$"="$p_{j-k+1} \cdots p_{j-1}$",为了不因模式串右移与主串第 i 个字符比较而丢失可能的匹配,对于上式中存在的多个 k 值,应取其中最大的一个。这样,因 j−k 最小,即模式串向右滑动的位数最小,避免因右移造成的可能匹配的丢失。

18. 仅根据两串含有相等的字符,不能判定两串是否相等,两串相等的充分必要条件是两串长度相等且对应位置上的字符相同(即两串串值相等)。

19. KMP 算法的主要优点是主串指针不回溯。当主串很大不能一次读入内存且经常发生部分匹配时,KMP 算法的优点更为突出。

20. next 数组值为 011234567,改进后的 next 数组信息值为 010101017。

五、算法设计题

1.

```
int LongestString(char s[],int n)
{
    int index = 0,max = 0;
    int length = 1,i = 0,start = 0;
    while(i<n-1)
    {
      if(s[i] == s[i+1]) {i++; length++;}
      else
          {
            if(max<length) {max = length; index = start; }
            i++;start = i;length = 1;
          }
        printf("最长重复子串的长度为%d,在串中的位置%d\n",max, index);
        return(max);
    }
}
```

算法的时间复杂度为 O(n),每个字符与其后继比较一次。

2.

```
void replace(string s, t, v)
{
  i = index(s, t);
  if(i!= 0)
   {
     creat(temp);
     m = length(t);n = length(s);
     while(i!= 0)
     {
       assign(temp, concat(temp, substr(s,1,i-1),v));
       assign(s, substr(s,i+m,n-i-m+1));
       n = n-(i-1)-m;
       i = index(s, t);
     }
    assign(s, contact(temp, s));
   }
}
```

3.

```
void insert(char *s,char *t,int pos)
{
    int i=1,x=0;
    char *p=s, *q=t;
    if(pos<1)
    {
      printf("pos 参数位置非法\n");
      exit(0);
     }
    while(*p!='\0'&&i<pos) {p++; i++;}
    if(*p == '/0')
    {
      printf("%d 位置大于字符串 s 的长度",pos);
      exit(0);
    }
   else
   {   while(*p!= '/0') {p++; i++;}
      while(*q!= '\0') {q++; x++; }
   }
   for(j=i; j>=pos ;j--){*(p+x) = *p; p--;}
       q--;
   for(j=1;j<=x; j++) *p--= *q--;
}
```

4.

```
int delete(r,s,t,m)
char r[ ];
int s,t,m;
{
    int i,j;
    for(i=1;i<=m;i++)
      r[s+i]=r[i];
    for(j=m+t-i;j<=s;j++)
      r[s-t+j]=r[j];
    return (1);
}
```

5.

```
LinkString find(s,t)
LinkString *s, *t;
{
    LinkString *ps, *pt;
    ps=s;
    while(ps!=NULL)
    {
        pt=t;
        while((pt!=NULL)&&(ps->data!=pt->data))
          pt=pt->next;
```

```
            if(pt = = NULL)
              ps = NULL;
            else
            {   ps = ps -> next;
                s = ps;
            }
        }
    return s;
}                                                   //find
```

6.

```
Void KaiSa(char S[],char T[], int k)
{
    T[0] = S[0];
    for (i = 1;i <= S[0];i++)
    T[i] = (S[i] - 97 + k) % 26;
}
```

7.

```
void insert(char * s, char * t, int pos)
//将字符串 t 插入字符串 s 的第 pos 个位置
{   int i = 1,x = 0; char * p = s, * q = t;          //p,q 分别为字符串 s 和 t 的工作指针
    if(pos < 1) {printf("pos 参数位置非法\n");exit(0);}
    while( * p!= '\0'&&i < pos) {p++;i++;}           //查 pos 位置
    //若 pos 小于串 s 长度,则查到 pos 位置时,i = pos
    if( * p == '/0') {printf(" %d 位置大于字符串 s 的长度",pos);exit(0);}
    else                                             //查找字符串的尾
     {
         while( * p!= '/0') {p++; i++;}              //查到尾时,i 为字符'\0'的下标,p 也指向'\0'
         while( * q!= '\0') {q++; x++; }             //查找字符串 t 的长度 x,循环结束时 q 指向'\0'
      }
     for(j = i;j >= pos ;j-- ){ * (p + x) = * p; p-- ;}
                                                     //串 s 的 pos 后的子串右移,空出串 t 的位置
        q-- ;                                        //指针 q 回退到串 t 的最后一个字符
     for(j = 1;j <= x;j++)
         * p--= * q-- ;                              //将 t 串插入到 s 的 pos 位置上
}
```

8.

```
void format (char * s1, * s2, * s3)
//将字符串 s1 拆分成字符串 s2 和字符串 s3,要求字符串 s2 长 n 且两端对齐
{
    char * p = s1, * q = s2;
    int i = 0;
    while( * p!= '\0' && * p = = ' ') p++;           //滤掉 s1 左端空格
    if( * p = = '\0') {printf("字符串 s1 为空串或空格串\n");exit(0);}
    while( * p!= '\0' && i < n){ * q = * p; q++; p++; i++;}        //字符串 s1 向字符串 s2 中复制
    if( * p = = '\0'){ printf("字符串 s1 没有 %d 个有效字符\n",n); exit(0);}
     if( * ( -- q) = = ' ')              //若最后一个字符为空格,则需向后找到第一个非空格字符
```

```
      { p-- ;                                  //p指针也后退
        while( * p= = ' '&& * p!= '\0') p++;   //往后查找一个非空格字符作串 s2 的尾字符
          if( * p= = '\0') {printf("s1 串没有 %d 个两端对齐的字符串\n",n); exit(0);  }
             * q = * p;                        //字符串 s2 最后一个非空字符
             * (++q) = '\0';                   //置 s2 字符串结束标记
          }
        * q = s3;p++;                          //将 s1 串其余部分送字符串 s3
        while ( * p!= '\0') { * q = * p; q++; p++;}
        * q = '\0';                            //置串 s3 结束标记
      }
```

9.

```
void InvertStore(char A[])                    //字符串逆序存储的递归算法
{
    char ch;
    static int i = 0;                         //需要使用静态变量
    scanf (" %c",&ch);
    if (ch!= '.')                             //规定'.'是字符串输入结束标志
    {
      InvertStore(A);
      A[i++] = ch;                            //字符串逆序存储
    }
    A[i] = '\0';                              //字符串结尾标记
}                                             //结束算法 InvertStore
```

10.

```
i = index(s,s');                              //利用串 s'求串 s1 在串 s 中的起始位置
s1 = substr(s,i,length(s) - i + 1);           //取出串 s1
j = index(s,s'');                    //求串 s''在串 s 中的起始位置,s 串中'bcb'后是'ca...a')
s2 = substr(s,j + 3,length(s) - j - 2);       //形成串 s2
s3 = concat(s1,s2);
```

11.

```
int index(char s[], t[], int m, n)
{
int i = 0,j = 0;
   while (i <= m - n && j <= n - 1)
   {
if (s[i] = = t[j]){i++; j++;}
else {i = i - j + 1;j = 0;}
   }
  if(i <= m - n && j = = n)
{printf("t 在 s 串中位置是 %d",i - n + 1);return(i - n + 1);}
else return(0);
}
main ( )
{
char s[],t[]; int m, n, i;
  scanf(" %d%d",&m, &n);
```

```
   scanf(" %s",s);
   scanf(" %s",t);
  i = index(s, t, m, n);
}
```


12.

```
void main ( )
{
int i,num[36];
char ch;
  for(i = 0;i < 36;i++)num[i] = 0;
  while((ch = getchar( ))!= '#')
      if('0'< = ch< = '9'){i = ch - 48;num[i]++;}
     else if('A'< = ch< = 'Z'){i = ch - 65 + 10;num[i]++;}
  for(i = 0;i < 10;i++)
        printf("数字 %d 的个数 = %d\n",I,num[i]);
  for(i = 10;i < 36;i++)
        printf("字母字符 %c 的个数 = %d\n",i + 55,num[i]);
}
```

13. 对读入的字符串的第奇数个字符,直接放在数组前面;对第偶数个字符,先入栈,到读字符串结束,再将栈中字符出栈,送入数组中。

```
void RearrangeString()
//对字符串改造,将第偶数个字符放在串的后半部分、第奇数个字符前半部分
{char ch,s[],stk[];                        //s 和 stk 是字符数组(表示字符串)和字符栈
int i = 1,j;                               //i 和 j 字符串和字符栈指针
while((ch = getchar())!= '#')              // '#'是字符串结束标志
  s[i++] = ch;                             //读入字符串
    s[i] = '\0';                           //字符数组中字符串结束标志
    i = 1;j = 1;
    while(s[i])                            //改造字符串
      {if(i % 2 == 0) stk[i/2] = s[i]; else s[j++] = s[i];
        i++; }//while
    i -- ; i = i/2;                        //i 先从'\0'后退,是第偶数个字符的个数
    while(i > 0) s[j++] = stk[i -- ]       //将第偶数个字符逆序填入原字符数组
      }
```

第 5 章　数组和广义表

5.1　基本知识提要

5.1.1　知识结构图

数组和广义表
- 数组
  - 二维、多维数组的定义
  - 数组的运算
- 矩阵的压缩存储
  - 特殊矩阵（对称阵、三角阵、对角阵）
  - 稀疏阵（三元组表、行逻辑链表、十字链表）
- 广义表
  - 广义表的定义与性质
  - 广义表的存储（头尾链表、扩展线性链表）
  - 广义表的操作
- 数组的应用

5.1.2　常用术语解析

（1）从逻辑结构上看，数组 A 是由 n(n>1)个相同类型数据元素 $a_1,a_2,\cdots,a_n$ 构成的有限序列，其逻辑表示为 $A=(a_1,a_2,\cdots,a_n)$，其中，$a_i(1\leqslant a_i\leqslant n)$表示数组 A 的第 i 个元素。

（2）二维数组可以看作是每个数据元素都是相同类型的一维数组。以此类推，任何多维数组都可以看作是一个线性表，且表中的每个数据元素也是一个线性表。多维数组是线性表的推广。

（3）特殊矩阵是指非零元素或者零元素的分布有一定规律的矩阵；反之，称为稀疏矩阵，即设矩阵 A 中有 s 个非零元素，若 s 远远小于矩阵元素的总数，则称 A 为稀疏矩阵。

（4）广义表简称为表，它是线性表的推广。一个广义表是 n(n⩾0)个元素的一个序列，若 n=0 时则称为空表。设 a_i 为广义表的第 i 个元素，则广义表 LS 的一般表示与线性表相同：$LS=(a_1,a_2,\cdots,a_i,\cdots,a_n)$。其中 n(n⩾0)表示广义表的长度，即广义表中所含元素的个数。

（5）如果广义表的元素 a_i 是单个数据元素，则 a_i 是广义表 LS 的原子；如果 a_i 是一个广义表，则 a_i 是广义表 LS 的子表。

5.1.3　重点知识整理

1. 数组的顺序存储结构

由于存储单元是一维的结构，而数组是个多维的结构，则用一组连续存储单元存放数组的数据元素就有个次序约定问题。以一个m行n列的二维数组A为例,通常有两种顺序存储方式。

(1) 行优先顺序。将数组元素按行排列,即以行序为主序的存储方式,先存储第1行,然后紧接着存储第2行,最后存储第m行,则A的m×n个元素按行优先顺序存储的线性序列为:

$$a_{11},a_{12},\cdots,a_{1n},a_{21},a_{22},\cdots,a_{2n},\cdots,a_{m1},a_{m2},\cdots,a_{mn}$$

(2) 列优先顺序。采用以列为主序的存储方式,即先存储第一列数据元素,紧接着存储第二列数据元素,最后存储第n列数据元素,则A的m×n个元素按列优先顺序存储的线性序列为:

$$a_{11},a_{21},\cdots,a_{m1},a_{12},a_{22},\cdots,a_{m2},\cdots,a_{1n},a_{2n},\cdots,a_{mn}$$

对一个已知以行序为主序的计算机系统,假设每个数据元素占L个存储单元,则二维数组A中任一元素a_{ij}的存储位置可由下式确定:

$$LOC(a_{i,j})=LOC(a_{0,0})+(i*n+j)*L$$

其中,LOC(i,j)是a_{ij}的存储位置,LOC(0,0)是a_{00}的存储位置,即二维数组A的起始存储位置,也称为基地址。

同理,可推出在以列序为主序的计算机系统中有:

$$LOC(a_{i,j})=LOC(a_{0,0})+(j*m+i)*L$$

2. 矩阵的压缩存储

(1) 特殊矩阵

主要形式有对称矩阵、三角矩阵和对角矩阵。

① 若一个n阶方阵A[n][n]中的元素满足$a_{i,j}=a_{j,i}(0\leqslant i,j\leqslant n-1)$,则称其为n阶对称矩阵。由于对称矩阵中的元素关于主对角线对称,因此,在存储时可只存储对称矩阵中上三角或下三角中的元素,使得对称的元素共享一个存储空间。这样,就可以将n^2个元素压缩存储到n(n+1)/2个元素的空间中。

② 三角矩阵分为下三角矩阵和上三角矩阵两种,所谓下三角矩阵是指主对角线以上元素均为常数c或0的n阶矩阵;所谓上三角矩阵是指主对角线以下的元素均为常数c或0的n阶矩阵。对于这样的三角矩阵,同样也可采用对称矩阵的压缩存储方式将其上三角或下三角的元素存储在一维数组中,达到节约存储空间的目的。

③ 若一个n阶方阵A[n][n]的所有非零元素都集中在以主对角线为中心的带状区域中,则称之为n阶对角矩阵。即除了主对角线上和直接在对角线上、下方若干条对角线上的元素外,所有其他的元素为零。对这种矩阵,可按某个原则将其压缩存储到一维数组上。

(2) 稀疏矩阵

① 稀疏矩阵的三元组顺序存储:按照压缩存储的概念,只存储稀疏矩阵的非零元素。除了存储非零元素的值之外,还必须同时记下元素所在行和列的位置(i,j),这样,一个三元组(i,j,a_{ij})唯一确定矩阵的一个非零元素。因此,稀疏矩阵又由表示非零元素的三元组及其行列数唯一确定。

<table>
<tr><td>row</td><td>col</td><td>value</td></tr>
<tr><td colspan="3">down | right</td></tr>
</table>

图5.1 十字链表结点结构

② 稀疏矩阵的十字链表存储结构:用十字链表表示稀疏矩阵的基本思想是每个非零元素用一个结点存储,结点由5个域组成,如图5.1所示,其中,域row存储

非零元素的行号；域 col 存储非零元素的列号；域 value 存储元素的值；right 和 down 是两个指针域，right 指针指向同一行中下一个非零元素，down 指针指向同一列中下一个非零元素。

3. 广义表的存储

按结点形式的不同，广义表的链式存储结构又可以分为不同的两种存储方式。一种称为头尾表示法，另一种称为孩子兄弟表示法。

(1) 头尾表示法

若广义表不空，则可分解成表头和表尾；反之，一对确定的表头和表尾可唯一地确定一个广义表。头尾表示法就是根据这一性质设计而成的一种存储方法。

由于广义表中的数据元素既可能是列表也可能是单元素，相应地在头尾表示法中结点的结构形式有两种：一种是表结点，用以表示列表；另一种是元素结点，用以表示单元素。在表结点中应该包括一个指向表头的指针和指向表尾的指针；而在元素结点中应该包括所表示单元素的元素值。为了区分这两类结点，在结点中还要设置一个标志域，如果标志为1，则表示该结点为表结点；如果标志为 0，则表示该结点为元素结点。

(2) 孩子兄弟表示法

在孩子兄弟表示法中，也有两种结点形式：一种是有孩子结点，用以表示列表；另一种是无孩子结点，用以表示单元素。在有孩子结点中包括一个指向第一个孩子(长子)的指针和一个指向兄弟的指针；而在无孩子结点中包括一个指向兄弟的指针和该元素的元素值。为了能区分这两类结点，在结点中还要设置一个标志域。如果标志为 1，则表示该结点为有孩子结点；如果标志为 0，则表示该结点为无孩子结点。

5.2 典型题解析

例 5.1 有一个 10 阶的对称矩阵 A，采用压缩存储方式以行序为主序存储，A[1][1]为第一个元素，其存储地址为 1，每个元素占一个地址空间，求 A[7][5]和 A[5][6]的地址。

例题解析：

按照以行序为主序的存储公式

$$Loc(i, j)=Loc(c1,c2)+[(i-c1)*(d2-c2+1)+(j-c2)]*L$$

则有：

Loc(A [7] [5])＝7(7－1)/2 ＋ 5＝26

Loc(A [5] [6])＝Loc (A [6] [5])＝6×(6－1)/2 ＋ 5＝20

例 5.2 二维数组 A[9][10]的元素都是 6 个字符组成的串，请回答下列问题：

(1) 存放 A 至少需要(　　)个字节；

(2) A 的第 7 列和第 4 行共占(　　)个字节；

(3) 若 A 按行存放，元素 A[7][4]的起始地址与 A 按列存放时(　　)元素的起始地址一致。

例题解析：

按照例题 5.1 给出的公式可知：

(1) 存放 A 需要 9×10×6＝540 个字节。

(2) A的第7列和第4行共占(9+10−1)×6=108个字节。

(3) Loc (A[7][4])=Loc (A[0][0]) + [7×10+4]×L (按行序存储)。

Loc(A[i][j])=Loc(A[0][0])+[j×9+i]×L //(按列序存储,0≤i≤8,0≤j≤9)

所以,i=2, j=8。

即元素A[7][4]的起始地址与A按列存放时A[2] [8]的起始地址一致。

例5.3 请创建一个稀疏矩阵M并利用十字链表存储表示。

例题解析:

```
#define TRUE 1
#define FALSE 0
#define OK 1
#define ERROR 0
#typedef int Status;                    /* Status是函数的类型,其值是函数结果状态代码,如OK等 */
//存储结构定义
typedef struct OLNode
{
   int i, j;                                   /* 该非零元素的行和列下标 */
   ElemType e;                                 /* 非零元素值 */
   struct OLNode * right, * down;              /* 该非零元素所在行表和列表的后继链域 */
}OLNode, * OLink;
typedef struct
{
   OLink * rhead , * chead;           /* 行和列链表头指针向量基址,由CreatSMatrix_OL()分配 */
   int mu, nu, tu;                             /* 稀疏矩阵的行数、列数和非零元素个数 */
}CrossList;
Status CreateSMatrix(CrossList * M)
{ /* 创建稀疏矩阵M,采用十字链表存储表示 */
  int i, j, k, m, n, t;
   ElemType e;
   OLNode * p, * q;
   if(( * M).rhead)
       DestroySMatrix(M);
   printf("请输入稀疏矩阵的行数、列数、非零元素个数: ");
   scanf(" %d %d %d",&m,&n,&t);
   ( * M).mu = m;
   ( * M).nu = n;
   ( * M).tu = t;
   ( * M).rhead = (OLink * )malloc((m + 1) * sizeof(OLink));
  if(!( * M).rhead)
     exit(OVERFLOW);
   ( * M).chead = (OLink * )malloc((n + 1) * sizeof(OLink));
   if(!( * M).chead)
       exit(OVERFLOW);
   for(k = 1;k <= m;k++)                       /* 初始化行头指针向量; 各行链表为空链表 */
       ( * M).rhead[k] = NULL;
   for(k = 1;k <= n;k++)                       /* 初始化列头指针向量;各列链表为空链表 */
       ( * M).chead[k] = NULL;
   printf("请按任意次序输入 %d 个非零元素的行、列、元素值:\n",( * M).tu);
   for(k = 0;k < t;k++)
```

```
{
    scanf("%d%d%d",&i,&j,&e);
    p=(OLNode *)malloc(sizeof(OLNode));
    if(!p)
        exit(OVERFLOW);
    p->i=i;                          /* 生成结点 */
    p->j=j;
    p->e=e;
    if((*M).rhead[i]==NULL||(*M).rhead[i]->j)     /* p插在该行的第一个结点处 */
    {
        p->right=(*M).rhead[i];
        (*M).rhead[i]=p;
    }
    else                             /* 查询在行表中的插入位置 */
    {
        for(q=(*M).rhead[i];q->right&&q->right-<j;q=q->right)
            p->right=q->right;       /* 完成行插入 */
        q->right=p;
    }
    if((*M).chead[j]==NULL||(*M).chead[j]->i)     /* p插在该列的第一个结点处 */
    {
        p->down=(*M).chead[j];
        (*M).chead[j]=p;
    }
    else                             /* 查询在列表中的插入位置 */
    {
        for(q=(*M).chead[j];q->down&&q->down-<i;q=q->down)
            p->down=q->down;         /* 完成列插入 */
        q->down=p;
    }
}
return OK;  }
```

例 5.4 采用头尾链表存储结构，由广义表的书写形式串 S 创建广义表 L。

例题解析：

```
//Header.h
#ifndef HEADER_H
#define HEADER_H
//预定义常量和类型
//函数结果状态代码
#define TRUE 1
#define FALSE 0
#define OK 1
#define ERROR 0
#define INFEASIBLE -1
#define OVERFLOW -2
typedef int Status;
#endif

/**************************************************/
```

```
//GList.h
#ifndef GLIST_H
#define GLIST_H
#include <iostream>
#include "Header.h"

typedef char AtomType;                          //初始化
typedef enum {ATOM, LIST} ElemTag;              /* ATOM==0: 原子, LIST==1: 子表 */
typedef struct GLNode {
  ElemTag tag;                                  /* 公共部分,用于区分原子结点和表结点 */
    union { /* 原子结点和表结点的联合部分 */
        AtomType atom;                        /* atom是原子结点的值域,AtomType由用户定义 */
        struct {
            struct GLNode *hp, *tp;
        } ptr;                /* ptr是表结点的指针域,ptr.hp和ptr.tp分别指向表头和表尾 */
    };
} *GList, GLNode;                               /* 广义表类型 */
/* 创建空的广义表L */
void InitGList(GList &L)
{
    L = NULL;
}
/* 采用头尾链表存储结构,由广义表的书写形式串S创建广义表L.设emp="()" */
void CreateGList(GList &L, string S)
{
    string sub, hsub, emp("()");
    GList p, q;
    if (S == emp)
        L = NULL;                               /* 创建空表 */
    else { /* S不是空串 */
        L = (GList)malloc(sizeof(GLNode));
        if (!L)
            exit(OVERFLOW);
        if (S.length() == 1) { /* S为单原子,只会出现在递归调用中 */
            L->tag = ATOM;
            L->atom = S[0];                     /* 创建单原子广义表 */
            }
      else { /* S为表 */
                L->tag = LIST;
                p = L;
                sub = S.substr(1, S.length() - 2);
                            /* 脱外层括号(去掉第一个字符和最后一个字符)给串sub */
              do { /* 重复建n个子表 */
                  Sever(sub, hsub);       /* 从sub中分离出表头串hsub */
                  CreateGList(p->ptr.hp, hsub);
                  q = p;
                  if(!sub.empty()) { /* 表尾不空 */
                      p = (GLNode *)malloc(sizeof(GLNode));
                      if (!p)
                          exit(OVERFLOW);
                      p->tag = LIST;
```

```
                    q->ptr.tp = p;
                }
            } while (!sub.empty());
            q->ptr.tp = NULL;
        }
    }
}
```

5.3 知识拓展

数组和广义表是线性表吗？它们和第 2 章中介绍的线性表有什么区别？

一个二维数组可以看作是每个数据元素都是相同类型的一维数组的一维数组。以此类推，任何多维数组都可以看作一个线性表，这时线性表中的每个数据元素也是一个线性表。由此，多维数组是线性表的推广。推广到 d(d≥3)维数组，不妨把它看作一个由 d－1 维数组作为数据元素的线性表；或者这样理解，它是一种较复杂的线性表结构，由简单的数据结构，即线性表——辗转合成而得。

广义表是一种非线性的数据结构，它也是线性表的一种推广。线性表被定义为一个有限的序列(a1,a2,a3,…,an)，其中 ai 被限定为是单个数据元素。广义表也是 n 个数据元素 d1,d2,d3,…,dn 的有限序列，但不同的是，广义表中的 di 则既可以是单个元素，还可以是一个广义表，通常记作：GL＝(d1,d2,d3,…,dn)。广义表被广泛地应用于人工智能等领域的表处理语言 LISP 语言中，在 LISP 语言中，广义表是一种最基本的数据结构，就连 LISP 语言的程序也表示为一系列的广义表。

5.4 测试习题与参考答案

测试习题

一、填空题

1. 一维数组的逻辑结构是(　　)，存储结构是(　　)。

2. 对于二维数组或多维数组，分为按(　　)和按(　　)两种不同的存储方式存储。

3. 二维数组 A[c1..d1,c2..d2]共含有(　　)个元素。

4. 二维数组 A[10][20]采用列序为主方式存储，每个元素占一个存储单元，且 A[0][0]的地址是 200，则 A[6][12]的地址是(　　)。

5. 有一个 10 阶对称矩阵 A，采用以行为主序的压缩存储方式，A[0][0]的地址为 1，则 A[8][5]的地址是(　　)。

6. 广义表运算式 HEAD(TAIL((a,b,c),(x,y,z)))的结果为(　　)。

7. 所谓稀疏矩阵指的是(　　)。

8. 对矩阵压缩是为了(　　)。

9. 上三角矩阵压缩的下标对应关系为(　　)。

10. 当广义表中的每个元素都是原子时，广义表便成了(　　)。

11. 广义表的(　　)定义为广义表中括弧的重数。

12. 设广义表 L=((),()),则 head(L)是(　　),tail(L)是(　　),L 的长度是(　　),深度是(　　)。

13. 广义表 A=(((a,b),(c,d,e))),取出 A 中的原子 e 的操作是(　　)。

14. 广义表(a,(a,b),d,e,((i,j),k))的长度是(　　),深度是(　　)。

15. 已知广义表 LS=(a,(b,c,d),e),运用 head 和 tail 函数取出 LS 中原子 b 的运算是(　　)。

二、选择题

1. 数组 A 中,每个元素的长度为 3 个字节,行下标 I 从 1 到 8,列下标 J 从 1 到 10,从首地址 SA 开始连续存放在存储器内,该数组占用的字节数为(　　)。

A. 80　　B. 100　　C. 240　　D. 270

2. 数组 A 中,每个元素的长度为 3 个字节,行下标 I 从 1 到 8,列下标 J 从 1 到 10,从首地址 SA 开始连续存放在存储器内,该数组按行存放时,元素 A[8][5]的起始地址为(　　)。

A. SA+141　　B. SA+144　　C. SA+222　　D. SA+225

3. 一个 n×n 的对称矩阵,如果以行或列为主序放入内存,则其容量为(　　)。

A. n×n　　B. n×n/2

C. (n+1)×n/2　　D. (n+1)×(n+1)/2

4. 稀疏矩阵一般的压缩存储方法有两种,即(　　)。

A. 二维数组和三维数组　　B. 三元组和散列

C. 三元组和十字链表　　D. 散列和十字链表

5. 设有广义表 D=(a, b, D),则其长度为(　　),深度为(　　)。

A. 1　　B. 3　　C. ∞　　D. 5

6. 广义表运算式(Tail((a,B),(c,d)))的操作结果是(　　)。

A. (c,d)　　B. c,d　　C. ((c,d))　　D. d

7. 设有一个 10 阶的对称矩阵 A,采用压缩存储方式,以行序为主存储,a_{11}为第一元素,其存储地址为 1,每个元素占一个地址空间,则 a_{85}的地址为(　　)。

A. 13　　B. 33　　C. 18　　D. 40

8. 设有数组 A[i,j],数组的每个元素长度为 3 个字节,i 的值为 1 到 8,j 的值为 1 到 10,数组从内存首地址 BA 开始顺序存放,当用以列为主序存放时,元素 A[5,8]的存储首地址为(　　)。

A. BA+141　　B. BA+180　　C. BA+222　　D. BA+225

9. 假设以行序为主序存储二维数组 A=array[1..100,1..100],设每个数据元素占 2 个存储单元,基地址为 10,则 LOC[5,5]=(　　)。

A. 808　　B. 818　　C. 1010　　D. 1020

10. 数组 A[0..5,0..6]的每个元素占 5 个字节,将其按列优先次序存储在起始地址为 1000 的内存单元中,则元素 A[5,5]的地址是(　　)。

A. 1175　　B. 1180　　C. 1205　　D. 1210

11. 二维数组 A 的每个元素是由 6 个字符组成的串,其行下标 i=0,1,…,8,列下标 j=

1,2,…,10。若 A 按行先存储,元素 A[8,5]的起始地址与当 A 按列先存储时的元素(　　)的起始地址相同。设每个字符占一个字节。

A. A[8,5]　　B. A[3,10]　　C. A[5,8]　　D. A[0,9]

12. 若对 n 阶对称矩阵 A 以行序为主序方式将其下三角形的元素(包括主对角线上的所有元素)依次存放于一维数组 B[1..(n(n+1))/2]中,则在 B 中确定 a_{ij}(i<j)的位置 k 的关系为(　　)。

A. i×(i−1)/2+j　　B. j×(j−1)/2+i

C. i×(i+1)/2+j　　D. j×(j+1)/2+i

13. 设 A 是 n×n 的对称矩阵,将 A 的对角线及对角线上方的元素以列为主序的次序存放在一维数组 B[1..n(n+1)/2]中,对上述任一元素 a_{ij}(1≤i,j≤n,且 i≤j)在 B 中的位置为(　　)。

A. i*(i−1)/2+j　　B. j*(j−1)/2+i

C. j*(j−1)/2+i−1　　D. i*(i−1)/2+j−1

14. 用数组 r 存储静态链表,结点的 next 域指向后继,工作指针 j 指向链中结点,使 j 沿链移动的操作为(　　)。

A. j=r[j].next　　B. j=j+1

C. j=j−>next　　D. j=r[j]−> next

15. 已知广义表 L=((x,y,z),a,(u,t,w)),从 L 表中取出原子项 t 的运算是(　　)。

A. head(tail(tail(L)))　　B. tail(head(head(tail(L))))

C. head(tail(head(tail(L))))　　D. head(tail(head(tail(tail(L)))))

16. 已知广义表 LS=((a,b,c),(d,e,f)),运用 head 和 tail 函数取出 LS 中原子 e 的运算是(　　)。

A. head(tail(LS))　　B. tail(head(LS))

C. head(tail(head(tail(LS))))　　D. head(tail(tail(head(LS))))

17. 广义表运算式 Tail(((a,b),(c,d)))的操作结果是(　　)。

A. (c,d)　　B. c,d　　C. ((c,d))　　D. d

18. 广义表 L=(a,(b,c)),进行 Tail(L)操作后的结果为(　　)。

A. c　　B. b,c　　C. (b,c)　　D. ((b,c))

19. 下面说法不正确的是(　　)。

A. 广义表的表头总是一个广义表　　B. 广义表的表尾总是一个广义表

C. 广义表难以用顺序存储结构　　D. 广义表可以是一个多层次的结构

20. 设广义表 L=((a,b,c)),则 L 的长度和深度分别为(　　)。

A. 1 和 1　　B. 1 和 3　　C. 1 和 2　　D. 2 和 3

三、判断题

1. 数组中存储的数可是任意类型的任何数据。(　　)

2. N×N 对称矩阵经过压缩存储后占用的存储单元是原先的 1/2。(　　)

3. 稀疏矩阵在用三元组表示法时,可节省空间,但对矩阵的操作会增加算法的难度及耗费更多的时间。(　　)

4. 广义表不是线性表。(　　)

5. Tail(a, b, c, d)得到的是(b, c, d)。 ( )

6. 数组不适合作为任何二叉树的存储结构。 ( )

7. 从逻辑结构上看,n维数组的每个元素均属于n个向量。 ( )

8. 稀疏矩阵压缩存储后,必会失去随机存取功能。 ( )

9. 数组是同类型值的集合。 ( )

10. 数组可看成线性结构的一种推广,因此与线性表一样,可以对它进行插入、删除等操作。 ( )

11. 一个稀疏矩阵Am×n采用三元组形式表示,若把三元组中有关行下标与列下标的值互换,并把m和n的值互换,则就完成了Am×n的转置运算。 ( )

12. 广义表的取表尾运算,其结果通常是个表,但有时也可是个单元素值。 ( )

13. 若一个广义表的表头为空表,则此广义表亦为空表。 ( )

14. 广义表中的元素或者是一个不可分割的原子,或者是一个非空的广义表。 ( )

15. 广义表的同级元素(直属于同一个表中的各元素)具有线性关系。 ( )

四、应用题

1. 数组A[8][6][9]以行序为主序存储,设第一个元素的首地址为54,每个元素长度为5,求元素A[2][4][5]的存储地址。

2. 数组A中,每个元素A[i][j]的长度均为32个二进位,行下标从-1到9,列下标从1到11,从首地址s开始连续存放主存储器中,主存储器字长为16位。求:

(1) 存放该数组所需多少单元?

(2) 存放数组第4列所有元素至少需多少单元?

(3) 数组按行存放时,元素A[7][4]的起始地址是多少?

(4) 数组按列存放时,元素A[4][7]的起始地址是多少?

3. 将一个A[1..100][1..100]的三对角矩阵,按行优先存入一维数组B[1..m]中,试确定m的值,并求A中元素A[77][78](即元素下标i=77,j=78)在B数组中的位置K。

4. 设m×n阶稀疏矩阵A有t个非零元素,其三元组表表示为LTMA[1..(t+1)][1…3],试问:非零元素的个数t达到什么程度时用LTMA表示A才有意义?

5. 设有上三角矩阵(a_{ij})n×n,将其上三角中的元素按先行后列的顺序存于数组B(1..m)中,使得B[k]=a_{ij}且k=f1(i)+f2(j)+c,请推导出函数f1、f2和常数c,要求f1和f2中不含常数项。

6. 设有广义表K1(K2(K5(a,K3(c,d,e)),K6(b,k)),K3,K4(K3,f)),要求:

(1) 指出K1的各个元素的构成;

(2) 计算K1、K2、K3、K4、K5、K6的长度和深度。

7. 画出下列广义表的链接存储结构,并求其深度:((), a, ((b, c), (), d), (((e))))。

8. 求下列广义表运算的结果。

(1) GetHead ((p,h,w))

(2) GetTail((b,k,p,h))

(3) GetHead(GetTail(((a,b),(c,d))))

(4) GetTail(GetHead(((a,b),(c,d))))

9. 用三元数组表示稀疏矩阵的转置矩阵，并简要写出解题步骤。

10. (1)已知广义表 L=((((a))),((b)),(c),d)，试利用 head 和 tail 运算把原子项 c 从 L 中分离出来。

(2) 画出下列广义表的存储结构图，并利用取表头和取表尾的操作分离出原子 e。

(a,((),b),(((e))))

(3) 已知广义表 A=((a,b,c),(d,e,f))，试写出从表 A 中取出原子元素 e 的运算。

(4) 请将香蕉 banana 用工具 H( )—Head( )，T( )—Tail( )从 L 中取出。

L=(apple,(orange,(strawberry,(banana)),peach),pear)

(5) 试利用广义表取表头 head(ls)和取表尾 tail(ls)的基本运算，将原子 d 从下列表中分解出来，请写出每一步的运算结果。

L=((a,(b)),((c,d)),(e,f))

(6) 画出广义表 A=(a,(b,()),(((),c)))的第一种存储结构(表结点第二指针指向余表)图，并用取首元(head())和取尾元(tail())函数表示原子 c。

11. 请按行及按列优先顺序列出 4 维数组 A2×3×2×3 的所有元素在内存中的存储次序，开始结点为 a0000。

12. 给出 C 语言的三维数组地址计算公式。

13. 设有三角矩阵 An×n，将其三条对角线上的元素逐行地存储到向量 B[0..3n-3]中，使得 B[k]=a_{ij}，求：

(1) 用 i,j 表示 k 的下标变换公式。

(2) 用 k 表示 i,j 的下标变换公式。

14. 设二维数组 A5×6 的每个元素占 4 个字节，已知 Loc(a00)=1000，A 共占多少个字节？A 的终端结点 a45 的起始地位为何？按行和按列优先存储时，a25 的起始地址分别为何？

15. 特殊矩阵和稀疏矩阵哪一种压缩存储后会失去随机存取的功能？为什么？

16. 画出下列广义表的图形表示：

(1) A(a,B(b,d),C(e,B(b,d),L(f,g)))　　(2) A(a,B(b,A))

17. 设广义表 L=((),())，试问 head(L)，tail(L)，L 的长度、深度各为多少？

18. 求下列广义表运算的结果。

(1) head ((p,h,w))　　(2) tail((b,k,p,h))

(3) head (((a,b),(c,d)))　　(4) tail(((a,b),(c,d)))

(5) head(tail(((a,b),(c,d))))　　(6) tailhead((((a,b),(c,d))))

五、算法设计题

1. 在数组 A[1..n]中有 n 个数据，试建立一个带有头结点的循环链表，头指针为 h，要求链中数据从小到大排列，重复的数据在链中只保存一个。

2. 请编写递归算法，逆转广义表中的数据元素。例如：将广义表(a,((b, c),()),(((d),e),f))逆转为((f,(e,(d))),((),(c, b)),a)。

3. 编写一个过程，对一个 n×n 矩阵，通过行变换，使其每行元素的平均值按递增顺序排列。

4. 给定一个整数数组 b[0..N-1]，b 中连续的相等元素构成的子序列称为平台。试设计算法，求出 b 中最长平台的长度。

5. 给定 n×m 矩阵 A[a..b,c..d],并设 A[i,j]≤A[i,j+1](a≤i≤b,c≤j≤d−1)和A[i,j]≤A[i+1,j](a≤i≤b−1,c≤j≤d)。设计一算法判定 X 的值是否在 A 中,要求时间复杂度为 O(m+n)。

6. 对于二维整型数组 A[m,n],分别编写相应函数实现如下功能。

(1) 求数组 A[5,7]边元素之和。

(2) 当 m=n 时分别求两条对角线上的元素之和,否则显示 m≠n 的信息。

7. 编写函数,将一维数组 A[n×n](n≤10)中的元素按蛇形方阵存放在二维数组 B[n][n]中,即 B[0][0]=A[0],B[0][1]=A[1],B[1][0]=A[2],B[2][0]=A[3],B[1][1]=A[4],B[0][3]=A[6],以此类推。

8. 编写一个函数将两个广义表合并成一个广义表。

9. 当三角矩阵采用转置矩阵压缩存储时,写一算法求三角矩阵在这种压缩存储表示下的转置矩阵。

10. 当稀疏矩阵 A 和 B 均以三元组表作为存储结构时,试写出矩阵相加的算法,其结果存放在三元组表 C 中。

参考答案

一、填空题

1. 线性结构　顺序结构　　2. 以行为主序　以列为主序

3. (d1−c1+1)×(d2−c2+1)　　4. 326　　5. 42　　6. (x,y,z)

7. 非零元素很少(t<<m×n)且分布没有规律　　8. 节省存储空间

9. k=((i−1)×(2n−i+2))/2+(j−i+1)=(i−1)(2n−i)/2+j　(i≤j)

10. 线性表　　11. 深度　　12. ()　(())　2　2

13. head(tail(tail(head(tail(head(A))))))

14. 5　3　　15. head(head(tail(LS)))

二、选择题

1. C　2. C　3. C　4. C　5. B　C　6. C　7. B　8. B　9. B

10. A　11. B　12. B　13. B　14. A　15. D　16. C　17. C

18. D　19. A　20. C

三、判断题

1. ×　2. ×　3. √　4. ×　5. √　6. ×　7. √　8. √　9. ×　10. ×

11. ×　12. ×　13. ×　14. ×　15. √

四、应用题

1. Loc(2,4,5)=Loc(0,0,0)+(2×6×9+4×9+5)=54 + 149×5=799。

2. (1) 121×32/16=242。

(2) 11×32/16=22。

(3) LOC(A[0][0])+(8×11+3)×32/16=LOC(A[0][0])+182。

(4) LOC(A[0][0])+182。

3. 三角矩阵共 3n−2 个元素,存入 B[1..3n−2]中,元素在一维数组 B 中的下标 k 和元素在矩阵中的下标 i 和 j 的对应关系为:

```
k = 3(i - 1)                    //主对角线左下角,即 i = j + 1
k = 3(i - 1) + 1                //主对角线上,即 i = j
k = 3(i - 1) + 2                //主对角线上,即 i = j - 1
```

由以上三式,得

```
k = 2(i - 1) + j                //1≤i, j≤n; 1≤k≤3n - 2
```

故 A[77,78](即元素下标 i=77,j=78)在 B 数组中的位置为 K=2(77−1)+78=230。

4. 稀疏矩阵 A 有 t 个非零元素,加上行数 mu、列数 nu 和非零元素个数 tu(也算一个三元组),共占用三元组表 LTMA 的 3(t+1)个存储单元,用二维数组存储时占用 m×n 个单元,只有当 3(t+1)<m×n 时,用 LTMA 表示 A 才有意义。解不等式得 t<m×n/3−1。

5. 上三角矩阵第一行有 n 个元素,第 i−1 行有 n−(i−1)+1 个元素,第一行到第 i−1 行是等腰梯形,而第 i 行上第 j 个元素(即 a_{ij})是第 i 行上第 j−i+1 个元素,故元素 a_{ij} 在一维数组中的存储位置(下标 k)为:

$$k=(n+(n-(i-1)+1))(i-1)/2+(j-i+1)=(2n-i+2)(i-1)/2+j-i+1$$

即

$$k=(n-1/2)i-n+j+1/2$$

则得

$$f_1(i)=(n+1/2)i-n+j+1/2,\quad f_2(j)=j,c=-n$$

6. (1) K1 由 K2,K3,K4 构成。

(2)	K1	K2	K3	K4	K5	K6
长度:	3	2	3	2	2	2
深度:	4	3	1	2	2	1

7. 深度为 4,广义表的链接存储结构如图 5.2 所示。

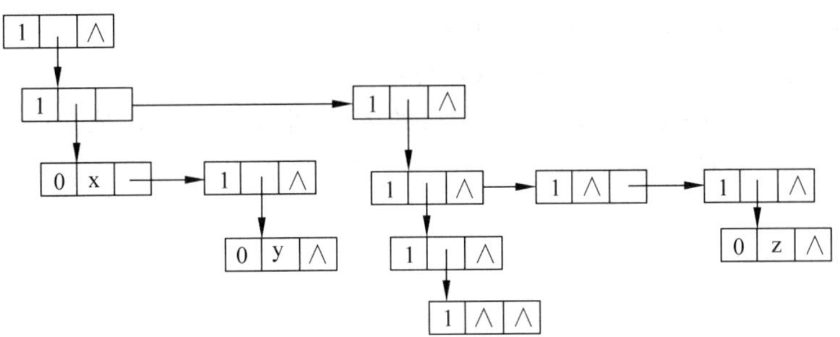

图 5.2 深度为 4 的广义链表存储结构

8. (1) GetHead ((p, h, w))=p

(2) GetTail((b, k, p, h))=(k, p, h)

(3) GetHead(GetTail(((a,b),(c,d))))=GetHead(((c, d)))=(c, d)

(4) GetTail(GetHead(((a,b),(c,d))))=GetTail((a, b))=(b)

9. 设用 mu、nu 和 tu 表示稀疏矩阵行数、列数和非零元素个数,则转置矩阵的行数、列数和非零元素的个数分别是 nu、mu 和 tu。转置可按转置矩阵的三元组表中的元素顺序进行,即按稀疏矩阵的列序,从第 1 列到第 nu 列,每列中按行值递增顺序,找出非零元素,逐个放入转置矩阵的三元组表中,转置时行列值互换,元素值复制。按这种方法,第 1 列～第 1

个非零元素一定是转置后矩阵的三元组表中的第1个元素,第1列非零元素在第2列非零元素的前面。这种方法的时间复杂度是O(n×p),其中p是非零元素的个数,当p和m×n同量级时,时间复杂度为O(n^3)。

另一种转置方法称作快速转置,使时间复杂度降为O(m×n)。它是按稀疏矩阵三元组表中元素的顺序进行的。按顺序取出一个元素,放到转置矩阵三元组表的相应位置。这就要求出每列非零元素个数和每列第一个非零元素在转置矩阵三元组表中的位置,设置了两个附加向量。

10. (1) head(head(tail(tail(L)))),设L=((a,(c),b),(((e))))

(2) head(head(head(head(tail(tail(L))))))(如图5.3所示)

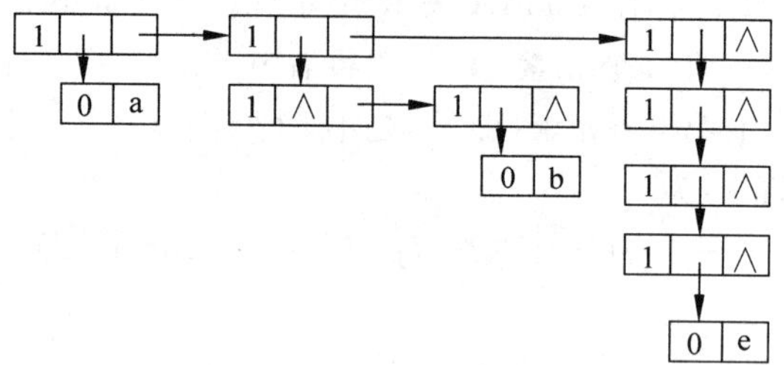

图5.3 广义链表存储结构

(3) head(tail(head(tail(A))))

(4) H(H(T(H(T(H(T(L)))))))

(5) tail(L)=(((c,d)),(e,f))

head(tail(L))=((c,d))

head(head(tail(L)))=(c,d)

tail(head(head(tail(L))))=(d)

head(tail(head(head(tail(L)))))=d

(6) head(tail(head(head(tail(tail(A))))))

11. 按行优先的顺序排列时,先变化右边的下标,也就是右到左依次变化,这个4维数组的排列是这样的(将这个排列分行写出以便阅读,只要按从左到右的顺序存放就是在内存中的排列位置):

a0000 a0001 a0002
a0010 a0011 a0012
a0100 a0101 a0102
a0110 a0111 a0112
a0200 a0201 a0202
a0210 a0211 a0212
a1000 a1001 a1002
a1010 a1011 a1012
a1100 a1101 a1102
a1110 a1111 a1112
a1200 a1201 a1202
a1210 a1211 a1212

按列优先的顺序排列恰恰相反，变化最快的是左边的下标，然后向右变化，所以这个4维数组的排列将是这样的（这里为了便于阅读，也将其书写为分行形式）：

```
a0000    a1000
a0100    a1100
a0200    a1200
a0010    a1010
a0110    a1110
a0210    a1210
a0001    a1001
a0101    a1101
a0201    a1201
a0011    a1011
a0111    a1111
a0211    a1211
a0002    a1002
a0102    a1102
a0202    a1202
a0012    a1012
a0112    a1112
a0212    a0212
```

12. 因为C语言的数组下标下界是0，所以

$$Loc(Amnp)=Loc(A000)+((i\times n\times p)+k)\times d$$

其中Amnp表示三维数组，Loc(A000)表示数组起始位置，i、n、p、k表示当前元素的下标，d表示每个元素所占单元数。

13. (1) 要求i、j到k的下标变换公式，就是要知道在k之前已有几个非零元素，这些非零元素的个数就是k的值，一个元素所在行为i，所在列为j，则在其前面已有的非零元素个数为：

$$(i\times 3-1)+j-(i+1)$$

其中$(i\times 3-1)$是这个元素前面所有行的非零元素个数，$j-(i+1)$是它所在列前面的非零元素个数。

化简可得：

```
k = 2i + j                              // c下标是从0开始的
```

(2) 解：

因为k和i,j是一一对应的关系，因此这也不难算出：

```
i = (k + 1)/3                     //k + 1表示当前元素前有几个非零元素，被3整除就得到行号
j = (k + 1) % 3 + (k + 1)/3 - 1     //k + 1除以3的余数就表示当前行中第几个非零元素，
                                    //加上前面的零元素所在列数就是当前列号
```

14. (1) 因含$5\times 6=30$个元素，因此A共占$30\times 4=120$个字节。

(2) a45的起始地址为：$Loc(a45)=Loc(a00)+(i\times n+j)\times d=1000+(4\times 6+5)\times 4=1116$。

(3) 按行优先顺序排列时,a25＝1000＋(2×6＋5)×4＝1068。

(4) 按列优先顺序排列时(二维数组可用行列下标互换来计算):

$$a25=1000+(5\times5+2)\times4=1108$$

15. 稀疏矩阵在采用压缩存储后将会失去随机存储的功能。因为在这种矩阵中,非零元素的分布是没有规律的,为了压缩存储,就将每一个非零元素的值和它所在的行、列号作为一个结点存放在一起,这样的结点组成的线性表叫做三元组表,它不是简单的向量,所以无法用下标直接存取矩阵中的元素。

16. 图5.4是一个再入表。

图5.5则是一个递归表。

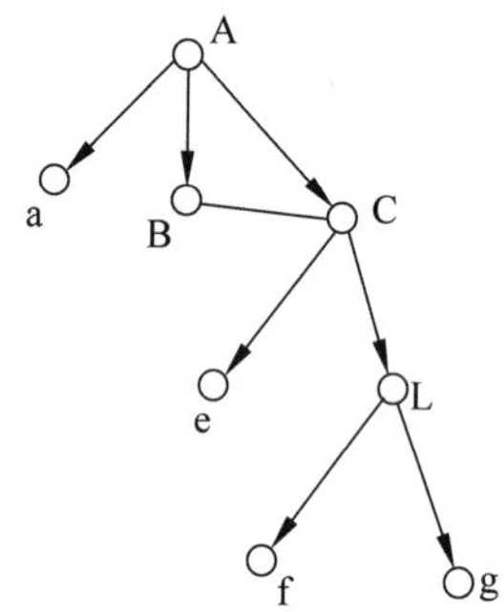

图5.4　再入表

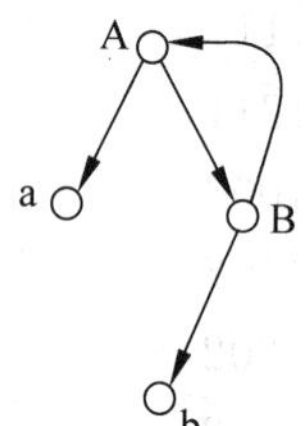

图5.5　递归表

17. • head(L)＝()。
- tail(L)＝(())。
- L的长度为2。
- L的深度为2。

18.

(1) head ((p,h,w))＝p

(2) tail((b,k,p,h))＝(k,p,h)

(3) head (((a,b),(c,d)))＝(a,b)

(4) tail(((a,b),(c,d)))＝((c,d))

(5) head(tail(((a,b),(c,d))))＝(c,d)

(6) tail(head(((a,b),(c,d))))＝(b)

五、算法设计题

1.

```
LinkedList creat(ElemType A[], int n)
{h = (LinkedList)malloc(sizeof(LNode));
 h -> next = h;
 for(i = 0;i < n;i++)
  {pre = h;
   p = h -> next;
   while(p!= h && p -> data < A[i])
  {pre = p; p = p -> next;}
```

```
  if(p == h || p -> data!= A[i])
     {s = (LinkedList)malloc(sizeof(LNode));
    s -> data = A[i]; pre -> next = s; s -> next = p;
     }
  }
 return(h);
  }
```

2.

```
Void GListInvert(GList p, GList t)
 {GList q = null;
        while(p)
           {if(p -> tag!= 0)
                {m = p -> val.hp;
                 GListInvert(m,n) ;
                  p -> val.hp = n;
                  }
               r = p -> tp;
               p -> tp = q;
               q = p;
               p = r ;
           }
        t = q;
 }
```

3.

```
void Translation(float * matrix,int n)
{int i, j, k, l;
float sum,min;
float * p, * pi, * pk;
for(i = 0; i < n; i++)
  { sum = 0.0; pk = matrix + i * n;
    for (j = 0; j < n; j++){sum += * (pk); pk++;}
     * (p + i) = sum;
  }
for(i = 0; i < n - 1; i++)
   { min = * (p + i); k = i;
      for(j = i + 1;j < n;j++) if(p[j]< min) {k = j; min = p[j];}
      if(i!= k)
     { pk = matrix + n * k;
       pi = matrix + n * i;
       for(j = 0;j < n;j++)
         {sum = * (pk + j); * (pk + j) = * (pi + j); * (pi + j) = sum;}
       sum = p[i]; p[i] = p[k]; p[k] = sum;
     }
   }
  free(p);
}
```

4.

```
void Platform (int b[ ], int N)                   //求具有N个元素的整型数组b中最长平台的长度
{l = 1;k = 0;j = 0;i = 0;
 while(i < n - 1)
{  while(i < n - 1 && b[i] == b[i + 1]) i++;
   if(i - j + 1 > l) {l = i - j + 1;k = j;}              //局部最长平台
   i++; j = i; }                                          //新平台起点
  printf("最长平台长度%d,在b数组中起始下标为%d", l, k);
}                                                         //Platform
```

5.

```
void search(datatype A[ ][ ], int a, int b, int c, int d, datatype x)
//n*m矩阵A,行下标从a到b,列下标从c到d,本算法查找x是否在矩阵A中
{i = a; j = d; flag = 0;                                  //flag是成功查到x的标志
  while(i <= b && j >= c)
    if(A[i][j] == x) {flag = 1;break;}
    else if(A[i][j]> x) j--;
         else i++;
   if(flag) printf("A[%d][%d] = %d",i,j,x);         //假定x为整型
   else printf("矩阵A中无%d元素", x);
  }算法sear结束
```

6.

(1)

```
#define M 5
#define N 7
long sum side (int a[M] [N])
{
long sum = 0;
int i;
 for(i = 0; i<M; i++)
      sum += a[i][0];
 for(i = 1; i<N; i++)
      sum += a[0][i];
 for (i = 1; i<M; i++)
      sum += a[i] [N - 1];
 for (i = 1; i<N - 1; i++)
      sum += a[M - 1] [i];
 return sum;
}
```

(2)

```
 long sum tilt (int a[M][N])
 {
 long sum = 0;
 int i, j ;
if (M!= N)
 {
   printf ("\nM不等于N\n");
```

```
    return 0;
}
for (i = 0; i < M; i++)
    sum += a[i][i];
for (i = M - 1; i >= 0; i -- )
    sum += a[i][M - i - 1];
if (M % 2!= 0)
    sum -= a[M/2] [M/2];
    return (sum);
}
```

7.

```
#define NMAX 20
int a[NMAX * NMAX],b[NMAX] [NMAX],cnt;
void MakeLine (int RowStart, int ColStart, int RowEnd)
{
     int i,j,step;
     if (RowStart <= RowEnd)
          step = 1;
     else
          step = - 1;
     for (i = RowStart, j = ColStart; (RowEnd - i) * step >= 0 ; i += .s tep, j -= step)
         b[i][j] = a[cnt++];
  }
  void MakeArray (int n)
  {
     int d:
     for (d = 0;d < 2 * n; d++)
       if(d < n)
            if (d % 2 =  = 0)
               MakeLine(d,0,0);
            else
               MakeLine(0,d,d);
       else
            if ( d % 2 =  = 0)
               Makeline (n - 1, d - n + 1, d - n + 1);
          else
               MakeLine (d - n + 1, n - 1, n - 1);
  }
  main()
  {
     int i, j, n;
     printf ("\nPlease input n: ");
     scanf(" % d",&n);
     for (i = 0;i < n * n; i++)
        a[i] = i + 1;
     cnt = 0;
     MakeArray (n);
     for(i = 0;i < n;i++)
       {
```

```
            printf("\n");
            for (j = 0; j < n; j++)
                printf(" %5d", b[i][j]);
        }
    }
```


8.

```
int equal(GListNode * ha, GListNode * hb);
  void GListInsertTail(GListNode * h, GListNode * s);
GListNode * GListMerge (GListNode * ha, GListNode * hb)
{
GListNode p,q,r;
if (ha == NULL)
  {
     ha = hb;
     return ha;
  }
else
 {
    p = hb -> val. sublist;
    while(p!= NULL)
     {
        q = ha -> val.sublist;
        while (q!= NULL)
          {
               if (equal (p,q))
                  break;
               q = q -> link;
          }
         if (q == NULL)
           {
               r = p -> link;
              GListInsertTail (ha,p);
              p = r;
           }
      else
              p = p -> link;
       }
    }
return ha;
  }
int equal (GListNode * ha, GlistNode * hb)
{
GListNode * p, * q ;
if (ha == NULL)
      if (hb == NULL)
            return 1;
      else
            return 0;
if (ha -> tag! = hb -> tag)
```

```
        return 0;
    if(ha->tag=-0)
            if (ha->val. data==hb->val. data)
                    return 1;
            else
                    return 0;
        else
        {
            p=ha->val. sublist;
            q=hb->val.sublist;
            while(p! -NULL&&ql =NULL&&equal (Γ,q))
               {
                 p=p->link;
                 q=q->link;
               }
           if (p=-NULL&&q==NUIL)
             return 1;
       else
            return 0;
      }
    }
    void GlistInsertTail (GListNode *h, GListNode *s)
    {
    GListNode p,r;
    p=h->val. sublist;
    r=h;
    while (p!=NULL)
       {
          r=p;
          p=p->link;
        }
     r->link=s;
     s->link=NULL;
    }
```

9.

转置矩阵就是将矩阵元素的行号与列号互换，根据已知的三对角矩阵的特点，其转置矩阵对角线元素不变，非零的非对角线元素 a_{ij} 与 a_{ji} 互换位置。又知元素的下标和存放一维数组空间位置的关系为 $k=2i+j$。我们可以设计出这个矩阵的转置算法如下。

```
#define N 10                                    //矩阵行、列数
#define Length (3*N-2)                          //压缩矩阵的长度
typedef struct{
    int data[Length];
  }DiaMatrix;

void TransMatrix(DiaMatrix * C)
  { //压缩三对角矩阵转置
    int i, j;
    int t;
```

```
    for(i = 0; i < N; i++)
      for(j = i; j < N; j++)
  if(i - j <= 1&&i - j >= - 1)
  { //将对应于行列号的压缩矩阵内的元素互换
          t = C -> data[2 * i + j];
          C -> data[2 * i + j] = C -> data[2 * j + i];
          C -> data[2 * j + i] = t;
        }                                          //endif
  }                                                //end
```

10.

矩阵相加就是将两个矩阵中同一位置的元素值相加。由于两个稀疏矩阵的非零元素按三元组表形式存放，在建立新的三元组表 C 时，为了使三元组元素仍按行优先排列，所以每次插入的三元组不一定是 A 的，按照矩阵元素的行列去找 A 中的三元组，若有，则加入 C，同时，这个元素如果在 B 中也有，则加上 B 的这个元素值，否则这个值就不变；如果 A 中没有，则找 B，有则插入 C，无则查找下一个矩阵元素。

```
#define MaxSize 10                                //用户自定义
typedef int DataType;                             //用户自定义
typedef struct
  { //定义三元组
    int i,j;
    DataType v;
  }TriTupleNode;

typedef struct
  { //定义三元组表
    TriTupleNode data[MaxSize];
    int m,n,t;                                    //矩阵行、列及三元组表长度
  }TriTupleTable;

//以下为矩阵加算法
void AddTriTuple( TriTupleTable * A, TriTupleTable * B, TriTupleTable * C)
  {//三元组表表示的稀疏矩阵 A,B 相加
    int k,l;
    DataType temp;
    C -> m = A -> m;                              //矩阵行数
    C -> n = A -> n;                              //矩阵列数
    C -> t = 0;                                   //三元组表长度
    k = 0; l = 0;
    while (k < A -> t&&l < B -> t)
      {if((A -> data[k].i == B -> data[l].i)&&(A -> data[k].j == B -> data[l].j))
          {temp = A -> data[k].v + B -> data[l].v;
            if (!temp)                            //相加不为零,加入 C
              {C -> data[c -> t].i = A -> data[k].i;
                C -> data[c -> t].j = A -> data[k].j;
                C -> data[c -> t++].v = temp;
              }
            k++;l++;
          }
```

```
    if ((A->data[k].i==B->data[l].i)&&(A->data[k].j<B->data[l].j))
        ||(A->data[k].i<B->data[l].i)         //将A中三元组加入C
      {C->data[c->t].i=A->data[k].i;
        C->data[c->t].j=A->data[k].j;
        C->data[c->t++].v=A->data[k].v;
        k++;
      }
    if ((A->data[k].i==B->data[l].i)&&(A->data[k].j>B->data[l].j))
        ||(A->data[k].i>B->data[l].i)         //将B中三元组加入C
      {C->data[c->t].i=B->data[l].i;
        C->data[c->t].j=B->data[l].j;
        C->data[c->t++].v=B->data[l].v;
        l++;
      }
    }
  while (k<A->t)                              //将A中剩余三元组加入C
    {C->data[c->t].i=A->data[k].i;
      C->data[c->t].j=A->data[k].j;
      C->data[c->t++].v=A->data[k].v;
      k++;
    }
  while (l<B->t)                              //将B中剩余三元组加入C
    {C->data[c->t].i=B->data[l].i;
      C->data[c->t].j=B->data[l].j;
      C->data[c->t++].v=B->data[l].v;
      l++;
    }
}
```

第6章 树和二叉树

6.1 基本知识提要

6.1.1 知识结构图

- 树结构
  - 树
    - 树的定义、基本术语、性质
    - 树的逻辑表示(树状表示法、嵌套集合表示法、凹入表示法、广义表表示法)
    - 树的存储结构(双亲表示法、孩子表示法、孩子兄弟表示法)
    - 树的遍历(前序遍历、后序遍历、层次遍历)
  - 二叉树
    - 二叉树的定义、基本术语、性质
    - 特殊二叉树(满二叉树、完全二叉树、斜树)
    - 二叉树的存储结构(顺序存储结构、二叉链表、三叉链表、线索链表)
    - 二叉树的基本运算
    - 二叉树的遍历和线索化(先序、中序、后序遍历)
  - 树、森林和二叉树的转换
  - 哈夫曼树及哈夫曼编码

6.1.2 常用术语解析

结点：树或其他数据结构中保存数据的地方称为结点，注意一般不写成“节点”。

树状结构中结点的种类：终端结点(叶子)，非终端结点(分支结点)，根结点。

树状结构中结点的关系：双亲结点(父结点)，孩子结点(子结点)；祖先结点，子孙结点；兄弟结点(姐妹结点)，堂兄弟结点。

层次：结点的层次。根为第一层，根的孩子是第二层，以此类推。

深度(高度)：从根到叶子最长路径的长度。

结点的度：结点的个数。

树的度：树中所有结点的度的最大值。

特殊的二叉树：满二叉树与完全二叉树，满二叉树是完全二叉树的特例。

有序树：子树之间存在着确定的次序。

无序树：子树之间没有确定的次序。

有向树：有确定的根，并且树根和子树根之间为有向关系。

森林：m(m≥0)棵互不相交的树的集合。

二叉树：与树不同的另一种树状结构，每个结点至多只有两棵子树(即二叉树中不存在度大于 2 的结点)，并且，二叉树的子树有左右之分，其次序不能任意颠倒。与有序树不同的是，当只有一棵子树时，依然有左右之分。因此，二叉树不是树的特殊情况。

二叉树的 5 种基本形态：5 种基本形态如图 6.1 所示。

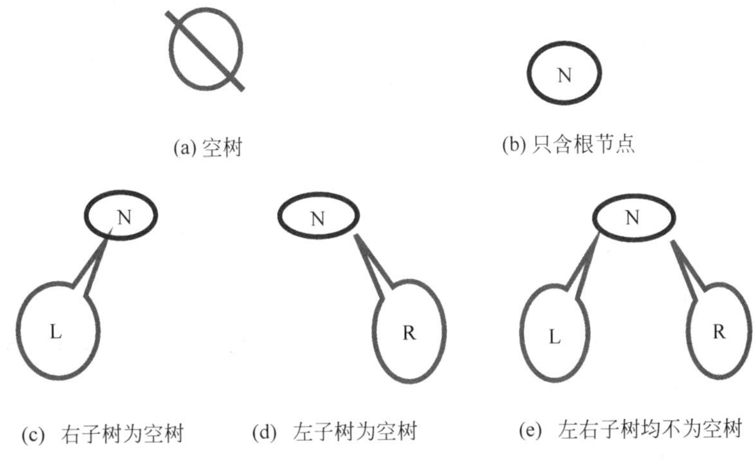

图 6.1　二叉树的 5 种基本形态

遍历：对某种结构中的全部结点都进行访问且只访问一遍。

路径长度：从一个结点到另一个结点所经过的分支数目。

结点的权：在实际的应用中，常常给树的每个结点赋予一个具有某种实际意义的实数。

结点的带权路径长度：从树根到某一结点的路径长度与该结点的权的乘积。

树的带权路径长度(WPL)：为树中所有叶子结点的带权路径长度之和。

哈夫曼树：又称为最优二叉树，是 WPL 最小的二叉树。

6.1.3　重点知识整理

(1) 树和二叉树是两种不同的树结构。

树是 n(n≥0)个结点的有限集。在任意一棵非空树中：①有且仅有一个特定的称为根的结点；②当 n>1 时，其余结点可分为 m(m>0)个互不相交的有限集 $T_1, T_2, \cdots, T_m$，其中每个集合本身又是一棵树，并且称为根的子树。二叉树是有限个结点的集合，这个集合或者是空集，或者是由一个根结点和两株不相交的二叉树组成，其中一株叫做左子树，另一株叫做右子树。

应该注意的是，二叉树不是作为树的特殊形式出现的，二叉树和树是两个完全不同的概念。例如，图 6.2(a)和图 6.2(b)作为二叉树是两株不同的二叉树，图 6.2(a)中 B 是 A 的左子树，图 6.2(b)中 B 是 A 的右子树；如果图 6.2(a)和图 6.2(b)作为树的话，无论是有序树还是无序树，它们都是相同的树。

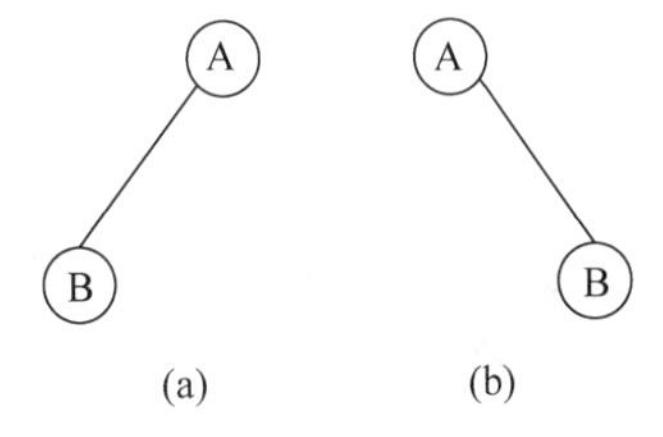

图 6.2　二叉树与树示例

所以，二叉树不是度为 2 的树，也不是度为 2 的有序树。

(2) 二叉树的性质是对二叉树的逻辑结构进行深入理解的途径，特殊形态的二叉树具有特殊的性质(例如完全二叉树),在学习这些性质的时候一定要注意前提条件。由这些性质可以演绎出很多习题,同时也可以将其推广为k叉树的对应性质。本章的典型题解析中的例6.1便是一个举例,请读者多多体会。

(3) 树和二叉树的遍历都是指从根结点出发,按照某种顺序对树中所有结点进行访问且只访问一次。树的遍历方式有前序遍历、后序遍历和层次遍历三种方式;二叉树的遍历方式有前序遍历、中序遍历、后序遍历和层次遍历4种方式。值得注意的是,这些遍历方式中,无论根结点的访问顺序怎样改变,各兄弟结点间的遍历都是依照先左后右的顺序进行的。

(4)"遍历"是二叉树重要的基本运算,二叉树的许多其他运算都可以通过遍历来实现。例如,求二叉树的结点数、求二叉树的深度等都可以通过遍历来解决。另外,还可以在遍历过程中建立二叉树的存储结构。

(5) 已知一棵二叉树的中序序列和前序序列,或者中序序列和后序序列,可以唯一地确定这棵二叉树;但是,已知前序序列和后序序列却不能唯一地确定一棵二叉树。

(6) 二叉树最常用的存储结构是二叉链表、线索链表;二叉树的顺序存储结构一般只适合于存储完全二叉树。

(7) 哈夫曼树是带权路径长度最小的二叉树,由n个权值构造的哈夫曼树有n个叶子结点、n−1个分支结点。

(8) 哈夫曼编码是采用哈夫曼树构造的编码,能使字符串的编码总长度最短,并且是不等长的前缀编码。

(9) 树和二叉树、森林和二叉树之间有一一对应的关系,可以相互转换。

6.2 典型题解析

例6.1 已知一棵度为k的树中,有n_1个度为1的结点,n_2个度为2的结点,…,n_k个度为k的结点,问该树中有多少个叶子结点?

例题解析:

(1) 设该树有n_0个叶子结点,树中结点的总数为N,则有:

$$N = n_0 + n_1 + n_2 + \cdots + n_k \qquad ①$$

(2) 由树中结点的度的定义,可知度为k的结点,生成的分支有k个。因此,该树中分支的总数为:

$$0 \times n_0 + 1 \times n_1 + 2 \times n_2 + \cdots + k \times n_k$$

又因为除根结点外,每个分支生成一个孩子结点,因此该树的结点总数为分支总数加1,即:

$$N = 0 \times n_0 + 1 \times n_1 + 2 \times n_2 + \cdots + k \times n_k + 1 \qquad ②$$

(3) 由式①和式②可得:

$$n_0 = 0 \times n_1 + 1 \times n_2 + 2 \times n_3 + \cdots + (k-1) \times n_k + 1$$

例6.2 深度为6的完全二叉树的第6层有3个叶结点,则该二叉树一共有多少个结点?

例题解析:

由完全二叉树的定义可知,深度为6的完全二叉树,前5层为满二叉树,因此前5层共有2^5-1个结点,又已知第6层有3个叶结点,因此,该二叉树共有$(2^5-1)+3=2^5+2$个结点。

例 6.3 已知某完全二叉树有 50 个叶结点，则该完全二叉树的总结点数至少是多少？至多是多少？

例题解析：

设有 n_2 个度为 2 的结点，n_1 个度为 1 的结点，n_0 个度为 0 的结点。因为 $2^{i-1} \neq 50$，即 50 不是 2 的幂，所以该完全二叉树不是满二叉树。分析最后一个叶子结点，有两种情况：

(1) 如果最后一个叶子结点是其双亲的右孩子，则 $n_1=0$，因此总结点数 $n=n_2+n_0$，又由二叉树的性质可知 $n_2=n_0-1$，可得 $n=2n_0-1=99$。

(2) 如果最后一个叶子结点是其双亲的左孩子，则 $n_1=1$，因此总结点数 $n=n_2+n_0+1$，又由二叉树的性质可知 $n_2=n_0-1$，可得 $n=2n_0=50$。

因此，该完全二叉树的总结点数至少是 99 个，至多是 100 个。

注意： 完全二叉树中度为 1 的结点数 $n_1=0$ 或 1。

例 6.4 对图 6.3 所示的森林：

(1) 画出经转换后所对应的二叉树；

(2) 写出对该二叉树进行前序、中序和后序遍历时得到的序列；

(3) 画出该二叉树对应的前序线索二叉树和后序线索二叉树。

例题解析：

(1) 转换成的二叉树如图 6.4 所示。

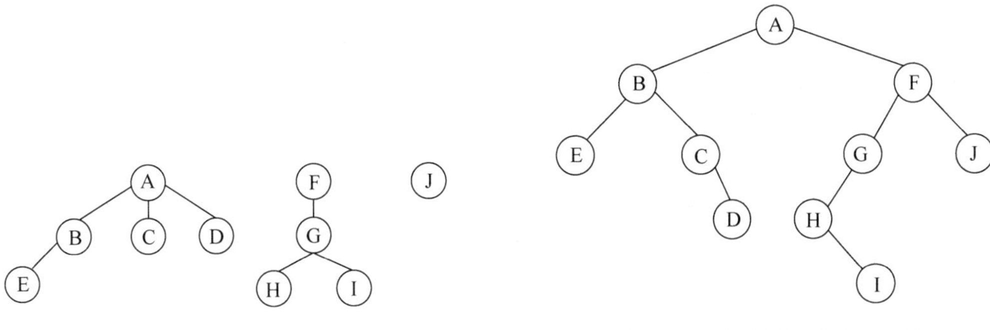

图 6.3　森林　　　　图 6.4　森林转换成的二叉树

(2)

前序遍历序列：ABECDFGHIJ；

中序遍历序列：EBCDAHIGFJ；

后序遍历序列：EDCBIHGJFA。

(3) 该二叉树对应的前序线索二叉树和后序线索二叉树如图 6.5 和图 6.6 所示。

例 6.5 已知一棵二叉树的前序序列和中序序列分别为 A B D G J K L H C E I F 和 B G J L K D H A E I C F。请画出该二叉树。

例题解析：

由前序序列可知，A 是根结点，将中序序列分为两部分，即 B G J L K D H 和 E I C F，前者为左子树的结点，后者为右子树的结点。左子树的中序序列为 B G J L K D H，在前序序列中的顺序为 B D G J K L H，说明左子树的根结点为 B；同理，B 又将其中序序列 B G J

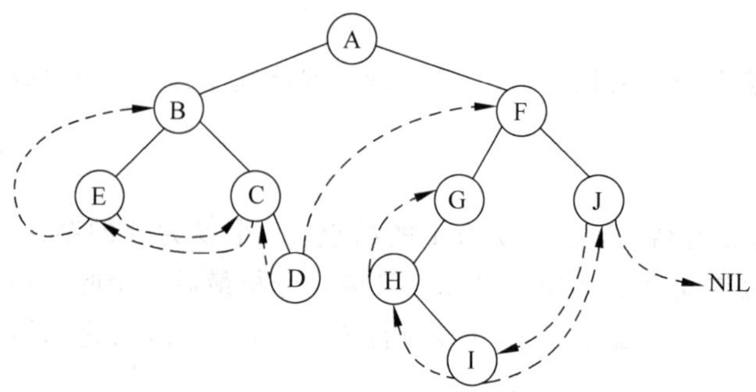

图 6.5　前序线索二叉树

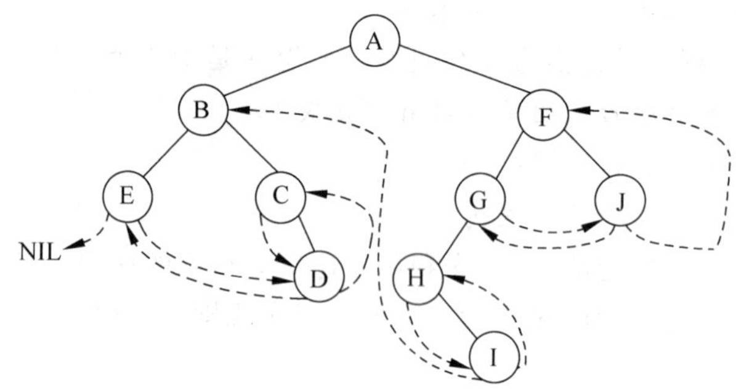

图 6.6　后序线索二叉树

L K D H 分为空集和 G J L K D H,则以 B 为根结点的二叉树的左子树为空、右子树的结点集合为 G J L K D H。同理,可逐一确定各子树的根结点,从而确定各结点的位置。该二叉树如图 6.7 所示。

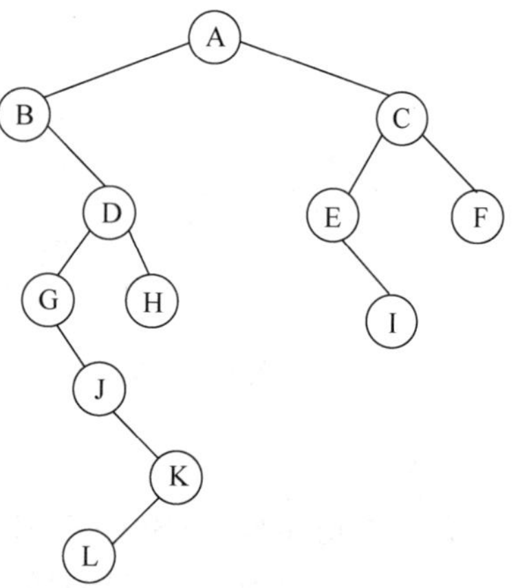

图 6.7　二叉树

例 6.6　对给定的一组权值 W={7,5,12,9,3,6,8},试构造相应的哈夫曼树,并计算它的带权路径长度。

例题解析:

(1) 将权值由小到大排序:3,5,6,7,8,9,12。

(2) 从权值序列中选取两个最小权值 3、5 作为叶子结点的权值,生成新的分支结点,分支结点的权值是这两个叶子结点权值的和(为 8),如图 6.8(a)所示。

(3) 从权值序列中删除权值 3、5,将新生成的分支结点的权值(8)插入。得到当前权值序列为:6,7,8,(8),9,12。

(4) 重复执行步骤(2)和(3),直至权值序列为空,所得哈夫曼树如图 6.8(f)所示。

(5) 检测最终生成的哈夫曼树为一棵度为 1 的结点的二叉树,且根的权值等于各叶子结点的权值之和。

构造哈夫曼树的过程如图 6.8 所示。

注意:由以上建立哈夫曼树的步骤可知,相同权值的结点集合构建的哈夫曼树不唯一。

WPL=12×2+9×2+6×3+7×3+8×3+3×4+5×4=137

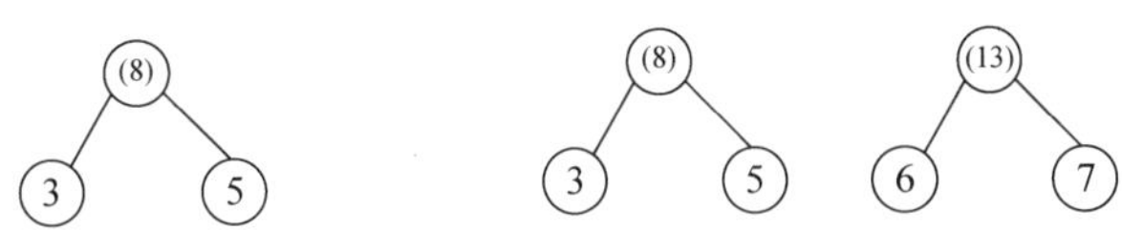

(a) 插入权值为3、5的叶结点　　(b) 插入权值为6、7的叶结点

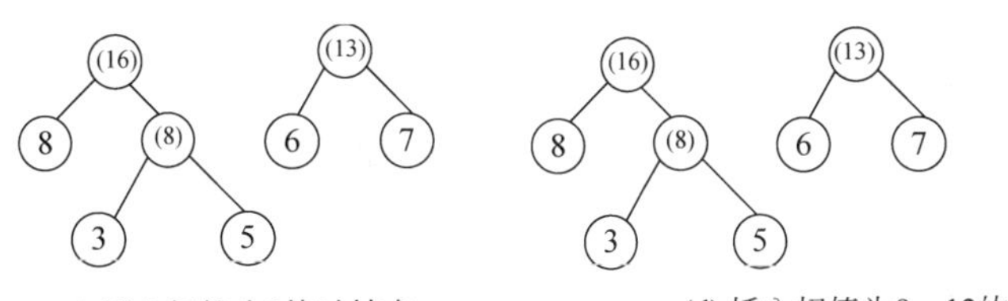

(c) 插入权值为8的叶结点　　(d) 插入权值为9、12的叶结点

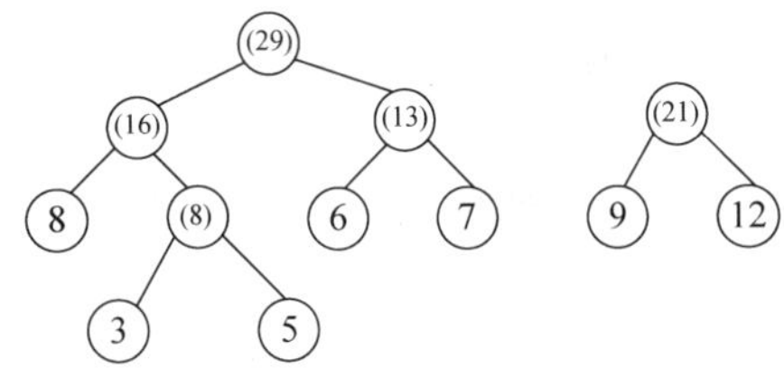

(e) 生成权值为(29)的分支结点

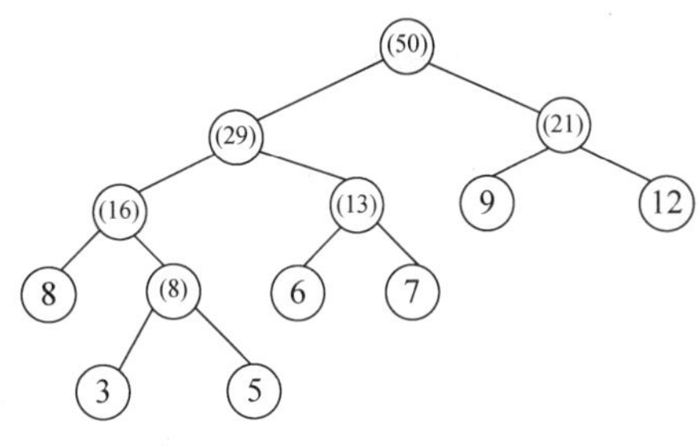

(f) 生成权值为(50)的叶结点

图 6.8　构造哈夫曼树过程

例 6.7　已知某字符串中共有 6 种字符 a、b、c、d、e、f，各种字符出现的次数分别为 5 次、1 次、3 次、4 次、2 次、7 次，对该字符串用 0、1 进行前缀编码。请完成以下问题：

(1) 设计该字符串中各字符的编码，使该字符串的总长度最小。

(2) 计算该字符串的编码至少有多少位。

例题解析：

(1) 以各字符出现的次数作为叶子结点的权值构造哈夫曼树，如图 6.9 所示。

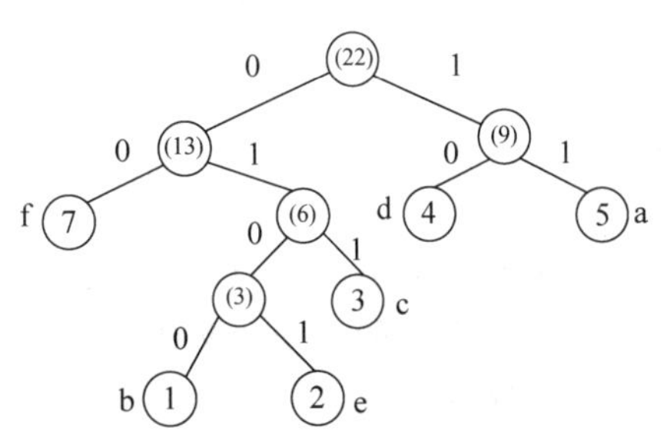

图 6.9　哈夫曼编码树

每个字符的编码即为从根结点出发到该字符对应叶子结点的路径上的 0、1 组成的字符串。得到哈夫曼编码如下。

a：11

b：0100

c：011

d：10

e：0101

f：00

(2) 哈夫曼编码树的带权路径长度

$$WPL=(7+4+5)\times 2+3\times 3+(1+2)\times 4=53$$

即该字符串的编码长度至少为53位。

例 6.8 写出下列各二叉树的前序、中序、后序序列，如图6.10所示。

例题解析：

图6.10(a)中的二叉树：前序为12345，中序为24531，后序为54321。

图6.10(b)中的二叉树：前序为12345，中序为13542，后序为54321。

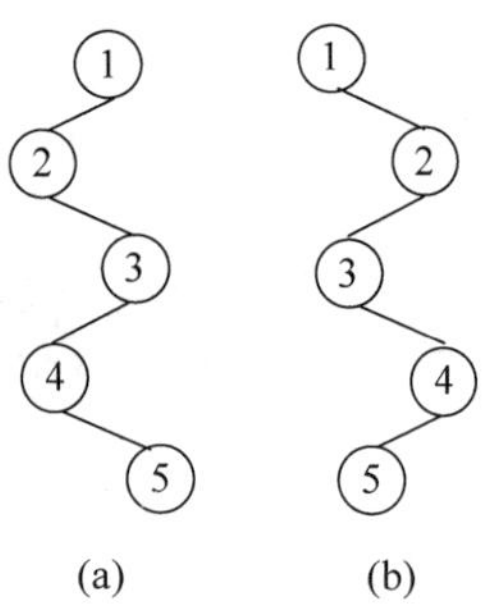

图 6.10 二叉树

例 6.9 请编写对采用二叉链表存储结构的二叉树进行前序遍历的非递归算法。

例题解析：

分析递归算法执行过程中递归工作栈的状态变化状况，对其仿照，使用栈stack可实现非递归的前序遍历算法。

```
void preorder(BTLINK * bt)
{ BTLINK * stack[MAXSIZE], * p;
 int top;
 if(bt!= NULL)
{top = 1;
 stack[top] = bt;                                    //根结点入栈
 while(top > 0)
  {p = stack[top];
   top -- ;                                          //退栈,并访问栈顶结点
   printf(" % d",p);
   if(p -> rchild!= NULL)                            //右孩子先入栈
  { top++;
   stack[top] = p -> rchild;
  }
  if(p -> lchild!= NULL)                             //左孩子后入栈,作为栈顶
  { top++;                                           //在下次循环中先被访问
    stack[top] = p -> lchild;
   }
  }
 }
}
```

例 6.10 有n个结点的完全二叉树，已经顺序存储在一维数组T[1..n]中，编写算法将T中顺序存储的完全二叉树变成二叉链表存储的完全二叉树。

例题解析：

```
# define num <整数常量>
typedef struct node{
```

```
                        ElemType data;
                        Struct node * lchild, * rchild;
                        } btlink;
typedef ElemType bt [num + 1];
void createtree(btlink &q, int i)
{q = ( btlink * )malloc(sizeof(btlink));
 q -> data = T[i];
 if(bt [2 * i + 1]!= ") createtree( q -> lchild, 2 * i + 1)
 else q -> lchild = NULL;
 if(bt[2 * i + 1]!= ") createtree(q -> rchild, 2 * i + 2)
 else q -> rchild = NULL;
 }
Void Btree(bt a, btlink * p)
{int j;
 j = 0;
 createtree(p, j);
}
```

图 6.11　一棵二叉树

例 6.11　图 6.11 所示为一棵存储在一维数组的二叉树，则元素 F 的下标是多少？

例题解析：二叉树以层次顺序存储在一维数组里，每层中缺少的结点对应的数组元素值为空，如图 6.12 所示。

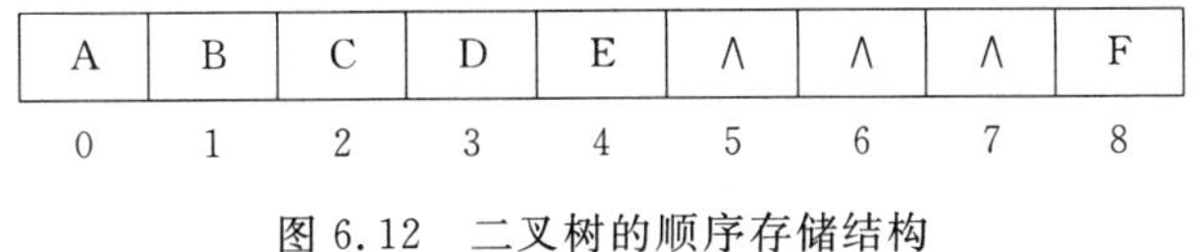

A	B	C	D	E	∧	∧	∧	F
0	1	2	3	4	5	6	7	8

图 6.12　二叉树的顺序存储结构

因此，元素 F 的下标是 8。

例 6.12　某张氏家族的族谱以二叉树来表示，如图 6.13 所示，以二叉链表作为存储结构，编写一算法，在家谱中查找是否有“张三”这个人。

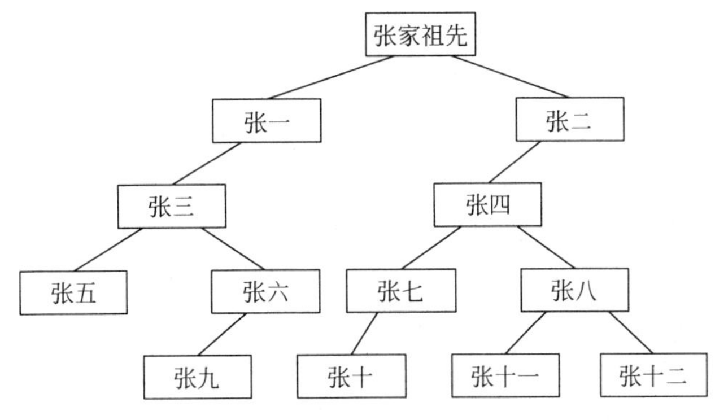

图 6.13　张氏族谱

解题思路：该题就是在一个二叉链表中查找指定的结点 x 的过程。可以利用二叉树的任意一种遍历方法进行查找。这里利用前序遍历方法，首先判断当前结点是否是要查找的结点，如果是，则查找成功，返回结点的地址；如果不是，则分别到它的左子树和右子树中进行查找。

```
BTLINK *find(BTLINK *bt,char *x)
{
    BTLINK *p;
    if(bt!= NULL)
    {if(strcmp(bt->data,x) = = 0)
        {p = bt;
            return(p);
         }
        else
        {p = find(bt->lchild,x);                    //在左子树中查找
            if(p = = NULL)
                p = find(bt->rchild,x);             //在右子树中查找
            return(p);
        }
    }
    else
        return(NULL);
}
main( )
{
    BTLINK *t, *p;
    char x[10] = { " 张"};
    t = createbt( );   //创建二叉链表,这里要修改二叉链表结点的 data 域的数据类型为具有
                         10 个存储单元的一维数组
    p = find(t);
    if(p!= NULL)
        printf(" find.\n");
    else
        printf(" no find.\n");
}
```

6.3 知识拓展

当树状结构为单支树时，就蜕变成了线性结构，即可以把线性结构看作树状结构的特例。由于树状结构比线性结构更为宽泛，却比图状结构的逻辑结构简单，同时，大多的图状结构都可以转换成树状结构，因此，树状结构被广泛地应用在算法中。

本书中涉及到树的有以下几种算法：哈夫曼编码；查找中的折半查找判定树、静态最优查找树、二叉排序树、平衡二叉树、B^-树和B^+树；排序中的堆排序。

什么是严格二叉树？

二叉树的每一个非叶子结点都有非空的左子树和右子树，即只有度为1和度为2的结点的树。

什么是准完全二叉树？

深度为d的二叉树是准完全二叉树，则层数小于d−1的任何结点都有两个孩子；对于树中拥有右子孙结点的任何结点node，node都必须拥有一个左孩子，并且node的每一个子孙或者是叶子结点或者有两个孩子，如图6.14所示。

什么是弱二叉树？

弱二叉树是这样的二叉树，它在根下或任何子树中至少有三个或更多连接结点（没有任何孩子），如图 6.15 所示。

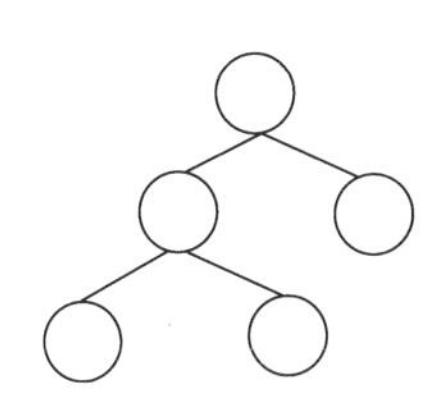

图 6.14　准完全二叉树

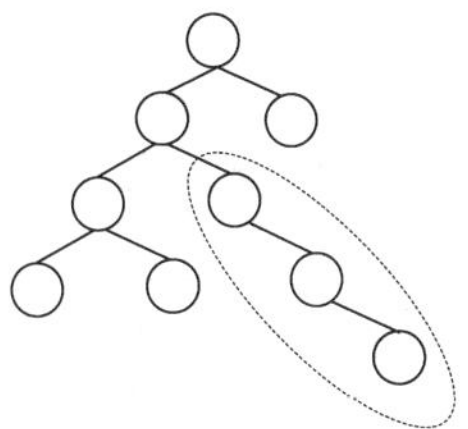

图 6.15　弱二叉树

何种形态的二叉树的前序遍历和中序遍历序列相同？

二叉树的任一结点都没有左孩子。

何种形态的二叉树的后序遍历和中序遍历序列相同？

二叉树的任一结点都没有右孩子。

何种形态的二叉树的前序遍历和后序遍历序列相同？

二叉树除根结点外没有其他结点。

6.4　测试习题与参考答案

测试习题

一、填空题

1. 深度为 k 的二叉树共有 2^k-1 个结点，该二叉树为（　　）二叉树。

2. 二叉树在二叉链表方式下，p 指向二叉树的一个结点，p 结点无右孩子的条件是（　　）。

3. 每个二叉链表必须有一个指向（　　）结点的指针，该指针具有标识二叉链表的作用。

4. 有 m 个叶子结点的哈夫曼树上结点的个数是（　　）。

5. 哈夫曼树是带权路径长度（　　）的树，通常权值较大的结点离根（　　）。

6. 设一棵二叉树中只有叶子结点和左、右子树都非空的结点，如果叶子结点的个数是 m，则左、右子树都非空的结点个数是（　　）。

7. 有 767 个结点的完全二叉树中有（　　）个叶子。

8. 哈夫曼树中度为 1 的结点数为（　　），若叶子结点的个数为 n，则结点总数为（　　）。

9. 有 n 个叶子结点的哈夫曼树中，其分支结点的总数为（　　）个。

10. 树的度为 4，度为 1、2、3、4 的结点数为 4、2、1、1，则叶子数为（　　）个。

11. 若深度为 6 的完全二叉树的第 6 层有 3 个叶子结点，则该二叉树一共有（　　）个结点。

12. 深度为 k 的完全二叉树至少有（　　）个结点，至多有（　　）个结点。

13. 一棵有 n 个结点的满二叉树有（　　）个度为 1 的结点，有（　　）个分支结点，有（　　）个叶子。

14. 已知某非空二叉树采用顺序存储结构，树中结点的数据信息依次存放在一个一维数组中,即 ABC□DEF□□G□□H□□,该二叉树的中序遍历序列为(　　)。

15. 在有 n 个叶子结点的哈夫曼树中,分支结点的总数为(　　)。

二、选择题

1. 如果结点 A 是结点 B 的双亲,而且结点 B 有 4 个兄弟,则结点 A 的度是(　　)。

A. 2　　B. 3　　C. 4　　D. 5

2. 树中所有结点的度之和等于所有结点总个数加(　　)。

A. −1　　B. 0　　C. 1　　D. 2

3. 具有 3 个结点的二叉树有(　　)种形态。

A. 3　　B. 4　　C. 5　　D. 7

4. 用顺序存储结构将完全二叉树的结点逐层存储在数组 B[n]中,根结点从 B[1]开始存放,若结点 B[i]有子女,则其左孩子结点应是(　　)。

A. B[2i−1]　　B. B[2i+1]　　C. B[2i]　　D. B[i/2]

5. 以二叉链表作为二叉树的存储结构,在具有 n 个结点的二叉链表中(n>0),空链域的个数为(　　)。

A. 2n−1　　B. n−1　　C. n+1　　D. 2n+1

6. 在一棵非空的二叉树的中序遍历序列中,其根结点的右边(　　)。

A. 只有右子树上的所有结点　　B. 只有左子树上的所有结点

C. 只有右子树上的部分结点　　D. 只有左子树上的部分结点

7. 在如图 6.16 所示的二叉树中,不是完全二叉树的是(　　)。

A.　　B.　　C.　　D.

图 6.16　4 棵二叉树

8. 二叉树以二叉链表存储,若指针 p 指向二叉树的根结点,经过运算 s=p; while(s−>rchild)s=s−>rchild 后,则(　　)。

A. s 指向二叉树的最右下方的结点　　B. s 指向二叉树最左下方的结点

C. s 指向根结点　　D. s 为 NULL

9. 下列说法中正确的是(　　)。

A. 树的前序遍历序列与其对应的二叉树的前序遍历序列相同

B. 树的前序遍历序列与其对应的二叉树的后序遍历序列相同

C. 树的后序遍历序列与其对应的二叉树的前序遍历序列相同

D. 树的后序遍历序列与其对应的二叉树的后序遍历序列相同

10. 下列有关二叉树的说法中正确的是(　　)。

A. 一棵二叉树的度可以小于 2

B. 二叉树的度为 2

C. 二叉树中至少有一个结点的度为 2

D. 二叉树中任何一个结点的度都为 2

11. 若 X 是中序线索二叉树中一个有左孩子的结点，且 X 不为根，则 X 的前驱为(　　)。

A. X 的双亲　　B. X 的左子树中最右结点

C. X 的右子树中最左的结点　　D. X 的左子树中最右叶子结点

12. 某二叉树的前序和后序序列正好相反，则该二叉树一定是(　　)的二叉树。

A. 空或者只有一个结点　　B. 高度等于其结点数

C. 任一结点无左孩子　　D. 任一结点无右孩子

13. 设森林 F 中有三棵树，第一、第二、第三棵树的结点个数分别为 M_1、M_2、M_3，则与森林 F 对应的二叉树的右子树的结点个数是(　　)。

A. M_1+M_2　　B. M_2+M_3

C. M_1+M_3　　D. $M_1+M_2+M_3$

14. 有序树 T 转换成二叉树 T_2，则 T 中结点的后序就是 T_2 中结点的(　　)。

A. 层次序　　B. 前序　　C. 中序　　D. 后序

15. 线索二叉树是一种(　　)结构。

A. 逻辑　　B. 逻辑和存储　　C. 存储　　D. 线性

16. 线索二叉树中某结点 *p 没有右孩子的充要条件是(　　)。

A. p－>lchild＝NULL　　B. p－>rtag＝0

C. p－>rtag＝1　　D. p－>lchild＝NULL

17. 任何一棵二叉树的叶子结点在前序、中序、后序遍历序列中的相对次序(　　)。

A. 不能确定　　B. 一定不会变化

C. 一定会变化　　D. 只有完全二叉树不发生变化

18. 使用 n 个权值生成的哈夫曼树中共有(　　)个结点。

A. 2n　　B. 2n－1　　C. 2n＋1　　D. 2(n－1)

19. 使用 2、4、9、8、17 这 5 个值作为叶子结点的权，生成一棵哈夫曼树，则该树的带权路径长度是(　　)。

A. 40　　B. 38　　C. 83　　D. 80

20. 使用 2、7、9、13、4、8 这 6 个值作为叶子结点的权，生成一棵哈夫曼树，则该树的深度是(　　)。

A. 3　　B. 4　　C. 5　　D. 6

三、判断题

1. 二叉树也是树。　　(　　)

2. 已知二叉树的前序序列和后序序列，则可以唯一确定二叉树。　　(　　)

3. 完全二叉树中，若一个结点没有左孩子，则它必须是叶子结点。　　(　　)

4. 在结点数多于 1 的哈夫曼树中没有度为 1 的结点。　　(　　)

5. 若一个结点是某二叉树前序遍历序列的最后一个结点，则它必是该二叉树中序遍历序列中的最后一个结点。　　(　　)

6. 线索二叉树中，任一结点均指向其前驱和后继的线索。　　(　　)

7. 在二叉树的后序遍历序列中，任一结点均处于其子女结点的后面。　　(　　)

8. 由树转换成的二叉树的根结点无右子树。 (　　)

9. 单支树适合用一维数组存储,因为一维数组均以先序遍历存储结点。 (　　)

10. 哈夫曼编码是一种能使字符串长度最短的等长前缀编码。 (　　)

四、应用题

1. 试画出具有三个结点的树的所有不同形态。

2. 具有三个结点的二叉树有几种不同形态?

3. 遍历一棵二叉树,得到的前序遍历序列为ABC,问有几种不同形态的二叉树可以得到这一结果?

4. 找出所有满足下列条件的二叉树:

(1) 前序遍历和中序遍历序列相同;

(2) 后序遍历和中序遍历序列相同;

(3) 前序遍历和后序遍历序列相同。

5. 分别画出如图6.17所示的二叉树的二叉链表和顺序存储结构。

6. 写出对图6.18所示的二叉树进行前序、中序、后序遍历的结点序列,并画出该二叉树的前序线索二叉树。

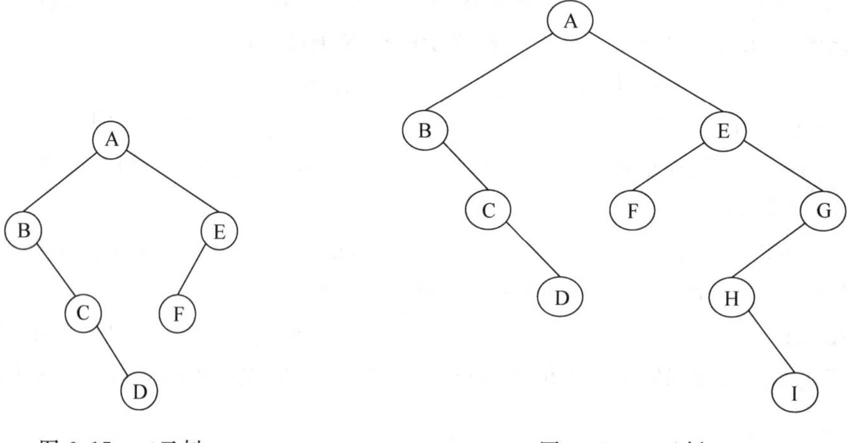

图6.17　二叉树　　　图6.18　二叉树

7. 已知一株二叉树的中序遍历序列为ABCDEFG,后序遍历序列为BDCAFGE,写出该二叉树的前序遍历序列。

8. 将图6.19所示的森林转换成二叉树。

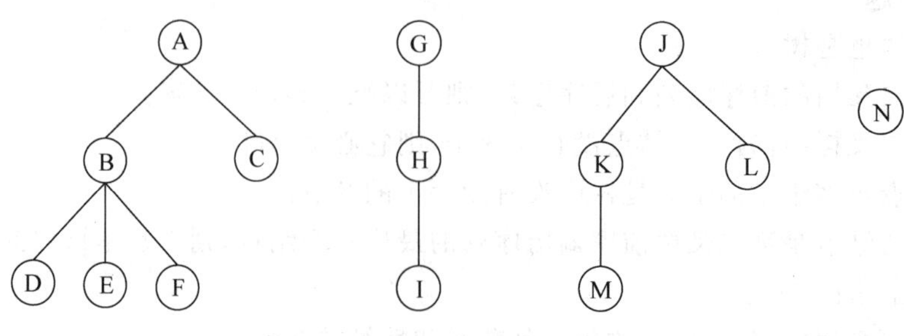

图6.19　森林

9. 给定权值 7、14、3、32、5、12，构造相应的哈夫曼树。

10. 证明对任一满二叉树，其分枝数 B=2(n-1)，其中 n 为叶子结点数。

11. 有 n 个叶子结点的完全二叉树的高度是多少？

12. 某通信过程中使用的编码有 8 个字符 A、B、C、D、E、F、G、H，其出现的次数分别为 20、6、34、11、9、7、8、5。若每个字符采用 3 位二进制数编码，整个通信需要多少字节？请给出哈夫曼编码，以及整个通信使用的字节数？

五、算法设计题

1. 编写一算法求二叉树中叶子结点的个数。
2. 编写一算法求中序线索二叉树中某一结点 p 的前驱结点。
3. 编写一算法交换二叉树中所有结点的左、右子树。
4. 编写算法按照缩进形式打印二叉树。
5. 编写算法判断二叉树是否是完全二叉树。
6. 编写算法求二叉树中给定结点的所有祖先。
7. 编写算法求二叉树中两个结点的最近的共同祖先。
8. 树采用孩子-兄弟链表存储，编写算法求树中叶子结点的个数。
9. 采用孩子-兄弟链表存储树，编写算法求树的度。
10. 已知二叉树的前序和中序序列，编写算法建立该二叉树。

参考答案

一、填空题

1. 满　2. p->rchild==NULL　3. 根　4. 2m-1

5. 最短　较近　6. m-1　7. 384　8. 0　2n-1

9. n-1　10. 8　11. 34　12. 2^{k-1}　2^k-1

13. 0　$\frac{n-1}{2}$　$\frac{n+1}{2}$　14. BGDAEHCF　15. n-1

二、选择题

1. D　2. A　3. C　4. A　5. C　6. A　7. C　8. A　9. A

10. A　11. B　12. B　13. B　14. C　15. C　16. C　17. B

18. B　19. C　20. C

三、判断题

1. ×　2. ×　3. √　4. √　5. ×　6. ×　7. √　8. √　9. ×　10. ×

四、应用题

1. 具有三个结点的树有两种形态，如图 6.20 所示。

2. 具有三个结点的二叉树有 5 种不同形态，如图 6.21 所示。

3. 共有 5 种二叉树可以得到这一前序遍历序列，如图 6.22 所示。

4. 该题中的三个条件都符合的二叉树有空二叉树、只有一个根结点的二叉树，除此之外符合各个条件的特殊二叉树从左至右如图 6.23 所示。

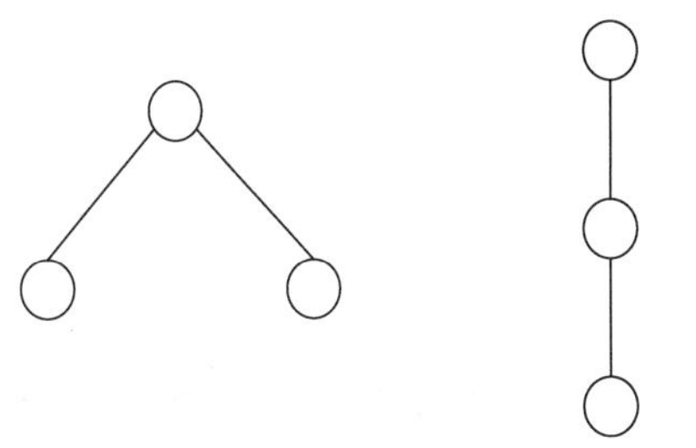

图 6.20　三个结点树的两种形态

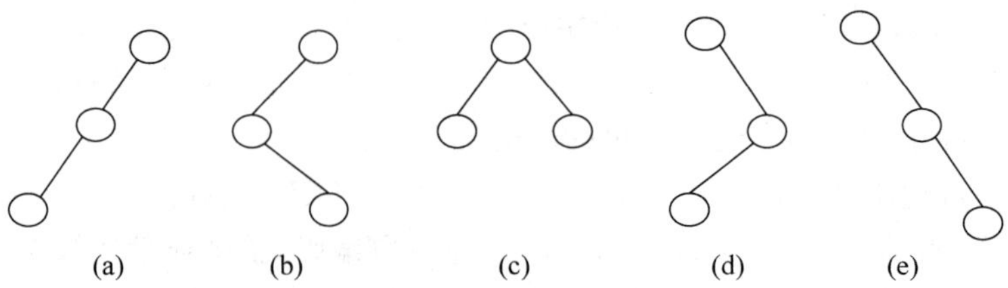

图 6.21　三个结点两叉树的 5 种形态

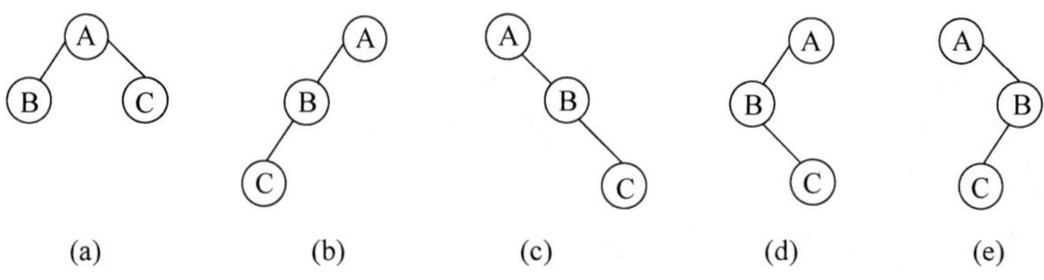

图 6.22　前序序列为 ABC 的二叉树

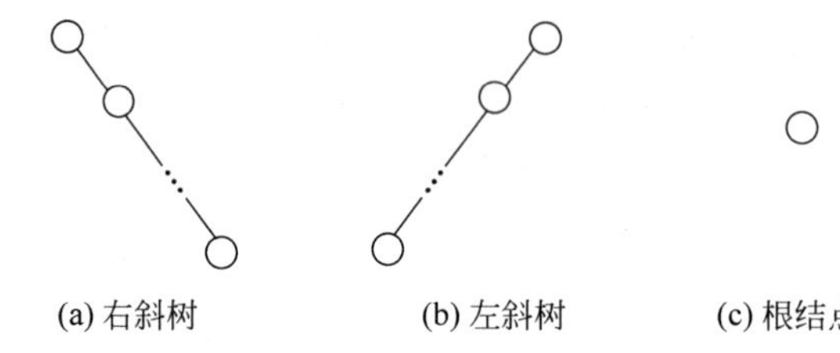

图 6.23　二叉树的三种形态

5. 二叉树的二叉链表和顺序存储结构如图 6.24 和图 6.25 所示。

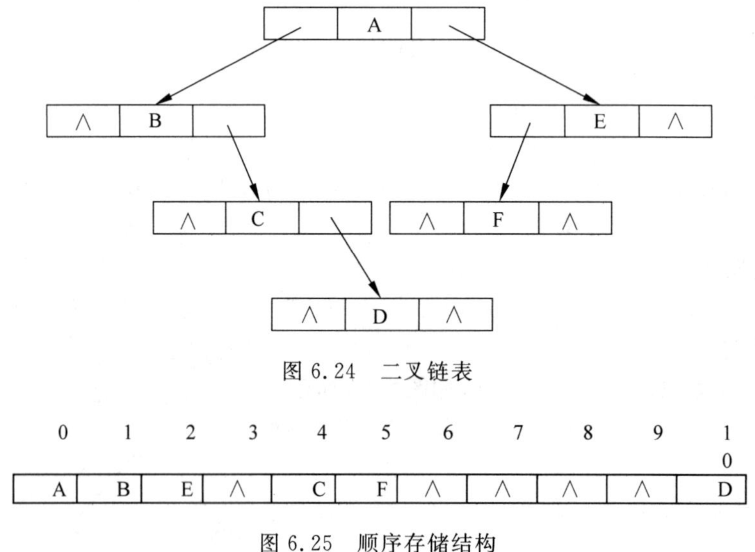

图 6.24　二叉链表

图 6.25　顺序存储结构

6. 前序遍历：ABCDEFGHI；

中序遍历：BCDAFEHIG；

后序遍历：DCBFIHGEA。

图 6.18 所示的二叉树的前序线索二叉树如图 6.26 所示。

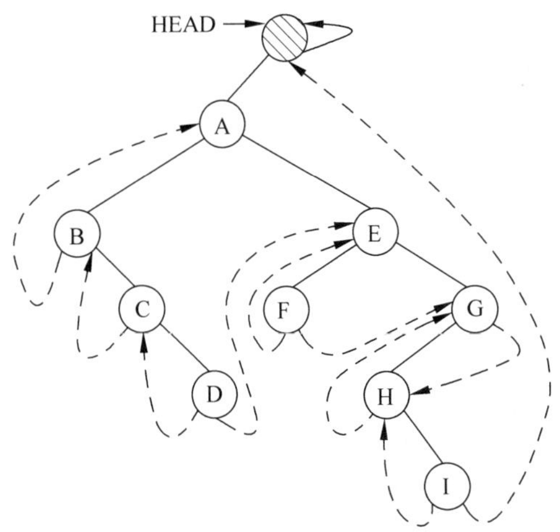

图 6.26 前序线索二叉树

7. 前序遍历序列为：EACBDGF。

8. 森林转换成的二叉树如图 6.27 所示。

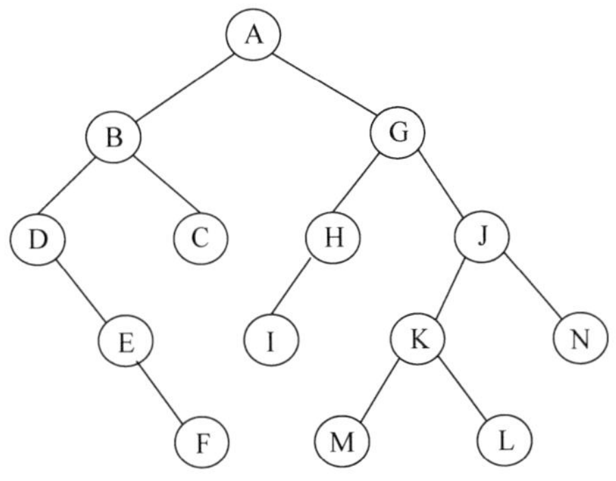

图 6.27 森林转换成的二叉树

9. 相应的哈夫曼树如图 6.28 所示。

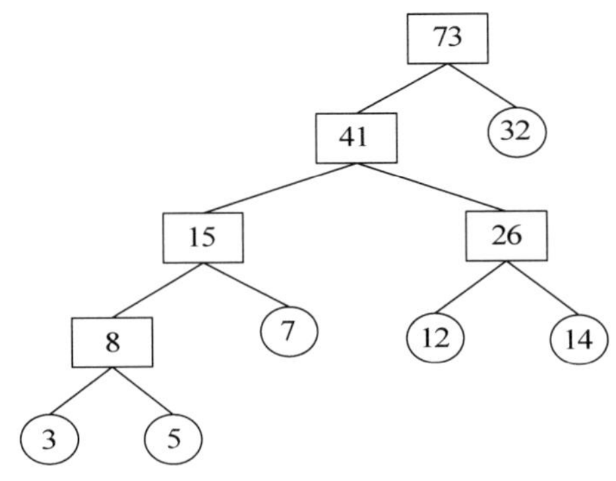

图 6.28 哈夫曼树

10. 略

11. 分析：完全二叉树中度为1的结点至多有一个。

完全二叉树中的结点数 $n+(n-1)\leqslant N\leqslant n+(n-1)+1$，即 $2n-1\leqslant N\leqslant 2n$，二叉树的高度是 $\lfloor \log(2n-1)\rfloor+1\leqslant h\leqslant \lfloor \log(2n)\rfloor+1$。

于是，(1)当 $n=2k$ 时，$h=\lfloor \log n\rfloor+1$，即当没有度为1的结点时；$h=\lfloor \log n\rfloor+2$，即当有1个度为1的结点时。(2)其他情况下，$h=\lfloor \log n\rfloor+2$。

12. 分析：由于每个字符出现的频率不同，使用固定长度的编码往往比哈夫曼编码使整个通信量增多。这里先建立哈夫曼树，得出哈夫曼编码，然后计算通信所需的字节数。每字节含8位。

使用固定长度的编码所需字节数为 $(20+6+34+11+9+7+8+5)\times 3/8=37.5$ 字节。一种可能的哈夫曼编码是 A:00，B:1100，C:10，D:010，E:011，F:1110，G:1111，H:1101，通信的总字节数是 $[(20+34)\times 2+(11+9)\times 3+(6+5+7+8)\times 4]/8=34$ 字节。

五、算法设计题

1.

```
int countleaf(BTLINK * bt)
{
    int n,l,r;
    if(bt == NULL)
        n = 0;
    else if((bt -> lchild == NULL)&&(bt -> rchild == NULL))
            n = 1;
        else
        {   l = countleaf(bt -> lchild);
            r = countleaf(bt -> rchild);
            n = l + r;
        }
    return(n);
}
```

2.

```
THREADBT * inpre(THREADBT * p)
{
    THREADBT * q;
    if(p -> ltag == 1)
        q = p -> lchild;
    else
    {   q = p -> lchild;
        while(q -> rtag == 0)
            q = q -> rchild;
    }
    return(q);
}
```

3.

```
int jiaohuan(BTLINK * bt)
{
    BTLINK * temp;
```

```
        if(bt!= NULL)
        {   if(bt->lchild!= NULL&&bt->rchild!= NULL)
            {   temp = bt->lchild;
                bt->lchild = bt->rchild;
                bt->rchild = temp;
            }
            else if(bt->lchild == NULL)
                {   bt->lchild = bt->rchild;
                    bt->rchild = NULL;
                }
                else if(bt->rchild == NULL)
                    {   bt->rchild = bt->lchild;
                        bt->lchild = NULL;
                    }
            jiaohuan(bt->lchild);
            jiaohuan(bt->rchild);
        }
    }
```

4.

```
void PrintBinaryTree (BTLINK *bt, int indent )
{if ( ! bt ) return;
    for ( i = 0; i < indent; i++) print ( " ");          //缩进
    print ( bt->data );
    PrintBinaryTree ( bt->lchild, indent + 1 );
    PrintBinaryTree ( bt->rchild, indent + 1 );
}
```

5. 分析：按层遍历完全二叉树，当遇到第一个空指针之后应该全都是空指针。

```
bool IsComplete (BTLINK *bt)
{
                                                    //按层遍历至第一个空指针
  InitQueue (Q);
  EnQueue (Q,bt);
  while (!QueueEmpty(Q))
  {DeQueue (Q,p);
    if (p)
      {EnQueue (Q,p->lchild);
       EnQueue (Q, p->rchild);
      }
     else break;                                    //遇到第一个空指针时停止遍历
     }                                                //检查队列中剩余元素是否全部是空指针
  while (!QueueEmpty(Q))
  {DeQueue (Q, p);
  if (p) return false;                              //不是完全二叉树
  }
  return true;                                      //完全二叉树
}
```

6. 分析：进行后序遍历时，栈中保存的是当前结点的所有祖先。所以，后序遍历二叉树过程中遇到该结点时，取出栈中的内容即是所有祖先。

```
vector Ancestors (BTLINK *bt, BTLINK *xptr)        //求二叉树 bt 中结点 xptr 的所有祖先
```

```
{stack s;
 stack tag;
  p = bt;
  while ( p || ! Stack_Empty(s) )
  {if (p)
  { Push_Stack(s,p ); Push_Stack (tag,1);
      p = p->lchild;
  }
  else {p = Pop_Stack (s); f = Pop_Stack (tag);
        if ( f==1 )
             { Push_Stack (s,p ); Push_Stack (tag,2 );
               p = p->rchild;
             }
         else
        {if ( p==xptr )
            {v = s;                              //当前栈的内容就是 xptr 的所有祖先
             return v;
            }
         p = NULL;
      }
    }
  }                                              //while
  return vector();                               //return a null vector
}
```

注意:在算法的具体实现时,栈 stack 可以是顺序栈或链栈。

7. 思路:用后序遍历求出两者的所有祖先,依次比较。

```
BinTree LastAncestor (BTLINK *bt, BTLINK *q, BTLINK *r )
                                         //求二叉树 bt 中两个结点 q 和 r 的最近的共同祖先
{
  stack sq, sr;
  stack s, tag;
                                 //求 q 和 r 的所有祖先
  p = bt;
  while ( p || ! s.empty() )
  {if ( p )
    {s.push ( p ); tag.push ( 1 );
      p = p->lchild;
    }
else
   {p = s.pop(); f = tag.pop();
      if ( f==1 )
       {s.push ( p ); tag.push ( 2 );
        p = p->rchild;
        }
     else
        {if ( p==q ) sq = s;                   //q 的所有祖先
         if ( p==r ) sr = s;                   //s 的所有祖先
         p = NULL;
        }
    }
```

```
    }
                                        //先跳过不同层的祖先,然后依次比较同一层的祖先
    if ( sq.size()> sr.size() )
            while ( sq.size()> sr.size() ) sq.pop();
    else
            while ( sr.size()> sq.size() ) sr.pop();
                                                //求 q 和 r 的最近的共同祖先
    while ( !sq.empty() and (sq.top()!= sr.top()) )  //寻找共同祖先
      {sq.pop(); sr.pop();
      }
    if ( !sq.empty() )
      return sq.top();
    else
      return NULL;
}
```

注意：此处为描述方便借助了 C++ 中的某些描述方式。

8. 分析：树中的叶子结点没有孩子，即 firstchild 为空。

```
//求树 t 中叶子结点的个数
int LeafCount (CSNODE *t )
{if ( t == NULL ) return 0;                        //空树
  if ( t -> leftlchild == NULL )                   //没有孩子
    return 1 + LeafCount(t -> rightsibling);
  else
    return LeafCount(t -> leftlchild) + LeafCount(t -> rightsibling);
}
```

9. 分析：度最大的结点的度数。

```
int Degree (CSNODE *t )
{if ( t == NULL ) return 0;
  else
    return max( Degree(t -> leftlchild), 1 + Degree(t -> rightsibling));
}
```

10. 分析：划分前序序列 a=(D,(L),(R))和后序序列 b=((L),D,(R))，然后对子序列(L)和(R)递归。

```
BinTree CreateBinaryTree (DATATYPE a[], int si, int ti, DATATYPE b[], int sj, int tj )
                            //根据前序序列 a[si..ti]和中序序列 b[sj..tj]构造二叉树
{if ( n<= 0 ) return 0;                            //空树
                                                   //建立根结点
  p = new BinNode(a[si]);                          //以 a[si]为数据域建立新结点
                            //根据根结点划分中序序列为 b[sj..k-1]和 b[k+1..tj]
  k = sj;
  while ( b[k]!= a[si] ) k++;                      //在 b[]中搜索根结点 a[si]
                                                   //建立左右子树
  p -> lchild = CreateBinaryTree ( a, si+1, si+k-sj, b, sj, k-1 );     //建立左子树
  p -> rchild = CreateBinaryTree ( a, si+k-sj+1, b, k+1, tj);          //建立右子树
  return p;
}
```

第7章 图

7.1 基本知识提要

7.1.1 知识结构图

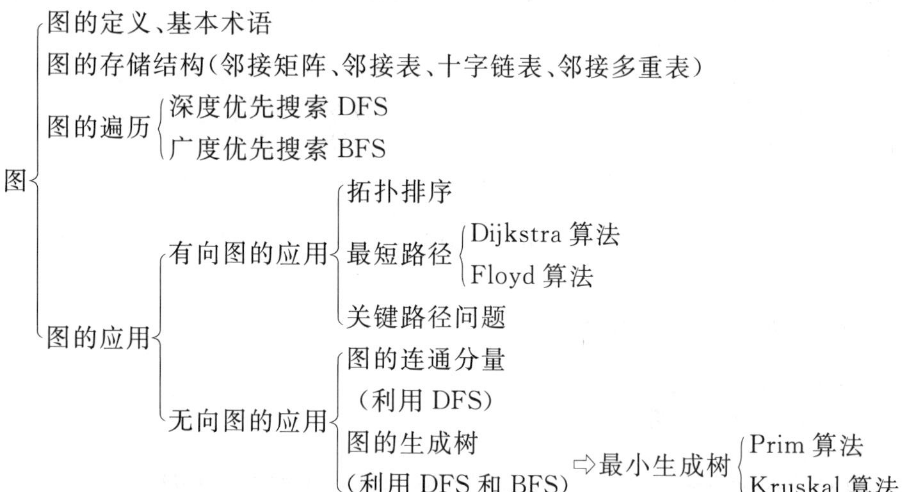

7.1.2 常用术语解析

度：在无向图中，顶点 v 的度是指依附于该顶点的边的条数；

在有向图中，顶点 v 的入度是指以该顶点为弧头(终点)的弧的条数；

在有向图中，顶点 v 的出度是指以该顶点为弧尾(始点)的弧的条数。

回路：若一条路径上的开始点与结束点为同一个顶点，则此路径称为回路。

完全图：若无向图中的每两个顶点之间都存在着一条边，有向图中的每两个顶点之间都存在着方向相反的两条边，则称此图为完全图。

连通图：在无向图中，若任意两个顶点 v_i 与 v_j(ij)之间都有路径，则称该图为连通图。

图的遍历：通常有深度优先遍历和广度优先遍历两种方式。深度优先遍历是以递归方式进行的，需用栈记录遍历的路线；广度优先遍历是以层次方式进行的，需用队列保存已经访问的顶点。为了在图的遍历过程中区分顶点是否被访问，需设置一个访问标志的数组来记录顶点是否已经被访问过。

最小生成树：无向连通网中代价最小的生成树。

最短路径：指网中两顶点之间经过的边上权值之和最小的路径。

AOV 网：用顶点表示活动，用弧表示活动之间的优先关系的有向图。

7.1.3 重点知识整理

1. 图的邻接矩阵和邻接表存储结构

邻接矩阵的存储结构，就是用一维数组存储图中顶点的信息，用一个二维数组表示图中各顶点之间邻接关系信息，这个二维数组称为邻接矩阵。对无向图而言，其邻接矩阵一定是对称矩阵，第 i 行的非零元素个数等于第 i 个顶点的度。对有向图而言，其邻接矩阵不一定是对称矩阵，第 i 行的非零元素个数等于第 i 个顶点的出度，第 i 列的非零元素个数等于第 i 个顶点的入度。

邻接表是图的一种顺序存储与链式存储结合的存储方法。对于图 G 中的顶点 v_i 而言，将所有邻接于 v_i 的顶点 v_j(边 $E(v_i,v_j)$)组成一个单链表，该单链表就称为顶点 v_i 的邻接表，再将所有顶点的邻接表表头放到数组中，就构成了图的邻接表。对无向图而言，顶点 v_i 的邻接表中结点的个数就是顶点 v_i 的度；同时每条边信息记录了两次，即同一个边在邻接表中会出现两次。对有向图而言，顶点 v_i 的邻接表中结点的个数就是顶点 v_i 的出度，要计算顶点 v_i 的入度则需要遍历整个图的邻接表，统计顶点 v_i 在整个邻接表中出现的次数，即该顶点 v_i 的入度。

2. 图的存储结构及适用范围

图的存储结构及适用范围如表 7.1 所示。

表 7.1 图的存储结构及适用范围

存储结构	邻接矩阵	邻接表	十字链表	邻接多重表
存储方式	顺序存储	链式存储	链式存储	链式存储
适用范围	无向图(网)、有向图(网)	无向图(网)	有向图	无向图
实现思想	用一个一维数组存储结点信息；用一个二维数组存储边的信息	对图的每一个顶点建立一个单链表；顶点信息和指向依附于该顶点的边(弧)结点构成的单链表存储在一个一维数组中	实际上是邻接表和逆接表的结合；用两个指针数组分别存储邻接表和逆邻接表的顶点表；把邻接表的出弧结点和逆邻接表的入弧结点合并	顶点表结点与邻接表的顶点相同；边结点由 4 个域组成，分别存储边所依附的两个顶点域和分别指向该边所依附的两个顶点的下一条边结点

3. 图的遍历

深度优先搜索遍历类似于前序遍历，是树的前序遍历的推广。广度优先搜索遍历类似于树的层次遍历的过程。广度优先搜索遍历图的过程中以 v 为起点，由近至远，依次访问和 v 有路径相通且路径长度为 1、2、…的顶点。

遍历图的过程实质上是对每个顶点查找其邻接点的过程，其耗费的时间取决于所采用的存储结构。以邻接矩阵作为图的存储结构时，其时间复杂度为 $O(n^2)$；以邻接表作为存储结构时，其时间复杂度为 $O(n+e)$。

4. 最小生成树

对无向连通图而言,它的所有生成树中有一棵边的权值总和最小的生成树,该生成树则简称为最小生成树。

最小生成树的构造算法如下所示。

Prim 算法(扩充结点法):从某个顶点集(初始时只有一个顶点)开始,通过加入与其中顶点相关联的最小代价的边,来扩大顶点集合,直至将所有的顶点包含其中。

Kruskal 算法(扩边法):初始时 n 个顶点互不连通,形成 n 个连通分量。通过添加代价最小的边来减少连通分量的个数,直到所有顶点都在一个连通分量中(需要注意:在产生生成树的过程中,不能产生回路)。

5. AOV 网与 AOE 网的比较

AOV 网与 AOE 网的对比如表 7.2 所示。

表 7.2 AOV 网与 AOE 网的比较

	AOV 网	AOE 网
性质	(1) AOV 网中的弧表示了活动之间存在的某种制约关系 (2) 在 AOV 网中不能出现回路	(1) 只有在某顶点所代表的事件发生后,从该顶点出发的各活动才能开始 (2) 只有在进入某顶点的各活动都已经结束后,该顶点所代表的事件才能发生
区别	(1) 都是对工程的建模 (2) AOV 网是顶点表示活动的网,只说明了活动之间的制约关系 (3) AOE 网是边表示活动的网,边上的权值表示活动的持续时间	

7.2 知识拓展

求无向连通网最小生成树的其他方法有如下几种。

1. 破圈法

在 Kruskal 算法中,是从带权无向连通图的边集中选取当前权值最小的边作为最小生成树的边。如果换个角度就是说,不是从无向连通图的边集中取边并入最小生成树,而是将连通图中的边按其权值从大到小顺序逐个删除(删除时要坚持的原则是:保证在删除该边后各个顶点之间是连通的)。一旦删除某条边后,使得原来的连通图出现了两个或多个连通分量,则必须马上将其恢复。算法描述如下:

```
BreakCircle(graph &G)
{将图中所有边按其权值从大到小排序为(e1,e2,e3, … em);
 for(i = 1; 连通网中所剩边数> = G.vexnum; i++)
  {从连通网中删除 e;
   若网不再连通,则恢复 ei;
  }
}
```

该算法被称为“破圈法”,即“任取图中一个圈,删除其权值最大的边”,重复这一操作,直至图中没有圈为止。

2. Sollin 算法

Sollin 算法是将求无向网的最小生成树的过程分为若干个阶段，每个阶段选取若干条边。其具体算法如下。

(1) 将每个顶点作为一棵独立的树，则整个图中的所有顶点就构成了一个大的森林。

(2) 为每棵树选取一条边，要求其是图中与外界相连的所有边中权值最小的一条。由于同一条边可能被两棵树同时选中，所以需要删除重复选出的边，而只保留一条边即可。这样，原来的森林就变成了其中所含数目相对较少的小规模森林。

(3) 重复步骤(2)，直至森林连接成一棵树为止。

7.3 典型题解析

例 7.1 一个具有 n 个顶点的图，最少有(　　)个连通分量，最多有(　　)个连通分量。

A. 0　　B. 1　　C. n－1　　D. n

例题解析：

连通分量数最少的情况不可能是零，因为有顶点存在。如果该图是个连通图，则有 1 个连通分量，这是最少的连通分量数。当所有顶点自成连通分量即图中没有边时，连通分量数达到最大值 n。故本题答案为 B、D。

例 7.2 设 G 为一个有向图，则其所含边的条数最多为(　　)。

例题解析：

设 G 含有 n 个顶点。

当 G 为有向完全图时，其所含边的条数最多为 $n\times(n-1)$条。

例 7.3 (　　)的邻接矩阵是对称矩阵。

A. 有向图　　B. 无向图　　C. AOV 网　　D. AOE 网

例题解析：

该题目主要考查图的存储结构——邻接矩阵的定义。对无向图而言，其邻接矩阵是对称矩阵；而有向图则不一定。AOV 网和 AOE 网是一种较特殊的有向图。故本题答案为 B。

例 7.4 具有 7 个顶点的有向图至少应有(　　)条边才能确保它是一个强连通图。

A. 6　　B. 7　　C. 8　　D. 9

例题解析：

本题目主要考查强连通图的定义，由于强连通图中任何两个顶点之间能够互相连通，因此第 1 个顶点至少要有一条以该顶点为弧头的弧和一条以该顶点为弧尾的弧，每个顶点的入度和出度至少各为 1，即顶点的度至少为 2，这样根据图的顶点数、边数以及各顶点的度三者之间的关系计算可得：边数$=2\times n/2=n$，即有 7 个顶点的有向图中，要保证任意两个顶点是强连通的，至少拥有 7 个顶点，使得它们构成一个环形结构的图。故本题答案为 B。

例 7.5 对如图 7.1 所示的无向图，若从顶点 V_1 开始进行深度优先遍历，则可能得到的一种顶点序列为(①)；从顶点 V_1 开始进行广度优先遍历，则可能得到的一种顶点序列为(②)。

① A. 1 2 4 3 5 7 6　　B. 1 2 4 3 5 6 7　　C. 1 2 4 5 6 3 7　　D. 1 2 3 4 5 7 6

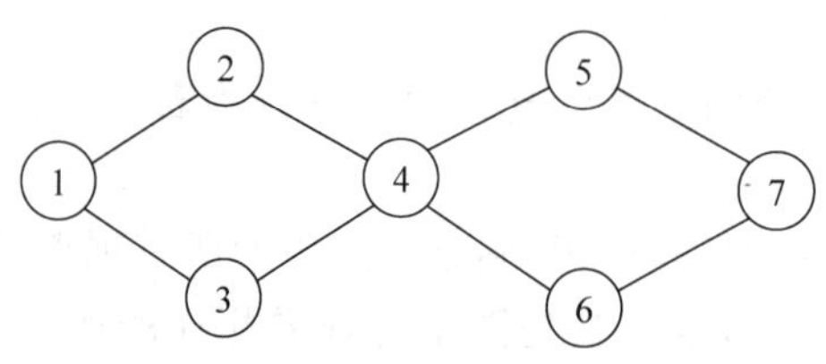

图 7.1 无向图

② A. 1 3 2 4 5 6 7 B. 1 2 4 3 5 6 7 C. 1 2 3 4 5 7 6 D. 2 5 1 4 7 3 6

例题解析：

在①中，选项 B 与选项 C 中从顶点 5 到顶点 6 不符合深度优先遍历规则；选项 D 中从顶点 2 到顶点 3 不符合深度优先遍历规则。

在②中，选项 B 中 124 子序列不符合广度优先遍历规则；选项 C 中 457 子序列不符合广度优先遍历规则；选项 D 中从 2 开始不符合广度优先遍历规则。

故本题答案为①A ，②A。

例 7.6 若在一个有向图的邻接矩阵中，主对角线以下的元素均为零，则该图的拓扑序列(　　)。

A. 存在　　B. 不存在

例题解析：

判断有向图是否存在拓扑序列，关键在于看图中是否存在环，如果存在环则不存在拓扑序列，否则就存在拓扑序列。

鉴于题目中给出了图的邻接矩阵，就使用图的深度优先遍历来判断图中是否存在回路。采用深度优先遍历图的邻接矩阵来判断图是否有环，就是看在深度优先遍历过程中是否会出现再次访问到已经被访问过的顶点的情况。由于该有向图中的下三角元素全为零，则每访问到一个顶点 V 的邻接点 W 时，这个邻接点 W 必定比顶点 V 在数组中的下标大，而不会出现小于或等于的情况，也就是说，每次深度优先往前访问一个顶点，则该顶点必定为从未被访问过的顶点，所以可以断定该图中不存在环。因此，如果有向图邻接矩阵的下三角元素全为零，则其必存在拓扑序列。故本题答案为 A。

但是反之不成立，即若某有向图存在拓扑序列，则其邻接矩阵的下三角元素不一定全为零。

例 7.7 如图 7.2 所示为用邻接表表示的图，请画出其形象图，并用邻接矩阵法表示该图。

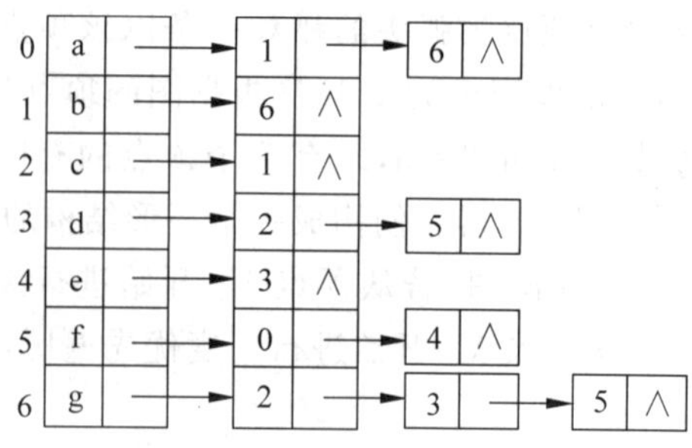

图 7.2 图的邻接表

例题解析：

首先要确定该图是有向图还是无向图。由图 7.2 可知，顶点 a 可到达 b 而 b 却不能到达 a，故该图应为有向图，该图的形象图中所含有的箭头数应该与邻接表中的边表结点数相同。然后根据邻接表中各结点的含义及其相互关系逐步画出其形象图，如图 7.3(a)所示。其邻接矩阵如图 7.3(b)所示。

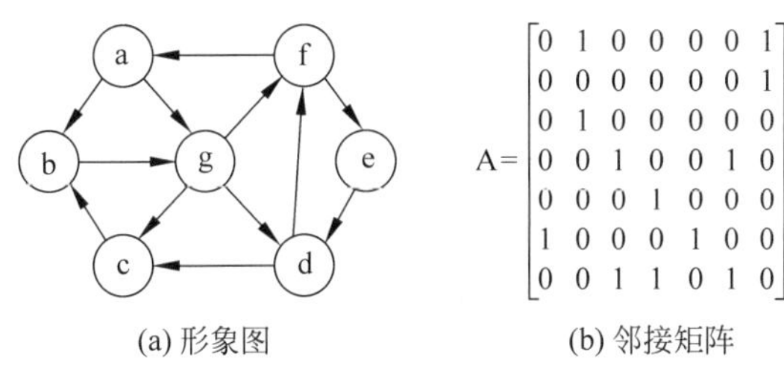

(a) 形象图　　(b) 邻接矩阵

图 7.3　图及其邻接矩阵

例 7.8　假设无向图采用邻接表存储，编写一个算法求连通分量的个数并输出各连通分量的顶点集。

例题解析：

以深度优先遍历来求图 G 的连通分量的个数。对应的算法如下：

```
int visited[MAXV];                              /* 全局变量数组 */
int DFSTrave(ALGraph *G,int i,int j)
{ int k,num=0;                                  /* num 记录连通分量的个数 */
    for(k=0;k<G->n;k++)
      visited[k]=0;
    for(k=0;k<G->n;k++)
      if(visited[i]= =0)
       { num++;
          printf("第%d个连通分量顶点集：",num);
          DFS(G,i);                             /* DFS 为深度优先遍历算法 */
          printf("\n");
       }
    return num;
}
```

例 7.9　对于如图 7.4 所示的带权无向图，用图示说明：

(1) 利用 Prim 算法从顶点 a 开始构造最小生成树的过程。

(2) 利用 Kruskal 算法构造最小生成树的过程。

例题解析：

(1) 利用 Prim 算法从顶点 a 开始构造最小生成树的过程如图 7.5 所示。

(2) 利用 Kruskal 算法构造最小生成树的过程如图 7.6 所示。

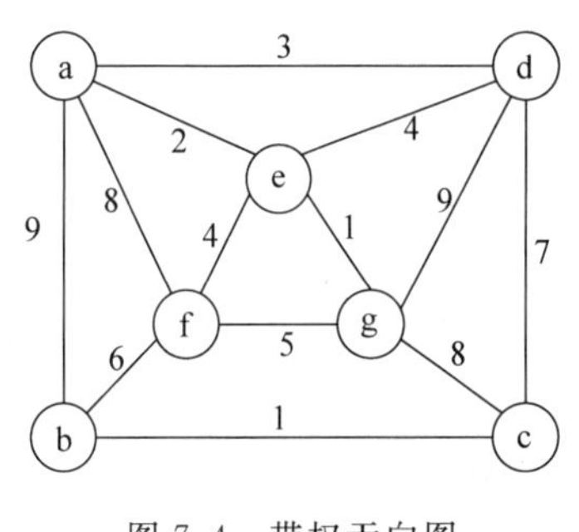

图 7.4　带权无向图

例 7.10　对于如图 7.7 所示的带权图，利用 Dijkstra 算法求出从源点 V_1 到其余各顶点的最短路径及其长度，

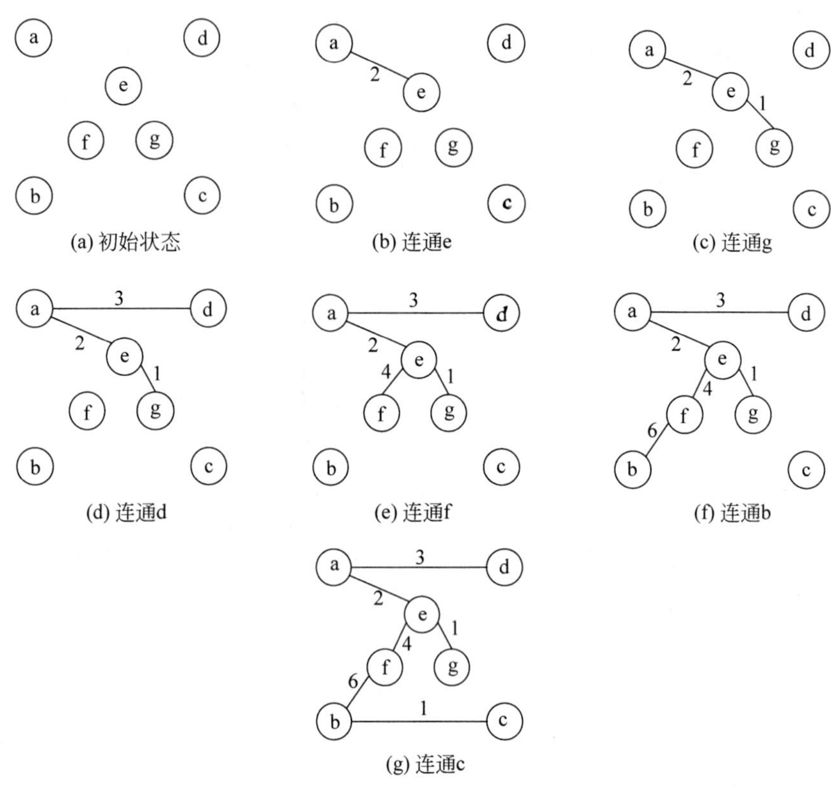

图 7.5 Prim 算法构造最小生成树过程图

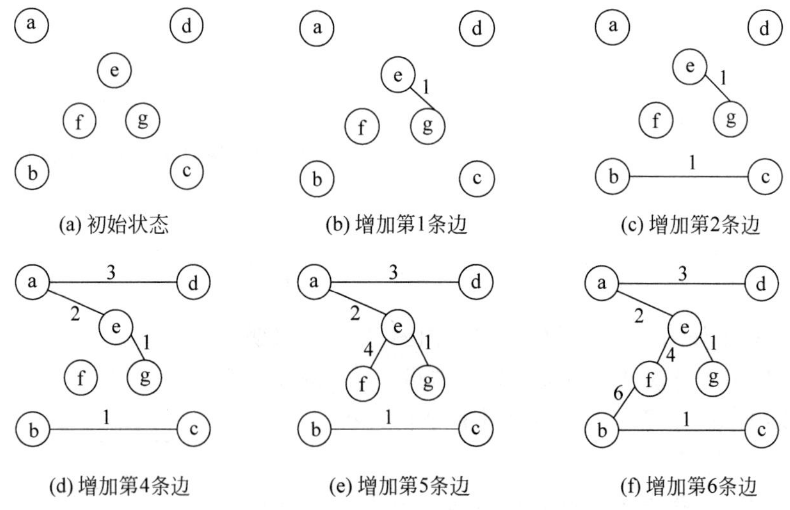

图 7.6 Kruskal 算法构造最小生成树过程图

并写出在算法执行过程中,每求得一条最短路径后,当前从源点 V_1 到其余各顶点的最短路径及其长度的变化情况。

例题解析:

对于这个图,在 Dijkstra 算法执行过程中,每求得一条从 V_1 到某个顶点的最短路径后,

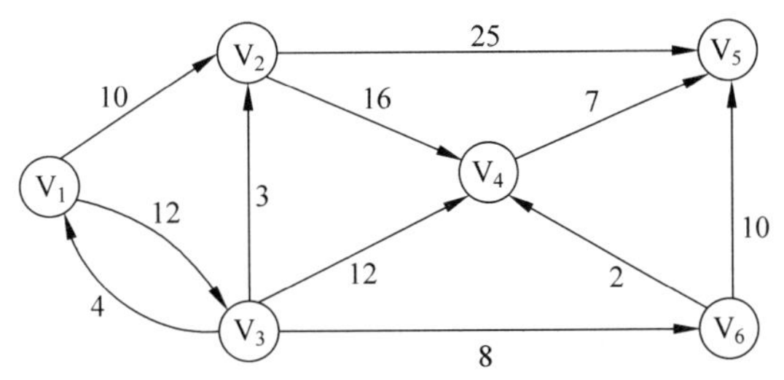

图 7.7　带权图

当前从 V_1 到其余各顶点的最短路径及其长度的变化情况如表 7.3 所示。

表 7.3　Dijkstra 算法执行过程

步骤 \ 顶点		V_2	V_3	V_4	V_5	V_6	求得的最短路径
初态	长度最短路径	10 (V_1,V_2)	12 (V_1,V_3)	∞ (V_1,V_4)	∞ (V_1,V_5)	∞ (V_1,V_6)	10 (V_1,V_2)
1	长度最短路径		12 (V_1,V_3)	26 (V_1,V_2,V_4)	35 (V_1,V_2,V_5)	∞ (V_1,V_6)	12 (V_1,V_3)
2	长度最短路径			24 (V_1,V_3,V_4)	35 (V_1,V_2,V_5)	20 (V_1,V_3,V_6)	20 (V_1,V_3,V_6)
3	长度最短路径			22 (V_1,V_3,V_6,V_4)	30 (V_1,V_3,V_6,V_5)		22 (V_1,V_3,V_6,V_4)
4	长度最短路径				29 (V_1,V_3,V_6, V_4,V_5)		29 (V_1,V_3,V_6, V_4,V_5)

V_1 到 V_2：最短路径为(V_1,V_2)，长度为 10；

V_1 到 V_3：最短路径为(V_1,V_3)，长度为 12；

V_1 到 V_4：最短路径为(V_1,V_3,V_6,V_4)，长度为 22；

V_1 到 V_5：最短路径为(V_1,V_3,V_6,V_4,V_5)，长度为 29；

V_1 到 V_6：最短路径为(V_1,V_3,V_6)，长度为 20。

例 7.11　对如图 7.8 所示的 AOV 网进行拓扑排序，则给出其拓扑排序的两个序列。

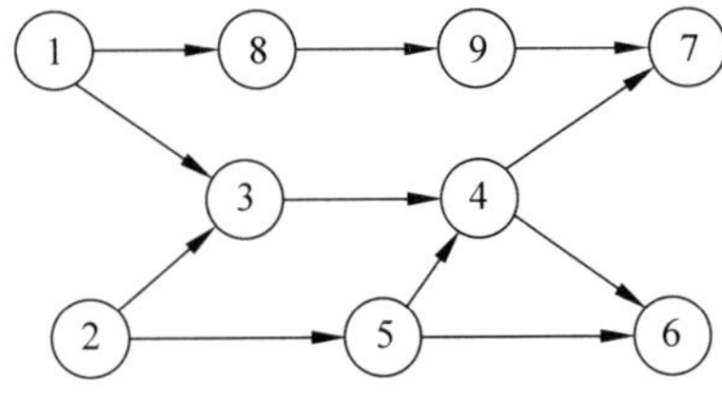

图 7.8　AOV 网

例题解析：

根据拓扑排序方法，该 AOV 网的拓扑排序过程如图 7.9 所示。

按图 7.9 所示，得到拓扑排序序列为 1,8,9,2,3,5,4,7,6。从图 7.9 中可以看出，在 AOV 网中，顶点 1 与顶点 2 两个顶点均没有前驱结点，因此也可得到 1,2,3,5,4,6,8,9,7 这样一个拓扑排序序列。

(a) 输出顶点1　(b) 输出顶点8

(c) 输出顶点9　(d) 输出顶点2

(e) 输出顶点3　(f) 输出顶点5　(g) 输出顶点4　(h) 输出顶点7

图 7.9　拓扑排序过程

例 7.12　对如图 7.10 所示的有向图,给出采用弗洛伊德算法求各顶点对之间的最短路径和最短路径长度的结果。

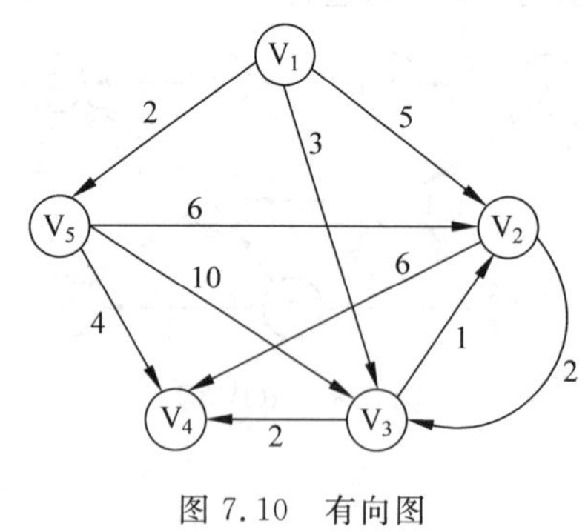

图 7.10　有向图

例题解析:

该有向图的邻接矩阵和最短路径矩阵如表 7.4 所示。

表 7.4　有向图的矩阵 A_0 和最短路径矩阵 $Path_0$

A_0	V_1	V_2	V_3	V_4	V_5	$Path_0$	V_1	V_2	V_3	V_4	V_5
V_1	∞	5	3	∞	2	V_1		V_1V_2	V_1V_3		V_1V_5
V_2	∞	∞	2	6	∞	V_2			V_2V_3	V_2V_4	
V_3	∞	1	∞	2	∞	V_3		V_3V_2		V_3V_4	
V_4	∞	∞	∞	∞	V	V_4					
V_5	∞	6	10	4	∞	V_5		V_5V_2	V_5V_3	V_5V_4	

在 A_0 的基础上，在每对顶点之间插入顶点 V_1 后，A_0 中 V_1 所在的行(列)中的数据不需要更新。由于所有顶点至 V_1 都没有路径，所以 A_0 无须更新，即 $A_0=A_1$。因此，矩阵 $Path_0$ 也无须更新。

在 A_1 的基础上，在每对顶点之间插入顶点 V_2 后，各顶点之间的当前最短路径矩阵与最短路径长度矩阵 A_2 与 $Path_2$，如表 7.5 所示。

表 7.5　有向图的矩阵 A_2 和最短路径矩阵 $Path_2$

A_2	V_1	V_2	V_3	V_4	V_5	$Path_2$	V_1	V_2	V_3	V_4	V_5
V_1	∞	5	3	11	2	V_1		V_1V_2	V_1V_3	$V_1V_2V_4$	V_1V_5
V_2	∞	∞	2	6	∞	V_2			V_2V_3	V_2V_4	
V_3	∞	1	∞	2	∞	V_3		V_3V_2		V_3V_4	
V_4	∞	∞	∞	∞	∞	V_4					
V_5	∞	6	8	4	∞	V_5		V_5V_2	$V_5V_2V_3$	V_5V_4	

在 A_2 的基础上，在每对顶点之间插入顶点 V_3 后，各顶点之间的当前最短路径矩阵与最短路径长度矩阵 A_3 与 $Path_3$，如表 7.6 所示。

表 7.6　有向图的矩阵 A_3 和最短路径矩阵 $Path_3$

A_3	V_1	V_2	V_3	V_4	V_5	$Path_3$	V_1	V_2	V_3	V_4	V_5
V_1	∞	4	3	5	2	V_1		$V_1V_3V_2$	V_1V_3	$V_1V_3V_4$	V_1V_5
V_2	∞	∞	2	4	∞	V_2			V_2V_3	$V_2V_3V_4$	
V_3	∞	1	∞	2	∞	V_3		V_3V_2		V_3V_4	
V_4	∞	∞	∞	∞	∞	V_4					
V_5	∞	6	8	4	∞	V_5		V_5V_2	$V_5V_2V_3$	V_5V_4	

在 A_3 的基础上，在每对顶点之间插入顶点 V_4 后，由于 V_4 到各顶点之间当前没有路径，故不需更新，如表 7.7 所示，即 $A_3=A_4$，$Path_3=Path_4$。

表 7.7　有向图的矩阵 A_4 和最短路径矩阵 $Path_4$

A_4	V_1	V_2	V_3	V_4	V_5	$Path_4$	V_1	V_2	V_3	V_4	V_5
V_1	∞	4	3	5	2	V_1		$V_1V_3V_2$	V_1V_3	$V_1V_3V_4$	V_1V_5
V_2	∞	∞	2	4	∞	V_2			V_2V_3	$V_2V_3V_4$	
V_3	∞	1	∞	2	∞	V_3		V_3V_2		V_3V_4	
V_4	∞	∞	∞	∞	∞	V_4					
V_5	∞	6	8	4	∞	V_5		V_5V_2	$V_5V_2V_3$	V_5V_4	

在 A_4 的基础上,在每对顶点之间插入顶点 V_5 后,各顶点之间的当前最短路径矩阵与最短路径长度矩阵 A_5 与 $Path_5$,如表 7.8 所示。

表 7.8　有向图的矩阵 A_5 和最短路径矩阵 $Path_5$

A_5	V_1	V_2	V_3	V_4	V_5	$Path_5$	V_1	V_2	V_3	V_4	V_5
V_1	∞	4	3	5	2	V_1		$V_1V_3V_2$	V_1V_3	$V_1V_3V_4$	V_1V_5
V_2	∞	∞	2	4	∞	V_2			V_2V_3	$V_2V_3V_4$	
V_3	∞	1	∞	2	∞	V_3		V_3V_2		V_3V_4	
V_4	∞	∞	∞	∞	∞	V_4					
V_5	∞	6	8	4	∞	V_5		V_5V_2	$V_5V_2V_3$	V_5V_4	

例 7.13　如图 7.11 所示为一个工程的 AOE 网示例。求出该 AOE 网中的关键路径(要求标明每个顶点的最早发生时间和最迟发生时间,并画出关键路径)。

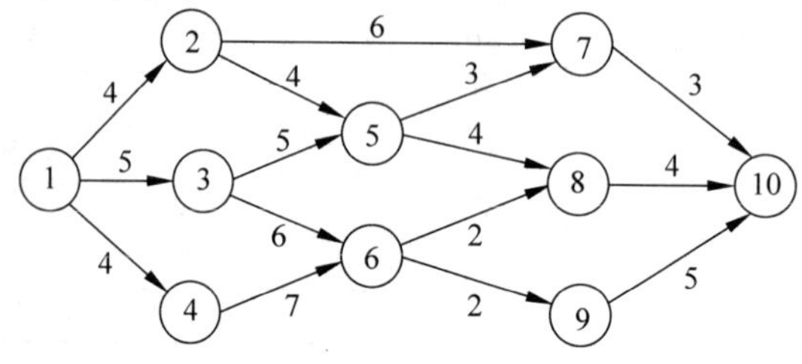

图 7.11　工程 AOE 网

例题解析:

图中各个顶点的最早发生时间与最迟发生时间如表 7.9 所示。

表 7.9　各个顶点的最早发生时间与最迟发生时间

时间 / 顶点	事件最早发生时间	事件最迟发生时间
1	0	0
2	4	6
3	5	5
4	4	4
5	10	10
6	11	11
7	13	15
8	14	14
9	13	13
10	18	18

其中，关键路径如图 7.12 所示。

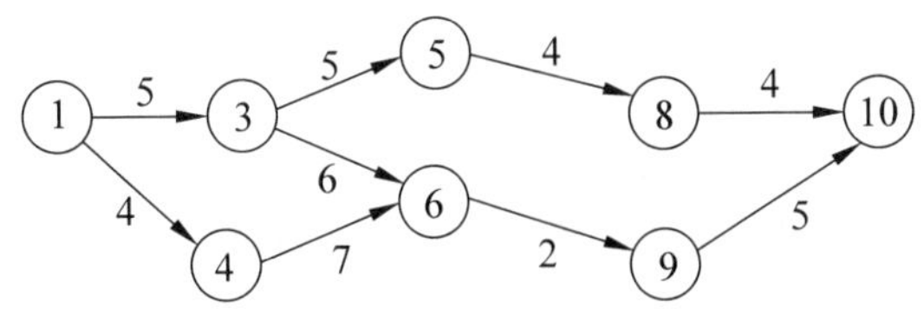

图 7.12 AOE 网的关键路径

7.4 测试习题与参考答案

测试习题

一、填空题

1. 有 n 个顶点的无向图最多有(　　)条边。

2. 用一个邻接矩阵存储有向图 G，其第 i 行的所有元素之和等于顶点 i 的(　　)。

3. 在有 n 个顶点的有向图中，每个顶点的度最大可达(　　)。

4. 有 n 个顶点的强连通有向图 G 至少有(　　)条弧。

5. 已知一个有向图的邻接矩阵表示，删除所有从第 i 个结点出发的弧的方法是(　　)。

6. Prim 算法适用于求(　　)的网的最小生成树，Kruskal 适用于求(　　)的网的最小生成树。

7. 连通分量是无向图中的(　　)连通子图。

8. 可以进行拓扑排序的有向图一定是(　　)。

9. AOV 网中，顶点表示(　　)，边表示(　　)。AOE 网中，顶点表示(　　)，边表示(　　)。

10. 具有 n 个顶点 e 条边的有向图和无向图用邻接表表示，则邻接表的边结点个数分别为(　　)和(　　)。

11. 用 Dijkstra 算法求某一顶点到其余各顶点间的最短路径是按路径长度(　　)的次序来得到最短路径的。

12. 对于如图 7.13 所示的有向无环图，写出利用拓扑排序算法得到的一种拓扑序列(　　)。

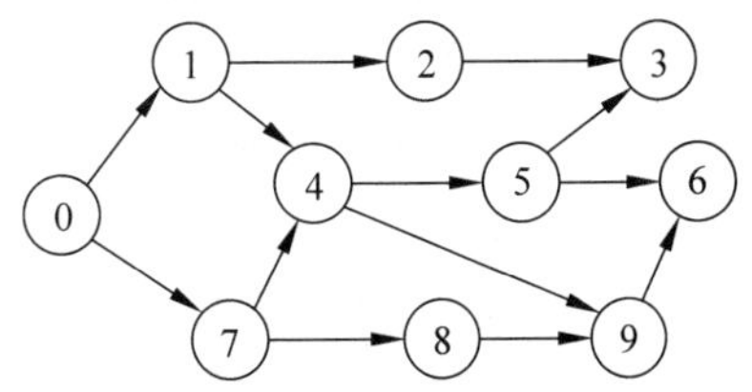

图 7.13 有向无环图

13. 遍历图有(　　)、(　　)等方法。

14. 拓扑排序算法是通过重复选择具有(　　)个前驱顶点的过程来完成的。

15. 图的逆邻接表存储结构只适用于(　　)。

二、选择题

1. 一个 n 个顶点的连通无向图，其边的个数至少为(　　)。

A. $n-1$　　B. n　　C. $n+1$　　D. $n\log_2 n$

2. 求最短路径的 Dijkstra 算法的时间复杂度为(　　)。

A. O(n)　　B. O(n+e)　　C. $O(n^2)$　　D. O(ne)

3. 具有6个顶点的无向图至少应有(　　)条边才能确保是一个连通图。

A. 5　　B. 6　　C. 7　　D. 8

4. 无向图的邻接矩阵是一个(　　)。

A. 对称矩阵　　B. 零矩阵　　C. 上三角矩阵　　D. 对角矩阵

5. 带权有向图G用邻接矩阵A存储,则 V_i 的入度等于A中(　　)。

A. 第i行非∞的元素之和　　B. 第i列非∞的元素之和

C. 第i行非∞且非0的元素个数　　D. 第i列非∞且非0的元素个数

6. 如果从无向图的任一顶点出发进行一次深度优先搜索即可访问所有顶点,则该图一定是(　　)。

A. 完全图　　B. 连通图

C. 有回路　　D. 一棵树

7. 已知无向图如图7.14所示,若从顶点a出发按深度优先遍历,则可能得到的一种顶点序列为(　①　);按广度优先遍历,则可能得到的一种顶点序列为(　②　)。

图7.14　无向图

①

A. a,b,e,c,d,f　　B. a,c,f,e,b,d　　C. a,e,b,c,f,d　　D. a,e,d,f,c,b

②

A. a,b,c,e,d,f　　B. a,b,c,e,f,d　　C. a,e,b,c,f,d　　D. a,c,f,d,e,b

8. 采用邻接表存储的图的深度优先遍历算法类似于二叉树的(　　)算法。

A. 前序遍历　　B. 中序遍历　　C. 后序遍历　　D. 层次遍历

9. 任何一个无向连通图的最小生成树(　　)。

A. 有一棵或多棵　　B. 只有一棵　　C. 一定有多棵　　D. 可能不存在

10. 采用邻接表存储的图的广度优先遍历算法类似于二叉树的(　　)算法。

A. 前序遍历　　B. 中序遍历　　C. 后序遍历　　D. 层次遍历

11. 在一个无向图中,所有顶点的度之和等于边数的(　　)倍。

A. 1/2　　B. 1　　C. 2　　D. 3

12. 对于含有n个顶点的带权连通图,它的最小生成树是指图中任意一个(　　)。

A. 由n−1条权值最小的边构成的子图

B. 由n−1条权值之和最小的边构成的子图

C. 由n−1条权值之和最小的边构成的连通子图

D. 由n个顶点构成的边的权值之和最小的连通子图

13. 关键路径是AOE网中(　　)。

A. 从源点至汇点的最长路径　　B. 从源点到汇点的最短路径

C. 最长的回路　　D. 最短的回路

14. 有8个结点的有向完全图有(　　)条边。

A. 14　　B. 28　　C. 56　　D. 112

三、判断题

1. 一个有向图的邻接表和逆邻接表中结点的个数可能不等。　　(　　)

2. 强连通图的各顶点间均可达。　　(　　)

3. 在 n 个结点的无向图中，若边数大于 n－1，则该图必是连通图。 ( )

4. 如果表示图的邻接矩阵是对称矩阵，则该图一定是无向图。 ( )

5. 最小生成树是指边数最少的生成树。 ( )

6. 在有向图中，各顶点的入度之和等于各顶点的出度之和。 ( )

7. 强连通图不能进行拓扑排序。 ( )

8. 有向图的遍历不可采用广度优先遍历方法。 ( )

9. 最短路径一定是简单路径。 ( )

10. 只要无向图中有权值相同的边，其最小生成树就不可能是唯一的。 ( )

11. 广度优先遍历生成树描述了从起点到各顶点的最短路径。 ( )

12. 当改变网上某一关键路径上的任一关键活动后，必将产生不同的关键路径。 ( )

四、应用题

1. 如图 7.15 所示为一个有向图，试给出：

(1) 每个顶点的入度和出度。

(2) 邻接矩阵。

(3) 邻接表。

(4) 逆邻接表。

(5) 强连通分量。

2. 有如图 7.16 所示的带权有向图 G，试回答以下问题。

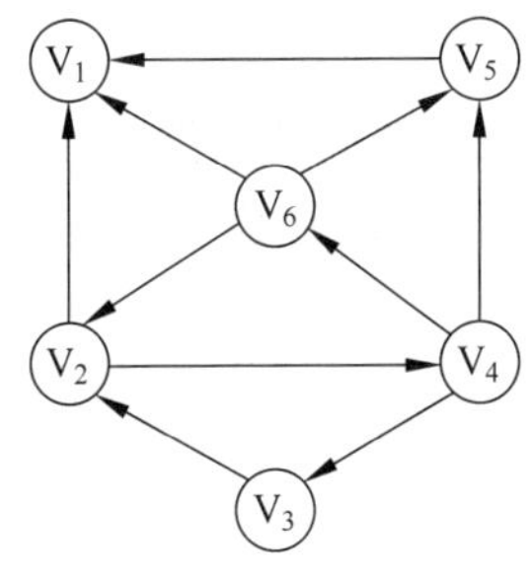

图 7.15 有向图

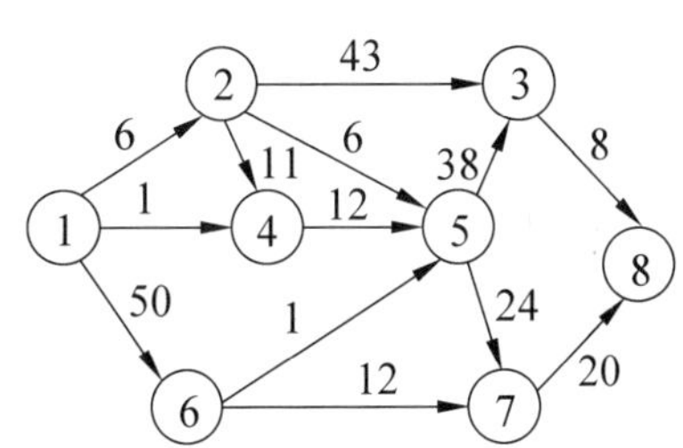

图 7.16 带权有向图 G

(1) 各给出一个从顶点 1 出发的深度优先遍历序列和广度优先遍历序列。

(2) 给出 G 的一个拓扑序列。

(3) 给出从顶点 1 到顶点 8 的最短路径和关键路径。

3. 对于如图 7.17 所示的无向图，分别用 Prim 算法和 Kruskal 算法求出其最小生成树。

4. 对如图 7.18 所示的带权有向图，用弗洛伊德算法求出每一对顶点之间的最短路径，并写出计算过程。

5. 试用 Dijkstra 算法求如图 7.19 所示的有向图从顶点 a 到其他各顶点间的最短路径，写出执行算法过程中各步的状态。

6. 如图 7.20 所示为 AOE 网络。该图上已标出了源点与汇点，并给出了活动(边)的权值。请求出该 AOE 网络的关键路径以及事件(结点)的最早发生时间及最迟发生时间。

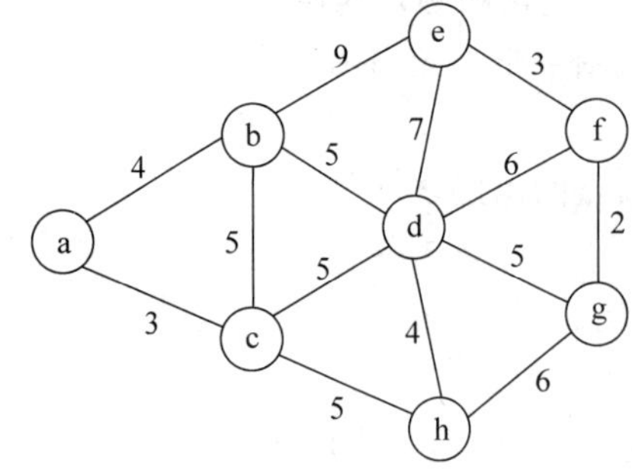

图 7.17 无向图

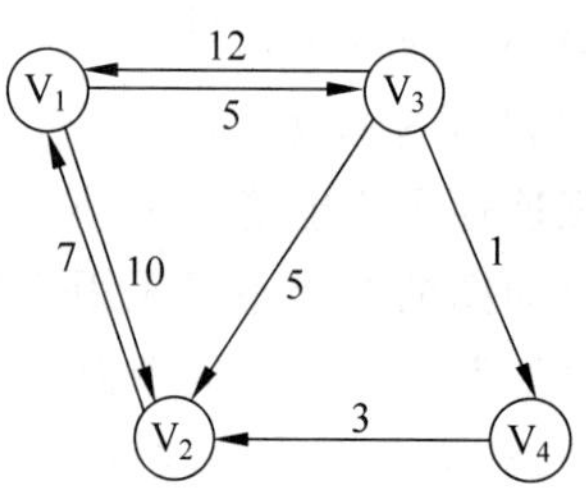

图 7.18 带权有向图

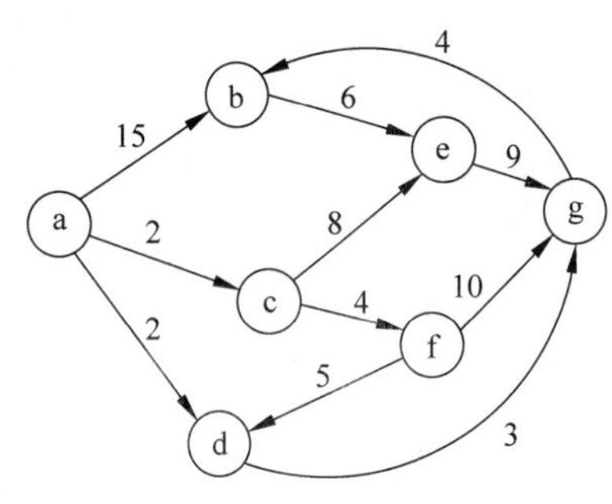

图 7.19 有向图

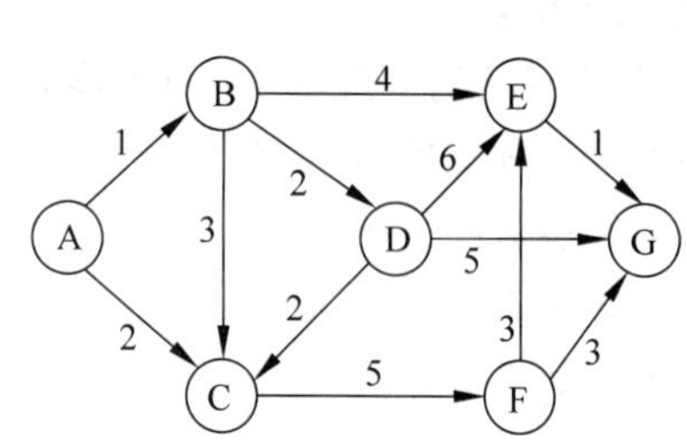

图 7.20 AOE 网

五、算法设计题

1. 用C语言分别定义图的邻点矩阵表示法和邻接表表示法的数据类型。

2. 设计一个算法,将一个有 n 个顶点无向图的邻接表结构转换成邻接矩阵结构(设邻接表头指针为 head)。

参考答案

一、填空题

1. n(n−1)/2　　2. 出度　　3. 2(n−1)　　4. n

5. 将邻接矩阵第 i 行全部置 0　　6. 边稠密　边稀疏　　7. 极大

8. 无环图　　9. 活动　活动之间的优先关系　事件　活动

10. e　2e　　11. 递增　　12. 0 7 8 1 4 9 5 6 2 3

13. 深度优先搜索　广度优先搜索　　14. 0　　15. 有向图

二、选择题

1. A　2. C　3. A　4. A　5. D　6. B　7. D　B　8. A　9. A

10. D　11. C　12. D　13. A　14. C

三、判断题

1. ×　2. √　3. ×　4. ×　5. ×　6. √　7. √　8. ×　9. √　10. ×

11. ×　12. ×

四、应用题

1. (1) 顶点 V_1 的入度为 3,出度为 0;顶点 V_2 的入度为 2,出度为 2;顶点 V_3 的入度为 1,出度为 1;顶点 V_4 的入度为 1,出度为 3;顶点 V_5 的入度为 2,出度为 1;顶点 V_6 的入度为 1,出度为 3。

(2) 邻接矩阵如图 7.21 所示。

(3) 邻接表如图 7.22 所示。

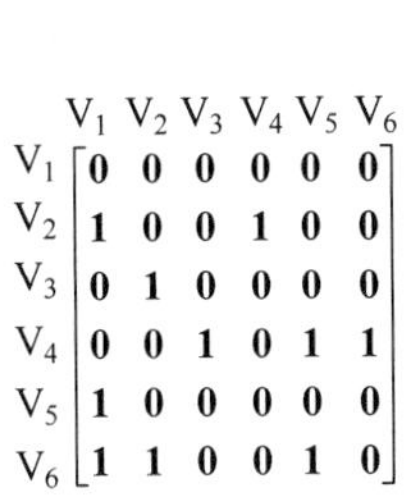

图 7.21　邻接矩阵

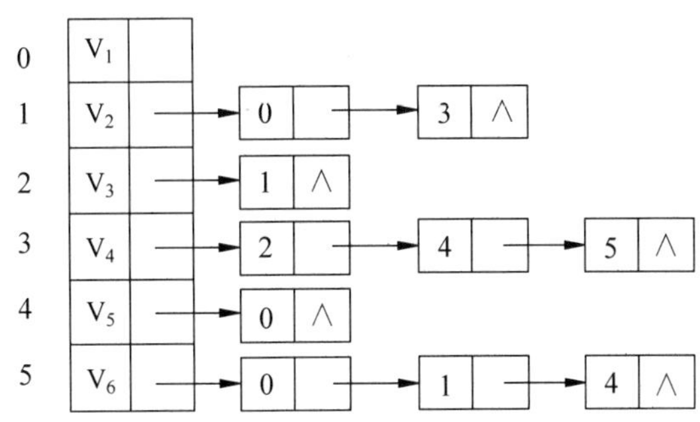

图 7.22　邻接表

(4) 逆邻接表如图 7.23 所示。

(5) 强连通分量如图 7.24 所示。

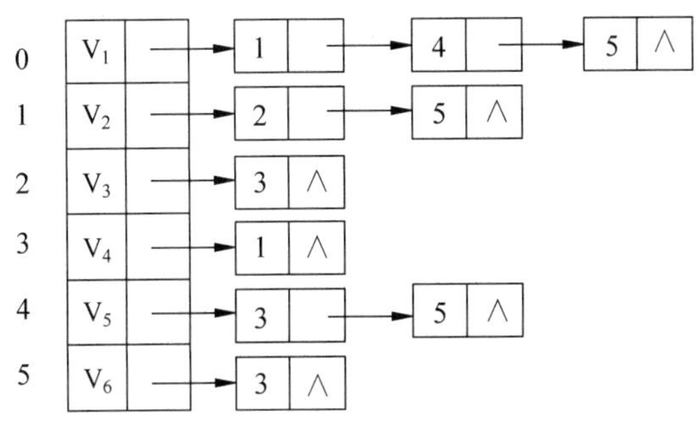

图 7.23　逆邻接表

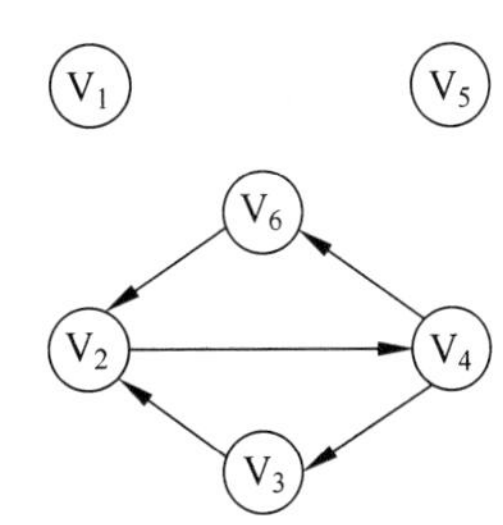

图 7.24　强连通分量

2. (1) 从顶点 1 出发的一个深度优先遍历序列为 1,2,3,8,4,5,7,6。从顶点 1 出发的一个广度优先遍历序列为 1,2,6,4,3,5,7,8。

(2) G 的一个拓扑序列是 1,2,4,6,5,3,7,8(或 1,6,2,4,5,3,7,8)。

(3) 从顶点 1 到顶点 8 的最短路径为 1,2,5,7,8(路径长度为 56)。关键路径(最长的路径)为 1,6,5,3,8(路径长度为 97)。

3. 按 Prim 算法求得其最小生成树的过程如图 7.25 所示。

按 Kruskal 算法求得最小生成树的过程如图 7.26 所示。

4. 在 A_0 的基础上,在每对顶点之间逐步插入顶点 V_2、V_3、V_4 后,各顶点之间的当前最短路径矩阵与最短路径长度矩阵变化过程如下。

(1) A_0 与 $Path_0$:如表 7.10 所示。

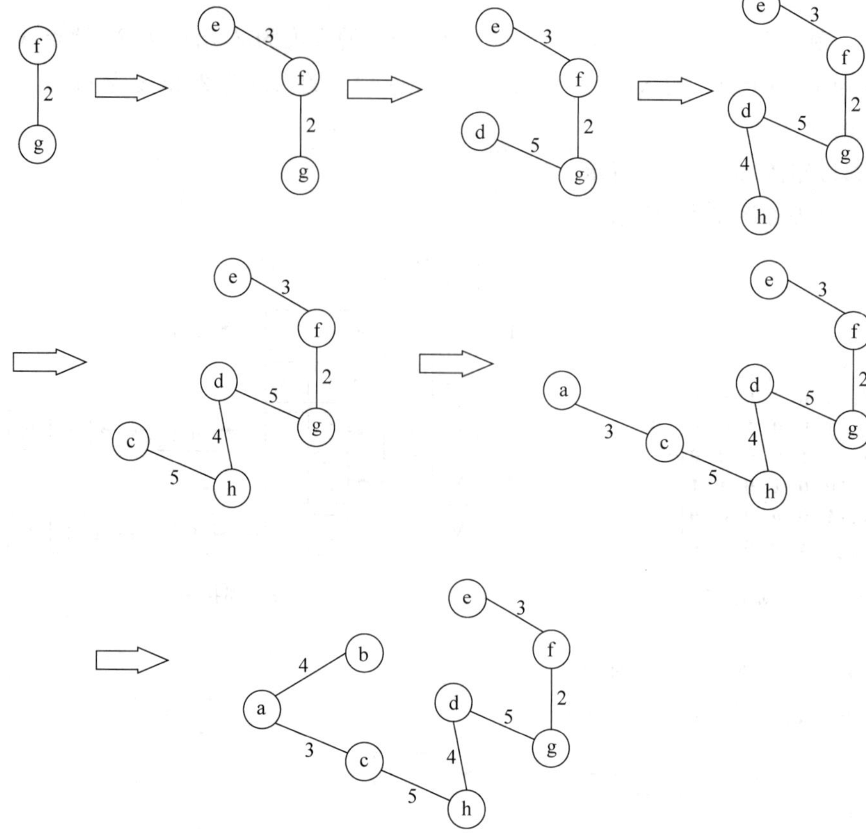

图 7.25　Prim 算法构造最小生成树的过程图

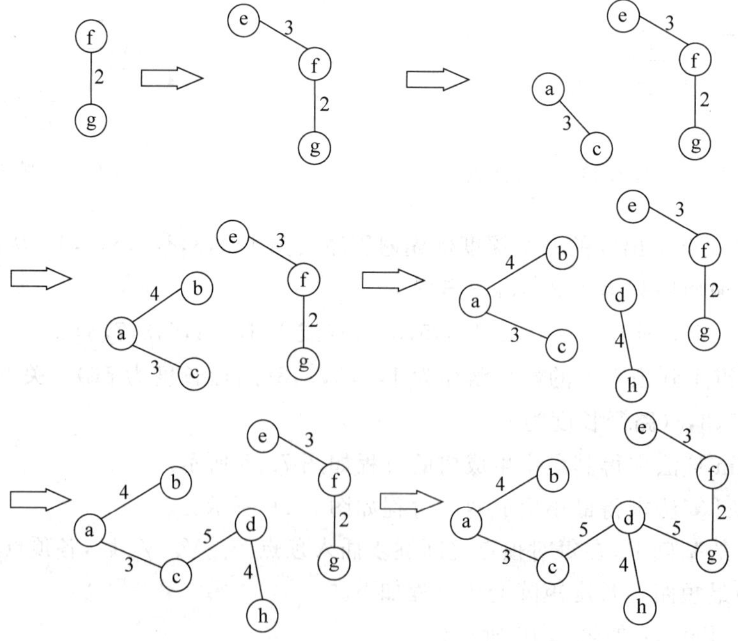

图 7.26　Kruskal 算法构造最小生成树的过程图

表 7.10　有向图的矩阵 A_0 和最短路径矩阵 $Path_0$

A_0	V_1	V_2	V_3	V_4	$Path_0$	V_1	V_2	V_3	V_4
V_1	0	10	5	∞	V_1		V_1V_2	V_1V_3	
V_2	7	0	∞	∞	V_2	V_2V_1			
V_3	12	5	0	1	V_3	V_3V_1	V_3V_2		V_3V_4
V_4	∞	3	∞	0	V_4		V_4V_2		

(2) 插入顶点 V_1：如表 7.11 所示。

表 7. 11　有向图的矩阵 A_1 和最短路径矩阵 $Path_1$

A_1	V_1	V_2	V_3	V_4	$Path_1$	V_1	V_2	V_3	V_4
V_1	0	10	5	∞	V_1		V_1V_2	V_1V_3	
V_2	7	0	12	∞	V_2	V_2V_1		$V_2V_1V_3$	
V_3	12	5	0	1	V_3	V_3V_1	V_3V_2		V_3V_4
V_4	∞	3	∞	0	V_4		V_4V_2		

(3) 插入顶点 V_2：如表 7.12 所示。

表 7.12　有向图的矩阵 A_2 和最短路径矩阵 $Path_2$

A_2	V_1	V_2	V_3	V_4	$Path_2$	V_1	V_2	V_3	V_4
V_1	0	10	5	6	V_1		V_1V_2	V_1V_3	$V_1V_3V_4$
V_2	7	0	12	13	V_2	V_2V_1		$V_2V_1V_3$	$V_2V_1V_3V_4$
V_3	12	5	0	1	V_3	V_3V_1	V_3V_2		V_3V_4
V_4	∞	3	∞	0	V_4		V_4V_2		

(4) 插入顶点 V_3：如表 7.13 所示。

表 7.13　有向图的矩阵 A_3 和最短路径矩阵 $Path_3$

A_3	V_1	V_2	V_3	V_4	$Path_3$	V_1	V_2	V_3	V_4
V_1	0	10	5	6	V_1		V_1V_2	V_1V_3	$V_1V_3V_4$
V_2	7	0	12	13	V_2	V_2V_1		$V_2V_1V_3$	$V_2V_1V_3V_4$
V_3	12	5	0	1	V_3	V_3V_1	V_3V_2		V_3V_4
V_4	10	3	15	0	V_4	$V_4V_2V_1$	V_4V_2	$V_4V_2V_1V_3$	

(5) 插入顶点 V_4：如表 7.14 所示。

表 7.14　有向图的矩阵 A_4 和最短路径矩阵 $Path_4$

A_4	V_1	V_2	V_3	V_4	$Path_4$	V_1	V_2	V_3	V_4
V_1	0	10	5	6	V_1		V_1V_2	V_1V_3	$V_1V_3V_4$
V_2	7	0	12	13	V_2	V_2V_1		$V_2V_1V_3$	$V_2V_1V_3V_4$
V_3	12	4	0	1	V_3	V_3V_1	$V_3V_4V_2$		V_3V_4
V_4	10	3	15	0	V_4	$V_4V_2V_1$	V_4V_2	$V_4V_2V_1V_3$	

5. 从顶点 a 到其他各顶点间的最短路径的求解过程如表 7.15 所示。

表 7.15　从顶点 a 到其他各顶点间的最短路径的求解过程

Dist \ 终点	b	c	d	e	f	g	S(终点集)
K=1	15 (a,b)	2 (a,c)	12 (a,d)				{a,c}
K=2	15 (a,b)		12 (a,d)	10 (a,c,e)	6 (a,c,f)		{a,c,f}
K=3	15 (a,b)		11 (a,c,f,d)	10 (a,c,e)		16 (a,c,f,g)	{a,c,f,e}
K=4	15 (a,b)		11 (a,c,f,d)			16 (a,c,f,g)	{a,c,f,e,d}
K=5	15 (a,b)					14 (a,c,f,d,g)	{a,c,f,e,d,g}
K=6	15 (a,b)						{a,c,f,e,d,g,b}

6. 事件 A,B,C,D,E,F,G 的最早发生时间分别为 0,1,5,3,13,10,14。
   事件 A,B,C,D,E,F,G 的最迟发生时间分别为 0,1,5,3,13,10,14。
   关键路径为 14,A,B,D,C,F,E,G。

五、算法设计题

1. (1) 图的邻接矩阵表示法数据类型定义(参考答案)

```
#define MaxVexNum 20
   typedef struct
   {   VexType Vexs[MaxVexNum];                /* 定义顶点数组,VexType 为顶点类型 */
       int Arcs[MaxVexNum][ MaxVexNum];        /* 定义邻接矩阵 */
       int vexnum,arcnum;                      /* 顶点数或边数 */
       int kind;                               /* 图的种类 */
   } MGraph;
```

(2) 图的邻接表表示法的数据类型定义(参考答案)

```
#define MaxVexNum 20
struct ArcNode                                 /* 表结点的定义 */
{   int AdjVex;
    struct ArcNode *nextarc;
};
struct VexNode                                 /* 头结点的定义 */
{   VexType data;                              /* 顶点信息,VexType 为顶点类型 */
    struct ArcNode *firstarc;
};
typedef struct                                 /* 图的类型定义 */
{   struct VexNode AdjLists[MaxVexNum];
    int vexnum,arcnum;
    int kind;                                  /* 图的种类 */
} ALGraph;
```

2. 首先建立含有 n 个顶点的邻接矩阵(初始时数据元素为 0),从邻接表头指针开始依次访问各个表头结点 V_i,访问与结点相邻的顶点 V_j,获得边信息 $v_i \rightarrow v_j$,将邻接矩阵中的 A[i][j]元素置为 1(若无向图为网络,则将 A[i][j]置为权值)。

算法描述如下:

```
MGraph * ListToMatrixt(ALGraph * head)              /* 入口参数为邻接表,返回值为邻接矩阵 */
{ int i,j;
  MGraph *mg;
  VertexNode *p;
  EdgeNode *q;
  mg = (MGraph *)malloc(size of (MGraph));           /* 申请邻接矩阵空间 */
  mg->vertexNum = head->vertexNum;                   /* 初始化邻接矩阵的顶点数 */
  mg->edgeNum = head->edgeNum;
  for(i = 0;i < mg->vertexNum;i++)                   /* 初始化邻接矩阵,数据元素全部置为 0 */
    { mg->vertexs[i] = head->adjlist[i].vertex;
      for(j = 0;j < mg->vertexs[i];j++)
          mg->edges[i][j] = 0;
    }
  for(i = 0;i < head->vertexNum;i++)                 /* 依次访问图的邻接表表头 */
   { p = head->adjlist[i];
     for(q = p.firstedge;q!= NULL;q = q->next)        /* 访问与该顶点相关联的顶点 */
      mg->edges[i][q->adjvertex] = 1;                /* 将边 vi→vj 信息存入邻接矩阵中 */
   }
  return mg;
}
```

7.5 实验习题

实验目的

(1) 掌握图的两种存储结构的实现方法。

(2) 掌握遍历图的递归和非递归算法。

(3) 掌握和理解本实验中出现的一些基本的 C 语言语句。

(4) 体会算法在程序设计中的重要性。

实验内容

(1) 设计算法,构造无向图的邻接链表,并递归地实现基于邻接链表的图的深度优先搜索遍历。

(2) 设计算法,构造无向图的邻接矩阵,并递归地实现基于邻接矩阵的图的深度优先搜索遍历。

参考答案

(1)

```
#define MAXLEN 30                              /* 基于邻接表存储结构的无向图的结点类型定义 */
#define NULL '\0'
```

```
int visited[MAXLEN] = {0};
typedef struct node
{int vertex;
struct node * next;
}ANODE;
typedef struct
{int data;
ANODE * first;
}VNODE;
typedef struct
{VNODE adjlist[MAXLEN];
int vexnum,arcnum;
}ADJGRAPH;
ADJGRAPH creat()                                /* 基于邻接表存储结构的无向图建立的算法 */
{ANODE * p;
int i, s, d;
ADJGRAPH ag;
printf("input vexnum,input arcnum: ");
scanf("%d,%d", &ag.vexnum, &ag.arcnum);
printf("input gege dingdian zhi:");
for(i = 0; i < ag.vexnum; i++)
{scanf("%d", &ag.adjlist[i].data);
 ag.adjlist[i].first = NULL;
 }
for(i = 0; i < ag.arcnum; i++)
{printf("input bian de dingdian xuhao: ");
scanf("%d,%d", &s, &d);
 s--;
 d--;
 p = (ANODE *)malloc(sizeof(ANODE));
 p->vertex = d;
 p->next = ag.adjlist[s].first;
 ag.adjlist[s].first = p;
 p = (ANODE *)malloc(sizeof(ANODE));
 p->vertex = s;
 p->next = ag.adjlist[d].first;
 ag.adjlist[d].first = p;
 }
 return ag;
 }
void dfs(ADJGRAPH ag, int i)                    /* 无向图的深度优先搜索遍历算法 */
{ANODE * p;
visited[i-1] = 1;
printf("%3d", ag.adjlist[i-1].data);
p = ag.adjlist[i-1].first;
while(p != NULL)
{if(visited[p->vertex] == 0)
 dfs(ag,(p->vertex) + 1);
 p = p->next;}
```

```
 }
main()
{ADJGRAPH ag;
 int i;
 ag = creat();
 printf("cong di i ge jirdian kaishi:");
 scanf("%d",&i);
 dfs(ag,i);
}
```

(2)

```
#define maxlen 10                          /*基于邻接矩阵存储结构的无向图的结点类型定义*/
int visited[maxlen] = {0};
typedef struct
{int vexs[maxlen];
int arcs[maxlen][maxlen];
int vexnum,arcnum;
}MGRAPH;
void creat(MGRAPH *g)                        /*基于邻接矩阵存储结构的无向图建立的算法*/
{int i,j;
printf("input vexnum,arcnum:");
scanf("%d%d",&g->vexnum,&g->arcnum);
for(i = 0;i < g->vexnum;i++)
for(j = 0;j < g->vexnum;j++)
g->arcs[i][j] = 0;
for(i = 0;i < g->arcnum;i++)
{printf("bian de dingdian:");
scanf("%d%d",&i,&j);
g->arcs[i-1][j-1] = 1;
g->arcs[j-1][i-1] = 1;
}
}
void print(MGRAPH *g)
{int i,j;
for(i = 0;i < g->vexnum;i++)
{for(j = 0;j < g->vexnum;j++)
printf("%3d",g->arcs[i][j]);
printf("\n");
}
}
void dfs(MGRAPH *g,int i)                          /*无向图的深度优先搜索遍历算法*/
{int j;
printf("%3d",i);
visited[i-1] = 1;
for(j = 0;j < g->vexnum;j++)
if (g->arcs[i-1][j] == 1&&(!visited[j]))
dfs(g,j+1);
}
```

```
main()
{MGRAPH * g,k;
int i;
g = &k;
creat(g);
print(g);
printf("cong di i ge jiedian fangwen: ");
scanf(" % d",&i);
dfs(g,i);
}
```

第8章 查　找

8.1 基本知识提要

8.1.1 知识结构图

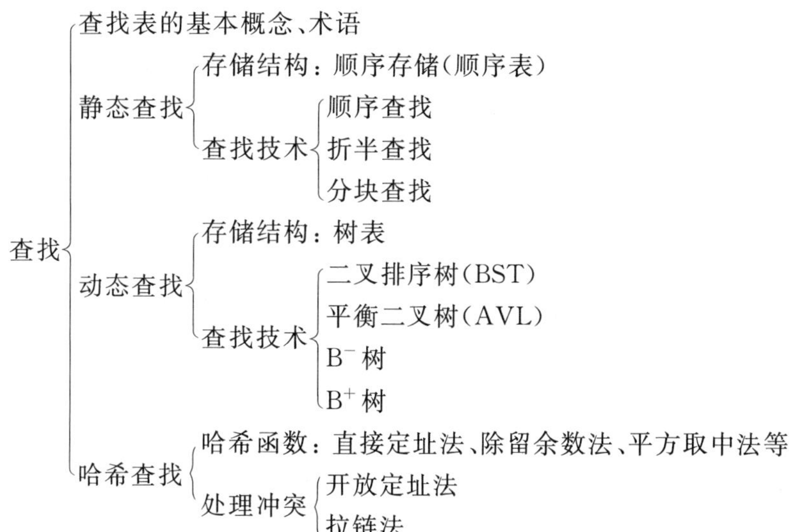

8.1.2 常用术语解析

静态查找表：只对其进行“查找”操作的查找表，即查询某个特定的数据元素是否在查找表中或检索某个特定的数据元素的各种属性。在对其进行查找后，其中的数据不会被更改。

动态查找表：不但对其进行“查找”操作，同时还在查找过程中插入其不存在的数据元素，或从中删除已存在的某个数据元素的查找表叫做动态查找表。动态查找表的特点是其本身是在查找的过程中动态生成的；在对其进行查找后，其中的数据也会变动。

关键字：数据元素(记录)中某个数据项的值，可以标志一个数据元素(记录)。

主关键字：若一个关键字可以唯一地标志一个数据元素(记录)，则叫做主关键字。

算法的平均查找长度：分析查找算法平均性能的工具。查找成功时的平均查找长度ASL与查找失败时的平均查找长度uASL。

判定树：分析查找算法的一个常用工具，既可以遍历算法的每个操作，还可以求解查找算法在查找成功时的平均查找长度。

8.1.3 重点知识整理

1. 监视哨的作用

所谓监视哨,就是指在顺序查找中,把所要查找的关键字值放入顺序表的0号单元的关键字(字段)中,使从表的最后单元向前查找的过程中,如果表中不存在相应的元素,比较到0号单元时总能够使查找结束。这样做的目的就在于可以避免查找过程中的每一步都要检测整个表是否查找结束。因此,如果在顺序表中存在要查找的数据元素,则在比较到某一个单元(如第i个单元)时,查找结束,返回相应的单元号i,如果在顺序表中不存在所要找的关键字元素,则最后返回单元号0。实践证明,设置监视哨,当顺序表中的数据元素比较多的时候,可以使顺序查找算法的性能提高近一倍。

监视哨一般设置在顺序表的两端。在查找成功的情况下,监视哨将会不起作用。

2. 静态查找算法的比较

顺序查找法、折半查找法和分块查找法对被查找的表中元素的要求不同。顺序查找法要求表中元素可以按任意次序存放。折半查找法要求表中元素必须以关键字的大小递增或递减的次序存放且以顺序表存储。分块查找法要求表中元素每块内的元素可任意次序存放,但块与块之间必须以关键字的大小递增(或递减)存放,即前一块内所有元素的关键字都不能大于(或小于)后一块内任何元素的关键字。三种方法的平均查找长度分别为:顺序查找法查找成功的平均查找长度为$\frac{n+1}{2}$;折半查找法查找成功的平均查找长度为$\log_2(n+1)-1$;分块查找法中若用顺序查找确定所在的块,平均查找长度为$\frac{1}{2}\left(\frac{n}{s}+s\right)+1$,若用折半查找确定所在的块,平均查找长度为$\log_2\left(\frac{n}{s}+1\right)+\frac{s}{2}$。

3. 动态查找算法

在二叉排序树上查找类似于折半查找,其最大查找长度为二叉树的深度。然而,在表长为n的有序表上折半查找的判定树是唯一的,而含有n个结点的二叉排序树是不唯一的。当对n个元素的有序序列构造一棵二叉排序树时,得到的二叉排序树的深度也为n,在该二叉排序树上的查找就演变成顺序查找。所以二叉排序树的左右子树要尽可能的“平衡”,以提高查找的效率。

当二叉排序树的左右子树的深度相差较大时,查找效率较低。为了提高查找效率,应把二叉排序树构造成平衡二叉树。有4种平衡旋转方法:LL型平衡旋转、LR型平衡旋转、RL型平衡旋转、RR型平衡旋转。LL型做顺时针旋转;RR型做逆时针旋转;LR型先做逆时针旋转,后做顺时针旋转;RL型先做顺时针旋转,后做逆时针旋转。

二叉树失去平衡后,只对失去平衡的最小子树进行调整。

B^-树是一种多路查找树,它的每个结点中有多个排列有序的关键字,关键字左侧的指针指向小于该关键字的结点,右侧的指针指向大于该关键字的结点。

B^+树是在B^-树的基础上修改而成的。其特点是:一个结点的关键字个数和它的子树个数相同;B^+树所有的关键字都出现在末端结点上,内部结点只存放其子树上的最大(或最小)关键字。

4. 静态查找和动态查找的比较

静态查找和动态查找的比较如表 8.1 所示。

表 8.1 静态查找和动态查找的比较

查找名称	静 态 查 找	动 态 查 找
定义	不涉及插入和删除操作的查找	涉及插入和删除操作的查找
适用范围	查找表相对固定,生成后只对其进行查找而不进行插入和删除操作,或经过一段时间后集中进行插入和删除操作。适用于对小型查找集合的查找	查找和插入、删除在同一阶段进行
存储结构	静态查找表的存储结构可以是顺序存储方式,也可以链式存储方式。可以采用顺序查找技术	二叉排序树,采用链存储结构
优点	查找算法相对简单 使用面较广 对表中的数据元素没有具体要求	查找过程不复杂,效率高,但删除比较麻烦,查找性能取决于二叉排序树的构造,比较灵活 插入操作性能较好
缺点	ASL 较大;查找效率低	删除操作复杂

5. 各种查找算法的比较

静态查找表主要采用顺序存储方式,主要的查找方法包括顺序查找、折半查找和分块查找。顺序查找对查找表无任何要求,既适用无序表,又适用有序表,查找成功的平均查找长度为(n+1)/2,时间复杂度为 O(n);折半查找要求表中元素必须按关键字有序,其平均查找长度近似为($\log_2(n+1)-1$),时间复杂度为 O($\log_2 n$);分块查找每块内的元素可以无序,但要求块与块之间必须有序,并建立索引表。静态查找表不便于元素的插入和删除。

动态查找表使用链式存储,存储空间能动态分配,它便于插入、删除等操作。主要的查找方法包括二叉树、平衡二叉树、B^- 树、B^+ 树。二叉排序树和平衡二叉排序树是一种有序树,对它查找类似于折半查找,其查找性能介于折半查找和顺序查找之间;当二叉排序树是平衡二叉树时,其查找性能最优。B^- 树、B^+ 树的查找主要适用于外查找,即适用于查找数据保存在外存储器的较大文件中,查找过程需要访问外存的查找。

哈希查找是通过构造哈希函数计算关键字存储地址的一种查找方法,由于在查找过程中不需要进行比较(在不冲突的情况下),其查找时间与表中记录的个数无关。但实际上,由于不可避免地会发生冲突,查找时间会相应增加。哈希法的查找效率主要取决于发生冲突的概率和处理冲突的方法。

8.2 知识拓展

1. B^+ 树与索引顺序表有区别吗

其实,B^+ 树是一种动态索引结构,而索引顺序表是一个静态索引结构。

静态索引结构指这种索引结构在初始创建和数据装入时就已经定型,而且在整个系统运行期间,树的结构不发生变化,只是数据在更新;而动态索引结构是指在整个系统运行期间,树的结构随数据结构的增删而及时调整,以保持最佳的查找效率。

静态索引结构的优点是结构定型,建立方法简单,存取方便;缺点是不利于更新,插入和删除时效率低。动态索引结构的优点是在插入或删除时能够自动地调整索引树的结构,以保持最佳的查找效率;缺点是实现算法复杂。

2. 什么是键树

键树属于动态查找树。它是一棵多叉树,树中每个结点并不代表一个关键字或记录。在键树中,关键字被肢解开分布在每个结点中,即每个结点(根结点为空结点)中含有一个组成关键字的符号,而关键字则分布在从根结点到叶子结点的路径上,其中叶子结点为表示"结束"的标识符($)。因此,键树中从根到叶子路径上的所有结点连接起来构成关键字。故而每个叶子结点对应一个关键字,关键字个数等于叶子结点数;叶子结点还可以包含一个指针,指向该关键字所对应的元素。键树可用以构造自动化进行模式匹配,在内容监控防火墙等方面有重要应用。

3. 什么是双链树与Trie树

双链树与Trie树是键树的两种存储结构。以树的孩子兄弟链表来表示键树,此时键树被称为双链树;以多重链表作为键树的存储结构,此时的键树称为Trie树。

8.3 典型题解析

例8.1 在顺序表{3,6,8,10,12,15,16,18,21,25,30}中,用折半查找关键码值11,所需要的关键码比较次数为(　　)。

A. 2　　　B. 3　　　C. 4　　　D. 5

例题解析:

折半查找即二分查找,其前提条件是:查找表是线性有序表,查找表的存储采用顺序存储结构。在本题中,查找关键码11是否在顺序表中的过程如表8.2所示。

表8.2　折半查找过程表

	3	6	8	10	12	15	16	18	21	25	30
初始时	low=1 mid=6 high=11										
第一次比较后	low=1 mid=3 high=5(11<15)										
第二次比较后	low=4 mid=4 high=5(11>8)										
第三次比较后	low=5 mid=5 high=5(11>10)										
第四次比较后	low=5 high=4(11<12)——(low>high 查找失败)										

因此,总比较次数是4次。

例8.2 假设结点的关键字序列为{10,18,3,8,12,2,6,4},依次输入结点建立二叉排序树。(1)请给出建立二叉排序树的过程示意图。(2)假定每个元素的查找概率相等,试计算该二叉排序树的平均查找长度。

例题解析:

(1) 输入结点的数据值和关键字,从空树出发,依次插入结点建立二叉排序树。如图8.1所示就是建树过程的示意图。

(2) 由于每个元素的查找概率相等,故每个元素的查找概率为1/8,则该二叉排序树的平均查找长度为：

$$ASL = \frac{1}{8}(1 \times 1 + 2 \times 2 + 3 \times 3 + 4 \times 1 + 5 \times 1) = 2.875$$

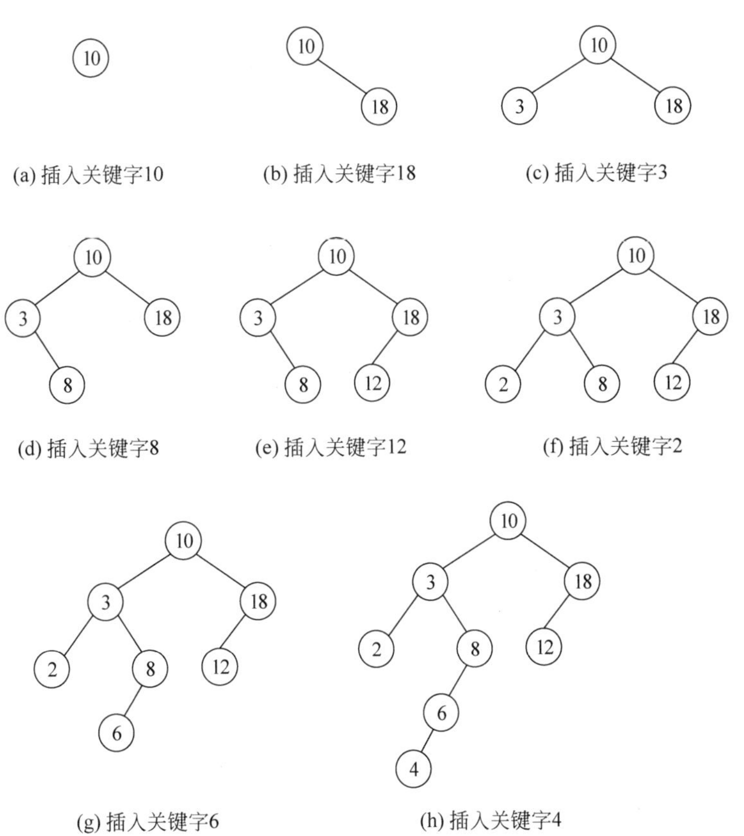

图 8.1　建立二叉排序树过程

例 8.3　设计算法判定一棵二叉树是否为二叉排序树。

例题解析：

对二叉排序树来讲，其中序遍历序列为一个递增序列，因此，对给定二叉树进行中序遍历，如果始终保证前一个值比后一个值小，则说明该二叉树是二叉排序树。

算法如下：

```
int SortBTTree(BTNode * root)
{ if(!root) return 1;       /* pre 记录当前结点的前驱结点值,初值为 - ∞ */
  else
  { b1 = SortBTTree(root -> lchild);
    if(!b1||pre >= root -> data) return 0;
    pre = root -> data;
    b2 = SortBTTree(root -> rchild);
    return b2;
  }
}
```

例 8.4　假设结点的关键字序列为{15,20,32,56,44}，请依次输入结点的关键字值构造一棵平衡二叉树，计算该平衡二叉树在等概率上的查找成功和查找不成功的平均查找长度。

例题解析：

如图8.2所示为构造平衡二叉树的过程示意图。

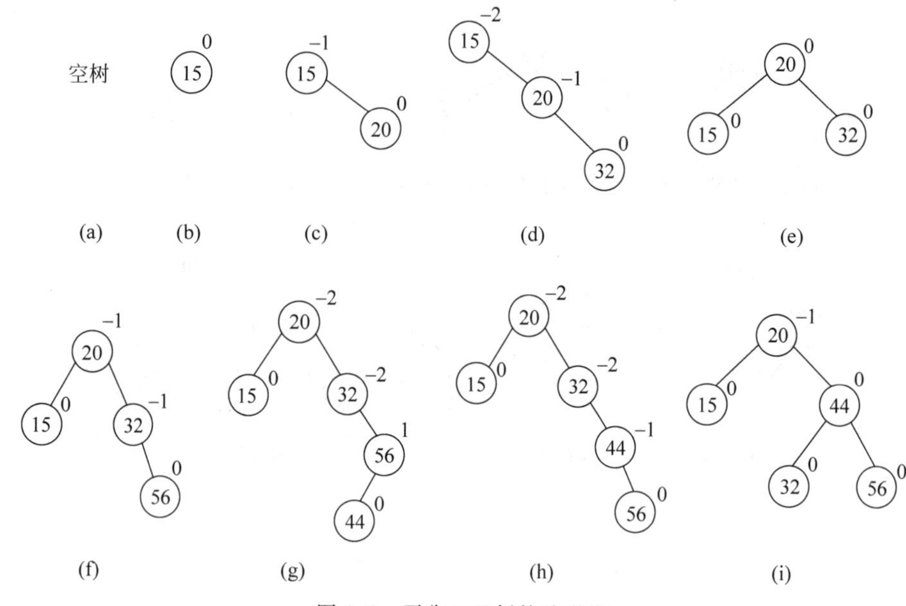

图8.2 平衡二叉树构造过程

$$ASL_{succ} = \frac{1}{5}(1 \times 1 + 2 \times 2 + 3 \times 2) = 2.2$$

$$ASL_{unsucc} = \frac{1}{5}(2 \times 2 + 3 \times 4) = 3.2$$

例8.5 向一棵AVL树(平衡二叉树)中插入元素时,可能要对最小不平衡子树进行调整,此调整分为(　　)种旋转类型。

A. 2　　B. 3　　C. 4　　D. 5

例题解析：

该题主要考查AVL树的平衡旋转操作,其操作具体分为LL型、LR型、RL型和RR型平衡旋转4种类型。故答案为C。

例8.6 有如下的关键字集合{30,15,21,40,25,26,24,20,31},若哈希表的装填因子为0.75,采用除留余数法和线性探测法处理冲突。

(1) 设计哈希函数。

(2) 画出哈希表。

(3) 计算查找成功时的平均查找长度。

例题解析：

由于装填因子为α=0.75,元素个数n=9,则表长m=9/0.75=12。

(1) 用除留余数法,取哈希为H(key)=key%11。

(2) 首先计算出各个关键字的哈希地址,然后填入哈希表中,如表8.3所示。

H(30)=30%11=8

H(15)=15%11=4

H(21)=21%11=10

$H(40)=40\%11=7$

$H(25)=25\%11=3$

$H(26)=26\%11=4$(冲突)

$H_1(26)=((26\%11)+1)\%11=5$

$H(24)=24\%11=2$

$H(20)=20\%11=9$

$H(31)=31\%11=9$(冲突)

$H_1(31)=((31\%11)+1)\%11=10$(还冲突)

$H_2(31)=((31\%11)+2)\%11=0$

表 8.3　哈希表

哈希函数	0	1	2	3	4	5	6	7	8	9	10
关键字	31		24	25	15	26		40	30	20	21
比较次数	3		1	1	1	2		1	1	1	1

(3) 查找成功时的平均查找长度为：

$$ASL_{succ}=(1+1+1+2+1+1+1+1+3)/9=4/3$$

例 8.7　在深度为 5 的平衡二叉排序树中，其结点数最多为(　　)个，最少为(　　)个。

例题解析：

完全二叉树是平衡二叉树，故平衡二叉树的结点数最多为：$2^h-1=32-1=31$，而当深度为 5 的平衡二叉树所含结点数最少时，即要使平衡二叉树在固定高度情况下所含结点数最少，则要将所有结点纵向拉开，尽量避免横向铺开。但是，由于平衡二叉树平衡因子 BF 的限制($|BF|\leqslant 1$)，使得左、右子树的高度最多相差 1，即若设 N_h 是高度为 h 的平衡二叉树所含有的最少结点数，则左(右)子树的结点数可用 N_h-1 和 N_h-2 中的一个来表示，故 $N_h=N_h-1+N_h-2+1$。

其中，$N_0=0$，$N_1=1$，$N_2=2$，由此式可得到 $N_3=4$，$N_4=7$，$N_5=12$。

故本题答案为 31，12。

例 8.8　在如图 8.3 所示的 5 阶 B^- 树中，依次插入关键字 38 和 45，删除关键字 65、75 和 115，请给出插入、删除过程。

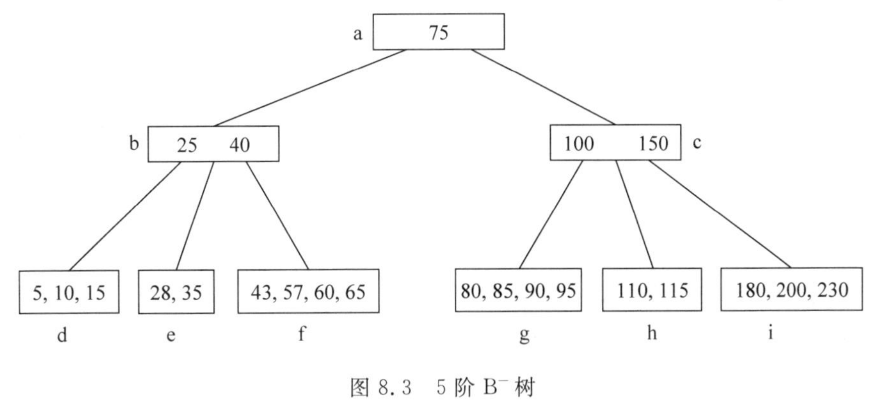

图 8.3　5 阶 B^- 树

例题解析：

(1) 插入关键字38后的B⁻树如图8.4所示。

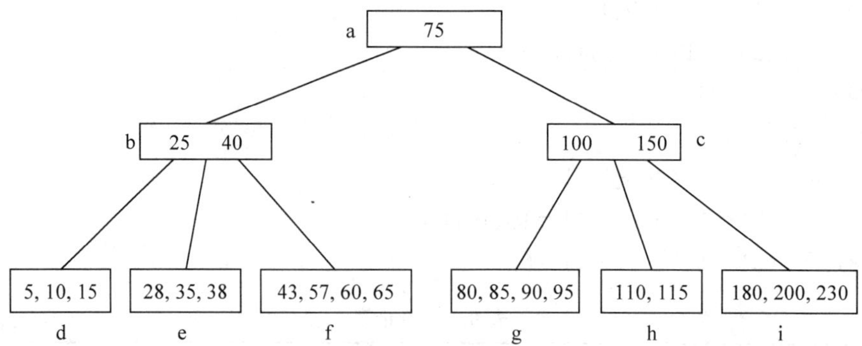

图8.4 插入关键字38后的5阶B⁻树

(2) 插入关键字45后的B⁻树如图8.5所示。

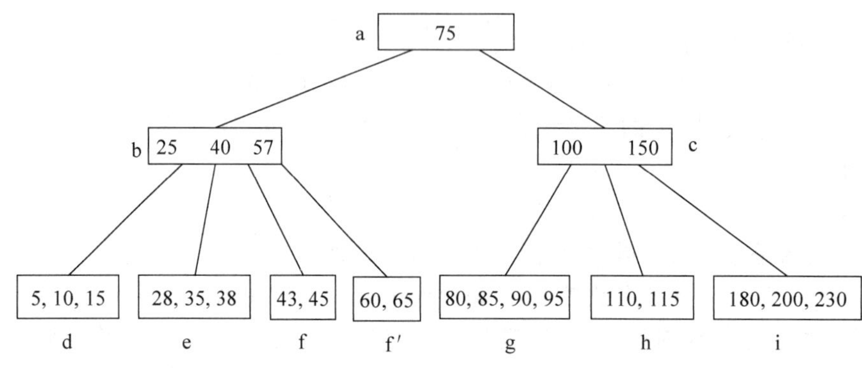

图8.5 插入关键字45后的5阶B⁻树

(3) 删除关键字65后的B⁻树如图8.6所示。

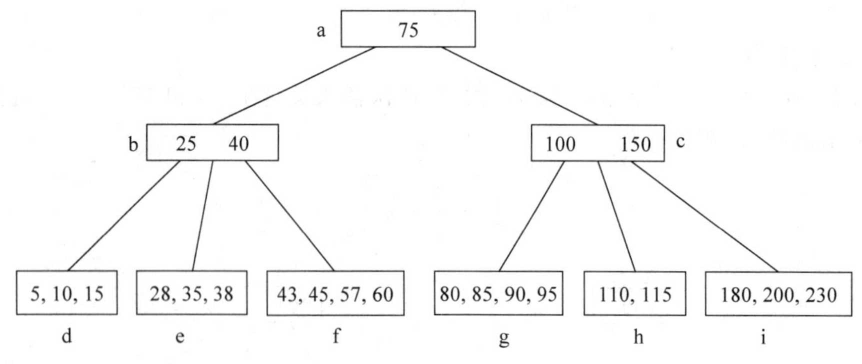

图8.6 删除关键字65后的5阶B⁻树

(4) 删除关键字75后的B⁻树如图8.7所示。

(5) 删除关键字115后的B⁻树如图8.8所示。

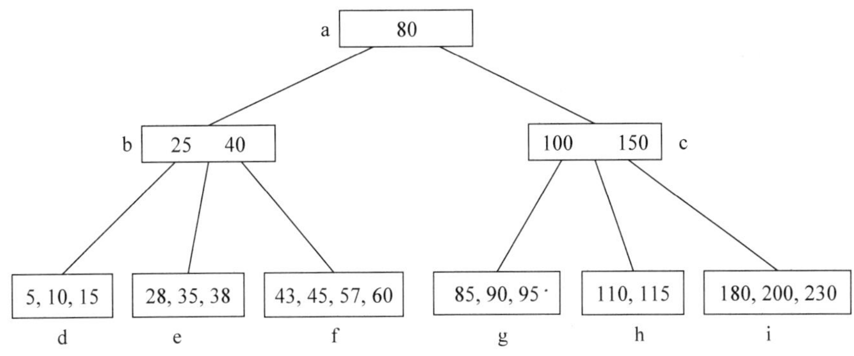

图 8.7 删除关键字 75 后的 5 阶 B⁻ 树

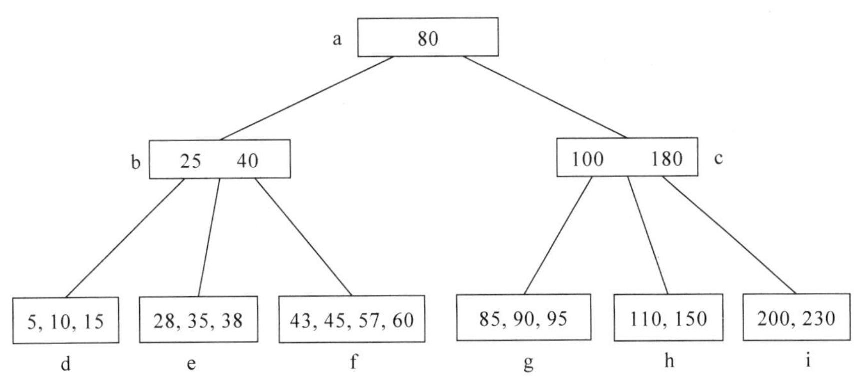

图 8.8 删除关键字 115 后的 5 阶 B⁻ 树

8.4 测试习题与参考答案

测试习题

一、填空题

1. 以顺序查找方法从长度为 n 的线性表中查找一个元素时，平均查找长度为(　　)，时间复杂度为(　　)。

2. 假定对长度 n=50 的有序表进行折半查找，则对应的判定树高度为(　　)，判定树中前 5 层的结点数为(　　)，最后一层的结点数为(　　)。

3. 在有序表 A[1..18]中，采用二分查找算法查找元素值等于 A[7]的元素，所比较过的元素的下标依次为(　　)。

4. 127 阶 B⁻ 树中每个结点最多有(　　)个关键字；除根结点外所有非终端结点至少有(　　)棵子树。

5. 在散列技术中，处理冲突的两种主要方法是(　　)和(　　)。

6. (　　)法构造的哈希函数肯定不会冲突。

7. 已知数组 a 中的元素从 a[1]至 a[n]递增有序，Search_Bin 函数采用折半查找(即二分法查找)的思想在 a[1]～a[n]中查找值为 m 的元素。若找到,则函数返回相应元素的位置(下标),否则返回 0。填写空缺代码,使算法完整。

```
int Search_Bin(int a[ ], int n, int m)
 { low = 1;high = n;
  While ( )
{   mid = (low + high)/ 2;
      if (m == a[mid] ) return ( );
      else if (m < a[mid] ) high = mid - 1;
      else ( );
    }
return 0;
 }
```

8. (　　)查找法的平均查找长度与元素个数 n 无关。

9. 若如图 8.9 所示的二叉树为一二叉排序树(即二叉查找树),现将一斐波那契数列{1,2,3,5,8,13,21,34}填入该二叉树,则根结点(结点 n_1)的值为(　　),结点 n_6 的值为(　　)。若欲插入值为 10 的结点,插入结点应作为(　　)。

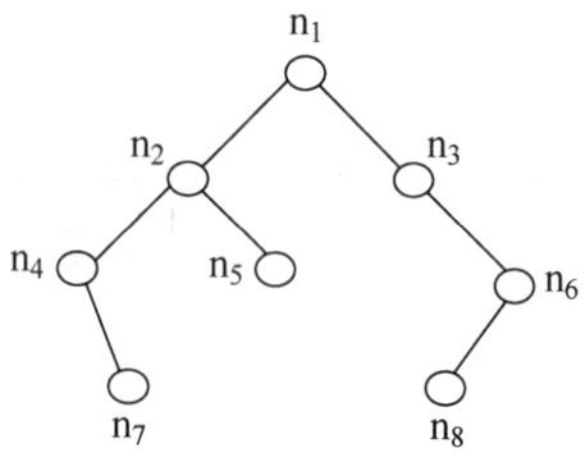

图 8.9　二叉排序树

10. 函数 Search_sq 的作用是在 a[1]～a[n]中采用顺序查找方法,查找值为 m 的元素。若找到,则函数返回相应元素的位置(下标),否则返回 0。其中利用 0 下标元素作为监哨岗。填写空缺处,使算法完整。

```
int Search_sq(int a[ ], int n, int m)
{   int i;
    a[0] = ( );
    for(i = n;m!= a[i];i -- );
    return ( ) ;
}
```

11. 对于二叉排序树的查找,若根结点元素的键值大于被查找元素的键值,则应该在该二叉树的(　　)上继续查找。

12. 设有一个已按元素值排好序的线性表,长度为 125,用折半查找与给定值相等的元素,若查找成功,则至少要比较(　　)次,至多要比较(　　)次。

13. 高度为 8 的平衡二叉树的结点数至少有(　　)个。

14. 二叉排序树的查找效率与树的形态有关。当二叉排序树退化成单支树时,查找算法退化为顺序查找,其平均查找长度上升为(　　)。当二叉排序树是一棵平衡二叉树时,其平均查找长度为(　　)。

15. 在一棵 m 阶 B^- 树中,若在某个结点中插入一个新关键字而引起该结点分裂,则此结点中原有的关键字的个数是(　　);若在某结点中删除一个关键字而导致结点合并,则该结点中原有的关键字的个数是(　　)。

16. 高度为 4 的 3 阶 B^- 树中,最多有(　　)个关键字。

二、选择题

1. 某顺序存储的表格中有 90 000 个元素,已按关键字值升序排列,假定对每个元素进行查找的概率是相同的，且每个元素的关键字的值皆不相同。用顺序查找法查找时，平均比较次数约为(　　)。

A. 25 000　　B. 30 000　　C. 45 000　　D. 90 000

2. 适用于折半查找的表的存储方式及元素排列要求为(　　)。

A. 链接方式存储，元素无序　　B. 链接方式存储，元素有序

C. 顺序方式存储，元素无序　　D. 顺序方式存储，元素有序

3. 散列文件使用散列函数将记录的关键字值计算转化为记录的存放地址，因为散列函数是一对一的关系，则选择好的(　　)方法是散列文件的关键。

A. 散列函数　　B. 除余法中的质数

C. 冲突处理　　D. 散列函数和冲突处理

4. 每个存储结点只含有一个数据元素，存储结点均匀地存放在连续的存储空间中，使用函数值对应结点的存储位置，该存储方式是(　　)存储方式。

A. 顺序　　B. 链接　　C. 索引　　D. 散列

5. 如果要求一个线性表既能较快地查找，又能适应动态变化的要求，则可以采用(　　)查找法。

A. 分块　　B. 顺序　　C. 二分　　D. 散列

6. 按(　　)遍历二叉排序树得到的序列是一个有序序列。

A. 前序　　B. 中序　　C. 后序　　D. 层次

7. 二叉排序树中，关键字值最大的结点(　　)。

A. 左指针一定为空　　B. 右指针一定为空

C. 左、右指针均为空　　D. 左、右指针均不为空

8. 二叉排序树中，最小值结点的(　　)。

A. 左指针一定为空　　B. 右指针一定为空

C. 左、右指针均为空　　D. 左、右指针均不为空

9. 散列表的地址区间为 0～16，散列函数为 H(K)＝K％17，采用线性探测法解决冲突，将关键字序列 26，25，72，38，1，18，59 依次存储到散列表中。元素 59 存放在散列表中的地址为(　　)。

A. 8　　B. 9　　C. 10　　D. 11

10. 静态查找表与动态查找表两者的根本差别在于(　　)。

A. 逻辑结构不同　　B. 存储实现不同

C. 数据元素的类型不同　　D. 施加的操作不同

11. 设有序表的关键字序列为{1，4，6，10，18，35，42，53，67，71，78，84，92，99}，当用二分查找法查找键值为 84 的结点时，经(　　)次比较后查找成功。

A. 2　　B. 3　　C. 4　　D. 12

12. 索引顺序表中包含(　　)。

A. 顺序表和索引表 B. 索引表　　C. 顺序表　　D. 索引

13. 与其他查找方法相比，散列查找法的特点是(　　)。

A. 通过关键字比较进行查找

B. 通过关键字计算记录存储地址，并进行地址的比较

C. 通过关键字计算记录存储地址,并进行一定的比较查找

D. 通过关键字比较进行查找,并计算记录存储地址

14. 在散列函数 H(k)=k mod m 中,一般来讲,m 应取(　　)。

A. 奇数　　B. 偶数　　C. 素数　　D. 充分大的数

15. 散列技术中的冲突是指(　　)。

A. 两个元素具有相同的序号

B. 两个元素的键值不同,而其他属性相同

C. 数据元素过多

D. 不同键值的元素对应于相同的存储地址

16. 当采用分块查找时,数据的组织方式为(　　)。

A. 数据分成若干块,每块内数据有序

B. 数据分成若干块,每块内数据不必有序,但块间必须有序,每块内最大(或最小)的数据组成索引块

C. 数据分成若干块,每块内数据有序,块间必须有序,每块内最大(或最小)的数据组成索引块

D. 数据分成若干块,每块(除最后一块外)中数据个数需相同

17. 下面关于哈希查找的说法中正确的是(　　)。

A. 哈希函数构造得越复杂越好,因为这样随机性好、冲突小

B. 除留余数法是所有哈希函数中最好的

C. 不存在特别好与坏的哈希函数,要视情况而定

D. 若需在哈希表中删去一个元素,不管用何种方法解决冲突都只要简单地将该元素删去即可

18. 用折半查找表的元素的速度比用顺序法(　　)。

A. 必然快　　B. 必然慢　　C. 相等　　D. 不能确定

19. 已知 10 个元素{54,28,16,73,62,95,60,26,43,79},按照依次插入的方法生成一棵二叉排序树。查找值为 62 的结点所需比较的次数为(　　)。

A. 2　　B. 3　　C. 4　　D. 5

20. 在平衡二叉树中插入一个结点后造成了不平衡,设最低的不平衡结点为 A,并已知 A 的左孩子的平衡因子为 0,右孩子的平衡因子为 1,则应作(　　)型调整以使其平衡。

A. LL　　B. LR　　C. RL　　D. RR

三、判断题

1. 在平衡二叉排序树中,每个结点的平衡因子值都是相等的。(　　)

2. 散列法中的冲突指的是具有不同关键字的元素对应于相同的存储地址。(　　)

3. 中序遍历二叉排序树的结点不能得到排好序的结点序列。(　　)

4. 哈希表的结点中只包含数据元素自身的信息,不包含任何指针。(　　)

5. 对二叉排序树的查找都是从根结点开始的,则查找失败一定落在叶子结点上。(　　)

6. 在 9 阶 B^- 树中,除叶子以外的任意结点的分支数介于 5 和 9 之间。(　　)

7. 完全二叉树肯定是平衡二叉树。(　　)

8. N 个结点的二叉排序树有多种，其中树高度最小的二叉排序树是最佳的。 ( )

9. B^- 树的插入算法中，结点的向上“分裂”代替了专门的平衡调整。 ( )

10. 在平衡二叉树中，向某个平衡因子不为零的结点的树中插入一新结点，必引起平衡旋转。 ( )

四、应用题

1. 给定序列为{45,53,97,24,37,12}，从空树开始依次将其插入并建立一个二叉排序树。

2. 假定一个待散列存储的线性表为{32,75,29,63,48,94,25,46,18,70}，散列地址空间为 HT[11]，若采用除留余数法构造散列函数和链接法处理冲突，试求出每一元素的散列地址，画出最后得到的散列表，求出平均查找长度。

3. 已知一个长度为 12 的线性表{7,2,5,8,12,3,10,4,1,6,9,11}。

(1) 将线性表的元素依次插入到一个空的二叉排序树中，画出所得到的二叉排序树；假定查找每一元素的概率相同，查找此二叉树中任一结点的平均查找长度为多少？

(2) 将线性表中的元素依次插入到一个空的平衡二叉树中，画出所得的平衡二叉树；假定查找每一元素的概率相同，查找此平衡二叉树中任一结点的平均查找长度为多少？

(3) 若对线性表中的元素排序之后，再用折半查找算法，画出描述折半查找过程的判定树；假定查找每一元素的概率相同，计算查找成功时的平均查找长度。

4. 对如图 8.10 所示的 3 阶 B^- 树，依次执行下列操作，画出各步操作的结果。(1)插入 90；(2)插入 25；(3)插入 45；(4)删除 60；(5)删除 80。

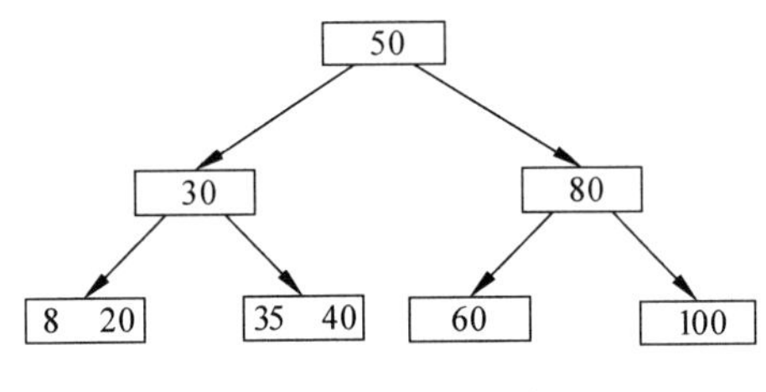

图 8.10 3 阶 B^- 树

5. 设哈希函数为 H(k)=k%11，其中 k 为关键字(整数)，%为取模运算。用线性探测法处理冲突，在地址范围为 0～10 的散列区中，试用关键字序列{15,36,50,27,19,48}造一个哈希表，回答下列各题：

(1) 画出该哈希表的存储结构表。

(2) 若查找关键字 48，需要比较多少次。

6. 画出对于 A[0..10]的有序表进行折半查找的判定树，并求其等概率时查找成功和不成功时的平均查找长度。对于有序表{12,18,24,35,47,50,62,83,90,115,134}，当用折半查找法查找 90 时，需要进行多少次查找可确定成功？查找 47 时需要进行多少次查找可确定成功？查找 100 时，需要进行多少次查找才能确定不成功？

五、算法设计题

1. 设计顺序查找算法，将“哨兵”设在下标高端。

2. 编写一个函数，利用折半查找算法在一个有序表中插入一个元素 x，并保持表的有序性。

3. 设计在索引表中按折半查找关键字为 K 的递归与非递归算法。

4. 在二叉排序树中,有些数据元素值可能是相同的,设计一个算法实现按递增有序打印结点的关键字域,要求相同的元素仅输出一次。

5. 编写一算法求出给定关键字在二叉排序树中所在的层数。

6. 利用二叉树遍历的思想编写一个判断二叉树是否为平衡二叉树的算法。

7. 设 f 是二叉排序树中的一个结点,其右孩子为 p。删除结点 p,使其仍为二叉排序树。

参考答案

一、填空题

1. (n+1)/2　O(n)　　2. 6　31　19　　3. 9、4、6、7　　4. 126　64

5. 开放定址法　链地址法　　6. 直接定址

7. low<=high　mid　low=mid+1　　8. 散列

9. 8　34　n_3 的左孩子　　10. m　i　　11. 左子树

12. 1　7　　13. 54　　14. (n+1)/2　$O(\log_2 n)$

15. m−1　$\lceil m/2 \rceil -1$　　16. 26

二、选择题

1. C　2. D　3. D　4. D　5. A　6. B　7. B　8. A　9. C

10. D　11. C　12. A　13. C　14. C　15. D　16. B　17. C

18. D　19. B　20. C

三、判断题

1. ×　2. √　3. ×　4. ×　5. ×　6. √　7. ×　8. √　9. √　10. √

四、应用题

1. 依题构造的二叉排序树如图 8.11 所示。

2. 散列函数:H(k)=k%m,其中 m=11,则有:

H(32)=10　H(75)=9　H(29)=7　H(63)=8　H(48)=4

H(94)=6　H(25)=3　H(46)=2　H(18)=7　H(70)=4

结果如图 8.12 所示。

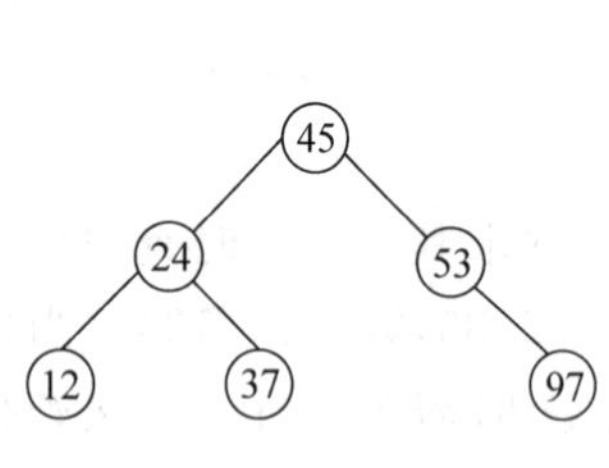

图 8.11　二叉排序树

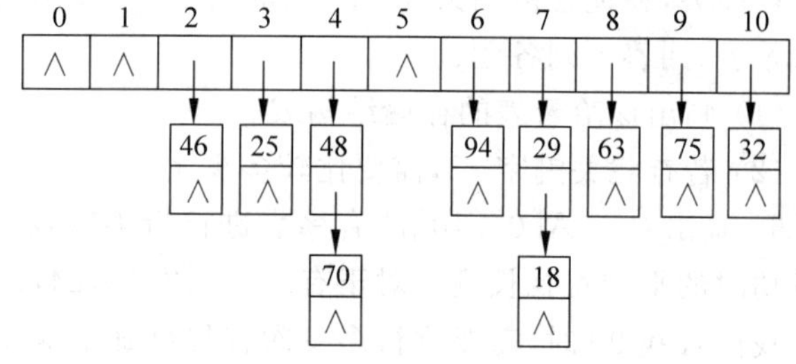

图 8.12　散列表

3. (1) 依题构造的二叉排序树如图 8.13 所示。

查找每一元素的概率相同,查找此二叉树中任一结点的平均查找长度为:

$$(1+2\times2+3\times3+3\times4+3\times5)/12=3.4$$

(2) 依题构造的平衡二叉树如图 8.14 所示。

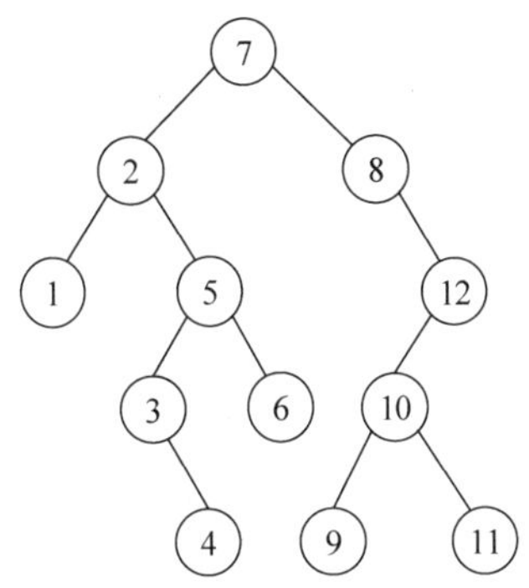

图 8.13 二叉排序树

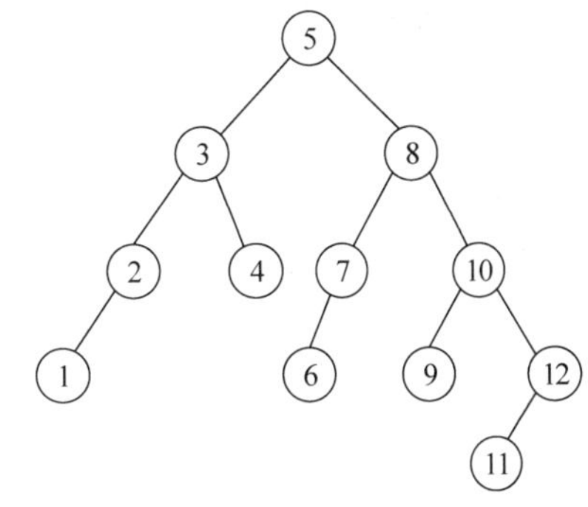

图 8.14 平衡二叉树

查找每一元素的概率相同，查找此平衡二叉树中任一结点的平均查找长度为：

$$(1+2\times2+3\times4+4\times4+5)/12=3.17$$

(3) 依题对线性表中的元素排序后，查找得到的判定树如图 8.15 所示。

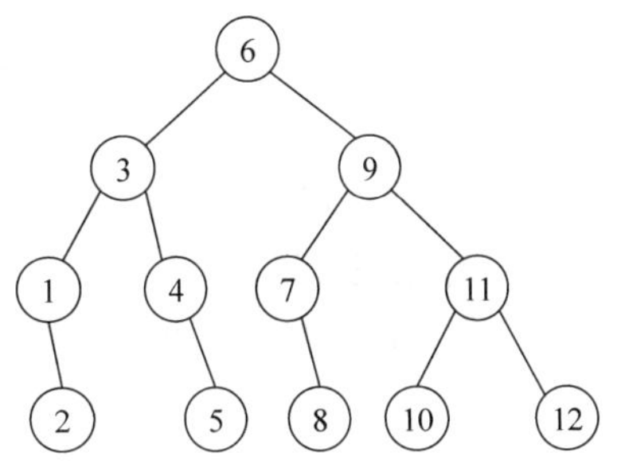

图 8.15 判定树

查找每一元素的概率相同，计算查找成功时的平均查找长度为：

$$(1+2\times2+3\times4+4\times5)/12=3.08$$

4. 在 3 阶 B^- 树上，插入删除的结果如图 8.16 所示。

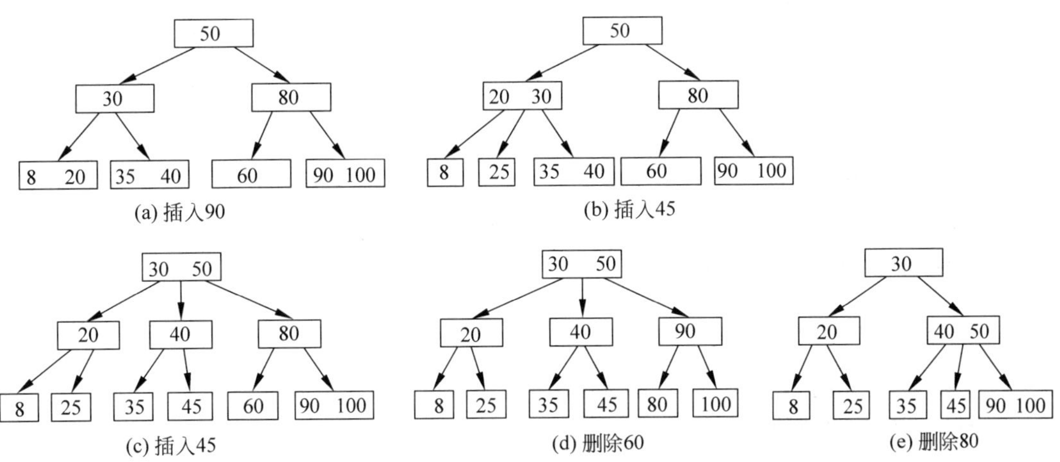

图 8.16 插入删除过程示意图

5. (1) 哈希表的存储结构表如表 8.4 所示。

表 8.4 哈希表

地址	0	1	2	3	4	5	6	7	8	9	10
关键字				36	15	27	50	48	19		

(2) 查找关键字48时需要比较4次。

6. 折半查找的判定树如图8.17(a)所示。

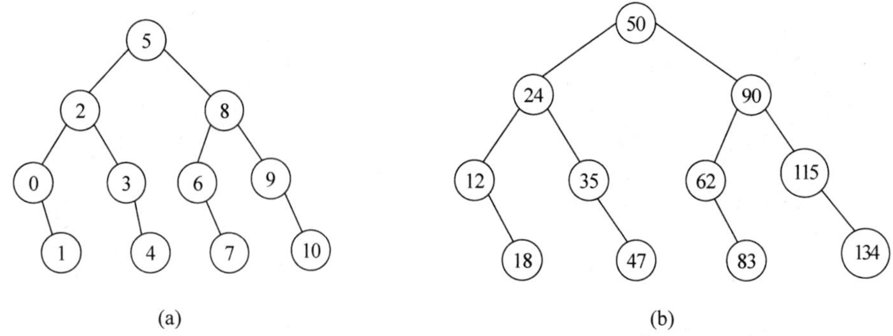

图8.17 判定树

$$ASL_{succ} = (1+2\times2+3\times4+4\times4)/11 = 3$$

$$ASL_{unsucc} = (4\times3+8\times4)/12 = 3.67$$

对于题中给定的有序表构造的判定树如图8.17(b)所示,故答案分别为2,4,3。

五、算法设计题

1. 将“哨兵”设置在下标高端,表示从数组的低端开始查找,在查找不成功的情况下,算法自动在“哨兵”处终止。具体算法如下:

```
int Search(int r[],int n,int t)
{
   i=1;r[n+1]=k;
   while(r[i]!=k)
     i++;
   return i%(n+1);
}
```

2. 依题意,先在有序表r中利用折半查找算法查找关键字值等于或小于x的结点,mid指向正好等于x的结点或low指向关键字正好大于x的结点,然后采用移动法插入x结点即可。实现本题功能的函数如下:

```
Bininseet(Sqlist r,int x,int n)
{
  int low=1,high=n,mid,inplace,i,find=0;
  while(low<=high&&!find)
   {
      mid=(low+high)/2;
      if (x<r[mid]->key) high=mid-1;
      else if(x>r[mid]-key) low=mid+1;
         else
           {
             i=mid;
             find=1;
           }
   }
```

```
 if (find) inplace = mid;
 else inplace = low;
 for(i = n;i >= inplace;i -- )
   r[i + 1] -> key = r[i] -> key;
 r[inplace] -> key = x;
}
```

3. 递归方法实现如下：

```
int BSearch(IndexType a[] , KeyType key, int low, int high)
{ /* 在下界为 low、上界为 high 的索引表 a 中二分查找关键字等于 key 的数据 */
  if(low > high) return -1;
  mid = (low + high)/2;
  if(key ==  a[mid].key) return mid;
  if(key < a[mid].key) return (BSearch(a,key,low,mid - 1));
  else return (BSearch(a,key,mid + 1,high));
}
```

非递归方法实现如下：

```
int BSearch(IndexType a[], KeyType key, int n)
{   low = 0; high = n - 1;
    while(low < high)
     {
       mid = (low + high)/2;
       if(a[mid].key == key) return mid;
       else if(a[mid].key < key) low = mid + 1;
       else high = mid - 1;
       }
    return -1;
}
```

4. 对二叉排序树进行中序遍历的同时，将当前扫描结点与其前驱结点进行比较，若相同，则不输出。利用中序遍历的递归算法即可实现，这里给出非递归算法。

```
void Incr_prt(BSTree bt)
{   BSTree p,s[maxsize];                          /* 将 s 作为栈 */
    p = bt;                                       /* p 指向当前结点 */
    top = 0;
    pre = minval;
            /* pre 为当前结点的前驱,初始赋为最小值,其类型同结点关键字的类型 */
    while((p!= NUL)||(top!= 0))
    {
       if(p!= NULL)
         {
           s[top++] = p;
           p = p -> lchild;
          }
      else
      p = s[ -- top];
      if(pre!= p -> key)
        {
```

```
            printf("关键字类型格式符",p->key);
            pre = p->key;                    /* pre 记录当前结点的前驱的关键字 */
            }
        p = p->rchild;
    }
}
```

5.

```
int Bstsearch(BSTree bst,KeyType k)
{ BSTree p;                              /* 返回 0 时,表示该结点不存在 */
  p = bst;
  d = 0;                                 /* d 记录结点的层数 */
  while(p!= NULL && p->key!= k)
  {
      if(k < p->key)
          p = p->lchild;
      else
       p = p->rchld;
   d++;
  }
  if (p == NULL) return(0);
return(d + 1);                           /* 给定的关键字不存在 */
}
```

6.

```
#define NULL '\0'
typedef int KeyType
typedef struct node
{ KeyType key;
  int bf;
  InfoType data;
  struct node *lchild, *rchild;
}BSTNode;
struct node *next;
int abs(int x, int y)
{ int z = x - y;
  return z > 0?z: - z;
}
void JudgeAVT(BSTNode *bt, int &balance, int &h)
{
  int bl,br,hl,hr;
  if(bt == NULL)
  {
    h = 0;
    balance = 1;
   }
 else if(bt->lchild == NULL &&bt->rchild == NULL)
      {
          h = 1;
          banlance = 1;
```

```
        }
        else
        {
         JudgeAVT(bt->lchild,bl,hl);                /* 求出左子树的平衡因子 bl 和高度 hl */
         JudegAVT(bt->rchild,br,hr);                /* 求出右子树的平衡因子 br 和高度 hr */
         h=(hl>hr?hl:hr)+1;
         if(abs(hl,hr)<2)
          balance=bl&br;                            /* & 为整数的逻辑与 */
         else
          banlance=0;
           }
}
void main()
{
 BSTNode *b=NULL;
 int i,k,h,balance;
 KeyType a[]={16,3,7,11,9,26,18,14,15};
 for(i=0;i<9;i++)
    InsertAVL(b,a[i],k);
 printf("AVL:");
 DispBSTree(b);
 printf("\n");
 JudgeAVT(b,balance,h);
 printf("JudgeAVT=%d,h=%d\n",balance,h);
}
```

7. 结点 f 是二叉排序树的一个结点,其右孩子为 p,要删除结点 p。当结点 p 无左孩子时,用 p 的右孩子替代;当结点 p 有左孩子时,用其左子树中最大的结点替代 p。

算法描述如下:

```
void Delete(BSTree f)                     /* 删除结点 f 的右孩子 p,假设 f 及 f 的右孩子均存在 */
{
  p=f->rchild;
  if(p->lchild==NULL)
   {
       f->rchild=p->rchild;                  /* 若 p 无左孩子,其右孩子替代 p */
       free(p);
   }
  else
   {
      q=p->lcild;
      while(q)                               /* 搜索 p 左子树中的最大元素 */
         {
            s=q;
            q=q->rchild;
         }
     if(s==p->lchild)
        {
           p->key=s->key;                    /* p 的左孩子无右孩子 */
           p->lchild=s->lchild;              /* p 的左孩子替代 p */
           free(s);
```

```
        }
      else
        {
          p->key=q->key;                        /*p的左孩子有右孩子*/
          s->rchild=q->lchild;
          free(q);
        }
    }
}
```

8.5 实验习题

实验目的

(1) 掌握顺序查找、二分查找的递归及非递归算法。

(2) 掌握散列表上的各种操作。

(3) 熟练掌握二叉排序树上各种操作的实现方法。

(4) 掌握和理解本实验中出现的一些基本的C语言语句。

(5) 体会算法在程序设计中的重要性。

实验内容

(1) 给出顺序表上顺序查找元素的算法。

(2) 给出非递归的二分查找算法。

(3) 编写拉链法处理冲突的查找程序。

参考答案

(1)

```
#define KEYTYPE int                              /*查找表的结点类型定义*/
#define MAXSIZE 100
typedef struct
{KEYTYPE key;
}SEQLIST;
int seq_search(KEYTYPE k,SEQLIST *st,int n)      /*在顺序表中查找元素算法*/
{int j;
j=n;                                             /*顺序表元素个数*/
st[0].key=k;                                     /*st.r[0]单元作为监视哨*/
while(st[j].key!=k)                              /*顺序表从后向前查找*/
j--;
return j;
}
main()
{SEQLIST a[MAXSIZE];
int i,k,n;
scanf("%d",&n);
```

```
for(i = 1;i <= n;i++)
scanf(" %d" ,&a[i].key);
printf("输入待查元素关键字: ");
scanf(" %d",&i);
k = seq_search(i,a,n);
if (k == 0)
printf("表中待查元素不存在");
else
printf("表中待查元素的位置 %d",k);
}
```

(2)

```
#define KEYTYPE int                                    /* 查找表的结点类型定义 */
#define MAXSIZE 100
typedef struct
{KEYTYPE key;
}SEQLIST;
int bsearch(SEQLIST *st,KEYTYPE k,int n)               /* 有序表上二分查找非递归算法 */
{int low,high,mid;
low = 1;high = n;
while (low <= high)
{mid = (low + high)/2;
if (st[mid].key == k)
return mid;
else if (st[mid].key > k)
high = mid - 1;
else
low = mid + 1;
}
return 0;
}
main()
{SEQLIST a[MAXSIZE];
int i,k,n;
scanf(" %d" ,&n);
for(i = 1;i <= n;i++)
scanf(" %d" ,&a[i].key);
printf("输入待查元素关键字: ");
scanf(" %d",&i);
k = bsearch(a,i,n);
if (k == 0)
printf("表中待查元素不存在");
else
printf("表中待查元素的位置 %d",k);
}
```

(3)

```
#define NULL '\0'
#define m 13
typedef struct node
{int key;
struct node *next;
```

```
}CHAINHASH;
void creat_chain_hash(CHAINHASH * HTC[ ])
{CHAINHASH * p;
int i, d;
  scanf(" %d",&i);
  while (i != 0) {
    d= i % 13;
    p = (CHAINHASH * ) malloc(sizeof(CHAINHASH));
    p->next = HTC[d];
    p->key = i;
    HTC[d] = p;
    scanf(" %d",&i); }
}
void print_chain_hash(CHAINHASH * HTC[ ])
{ int i;
CHAINHASH * p;
for(i =0; i<13; i++)
{if(HTC[i] == NULL) printf(" %3d | ^\n",i);
  else {p = HTC[i];
      printf(" %3d | ->",i);
      while(p != NULL)
      {printf(" %5d ->",p->key); p = p->next; }
      printf("^\n");
     }
  }
}
CHAINHASH * search_chain_hash(CHAINHASH * HTC[ ], int k)
{CHAINHASH * p;
int d;
d=k%13;
p=HTC[d];
while(p!= NULL&&p->key!= k)
   p = p->next;
return p;
}
main()
{CHAINHASH * HTC[m];
int i;
CHAINHASH * p;
printf("\nplease input data\n\n");
for (i = 0; i<m; i++)
HTC[i] = NULL;
printf("biao\n");
creat_chain_hash(HTC);
print_chain_hash(HTC);
printf("\ninput i: ");
scanf(" %d",&i);
p = search_chain_hash(HTC, i);
if (p == NULL) printf("no found\n\n");
else printf("exist, %d\n",p->key);
}
```

第9章 排　　序

9.1 基本知识提要

9.1.1 知识结构图

排序
- 排序的基本概念(排序、排序稳定性、内部排序、外部排序)
- 插入排序(直接插入排序 $\xrightarrow{\text{改进}}$ 希尔排序)
- 交换排序(冒泡排序 $\xrightarrow{\text{改进}}$ 快速排序)
- 选择排序(简单选择排序 $\xrightarrow{\text{改进}}$ 树型选择排序、堆排序)
- 归并排序

9.1.2 常用术语解析

关键字(Key):作为排序依据的数据域。

排序(Sort):将一组杂乱无序的记录按某一关健字的值进行某种顺序的排列。

内部排序:数据存储在内存中,并在内存中加以处理的排序方法。

外部排序:在排序过程中,数据的主要部分存放在外存储器中,借助内存进行内、外存数据交换,逐步排列记录之间的顺序。

稳定的排序:排序后具有相同关键字的记录仍维持排序之前的相对次序。

堆(Heap):一个完全二叉树,它的每个结点对应于原始数据的一个元素,且规定如果一个结点有孩子结点,若此结点数据必须大于或等于其孩子结点数据,则称之为大根堆。若此结点数据必须小于或等于其孩子结点数据,则称之为小根堆。

9.1.3 重点知识整理

1. 排序算法的稳定性

如果待排序的记录序列中存在关键字相同的记录,经过排序后,关键字相同的记录的相对位置不改变,则称这种排序方法是稳定的;反之,此排序方法是不稳定的。

稳定性取决于该方法采取的策略,不是由一次具体的排序结果决定的。但是通过列举不稳定的排序实例可以说明该排序算法的不稳定性。

2. 内部排序与外部排序

(1) 在排序过程中,只使用计算机的内存储器存放待排序的记录,称为内部排序。内部排序用于排序的记录个数较少时,全部排序可在内存中完成,不涉及外存储器,因此,排序速度快。

(2) 当排序的记录数很大时,全部记录不能同时存放在内存中,需要借助外存储器,也就是说排序过程中不仅要使用内存,还要使用外存,记录要在内、外存之间移动,这种排序称为外部排序。外部排序运行速度较慢。本章习题只讨论内部排序,不涉及外部排序。

3. 直接插入排序

(1) 思路

将待排序记录插入有序序列,重复 n－1 次,不断扩大有序序列。

例如,对 52,49,80,36,14,58,61 进行直接插入排序的过程如图 9.1 所示。

(52)		80	36	14	58	61
(49	52)		36	14	58	61
(49	52	80)	36	14	58	61
(36	49	52	80)		58	61
(14	36	49	52	80)	58	61
(14	36	49	52	58	80)	61
(14	36	49	52	58	61	80)

图 9.1　直接插入排序

(2) 分析

直接插入排序的情况如表 9.1 所示。

表 9.1　直接插入排序

记录排序情况	比较次数	移动次数	
记录顺序有序时	n－1	0	最好
记录逆序有序时	((n＋2)(n－1))/2	((n＋4)(n－1))/2	最坏

算法的时间复杂度为 $O(n^2)$,直接插入排序是稳定的排序算法。

4. 折半插入排序

(1) 思路

在直接插入排序中,查找插入位置时采用折半查找的方法。

```
void bininsertsort(RECORDNODE r[], int n)
{
  for ( i = 1; i < n; i++) {
                              //在 r[0..i-1]中折半查找插入位置使 r[high]≤r[i]< r[high+1..i-1]
    low = 0;
    high = i-1;
    while ( low <= high )
    {m = ( low + high )/2;
     if ( r[i]< r[m] )
        high = m-1;
     else
        low = m+1;
    }
                                        //向后移动元素 a[high+1..i-1],在 a[high+1]处插入 a[i]
    x = r[i];
    for ( j = i-1; j > high; j-- )
      r[j+1] = r[j];
    r[high+1] = x;                      //完成插入
  }
}
```

(2) 分析

时间复杂度为 $O(n^2)$，比直接插入排序减少了比较次数，折半插入排序是稳定的排序算法。

5. 希尔排序(缩小增量排序)

(1) 思路

先将待排序列分割成若干个子序列，分别进行直接插入排序，基本有序后再对整个序列进行直接插入排序。步骤如下：

① 分成子序列(按照增量 d_k)；

② 对子序列排序(直接插入排序)；

③ 缩小增量，重复以上步骤，直到增量 $d_k=1$。

增量序列中最后一个增量一定是 1，如：… 9，5，3，2，1 和… 13，4，1。如没有明确说明，增量序列可以选择… 3，2，1 或… 5，3，2，1。

例如，希尔排序(52，49，80，36，14，58，61)的过程如图 9.2 所示。

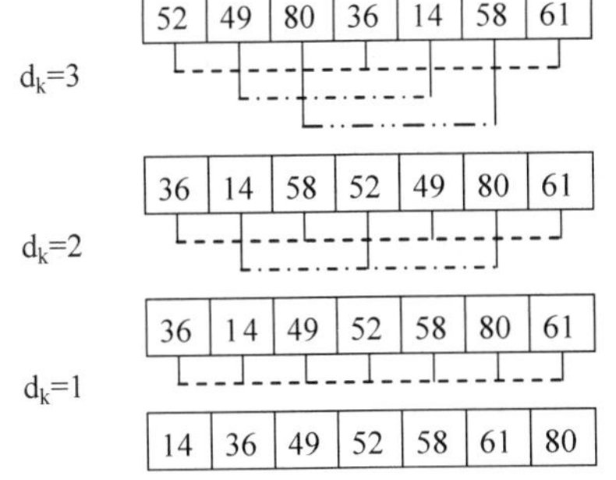

图 9.2　希尔排序

```
void shellsort(RECORDNODE r[], int n)
{dk = n/2;
while (dk>=1) {
                                          //一趟希尔排序，对 dk 个序列分别进行插入排序
    for ( i=dk; i<n; i++) {
      x = r[i];
      for ( j=i-dk; j>=0 and x<r[j]; j-=dk )
        r[j+dk] = r[j];
      r[j+dk] = x;
    }
                                          //缩小增量
    dk = dk/2;
  }
}
```

(2) 分析

希尔排序是不稳定的。时间复杂度大约为 $O(n^{3/2})$。

6. 冒泡排序

(1) 思路

依次比较相邻元素，“逆序”则交换，重复 n－1 次。

例如，冒泡排序(52，49，80，36，14，58，61)的步骤如图 9.3 所示。

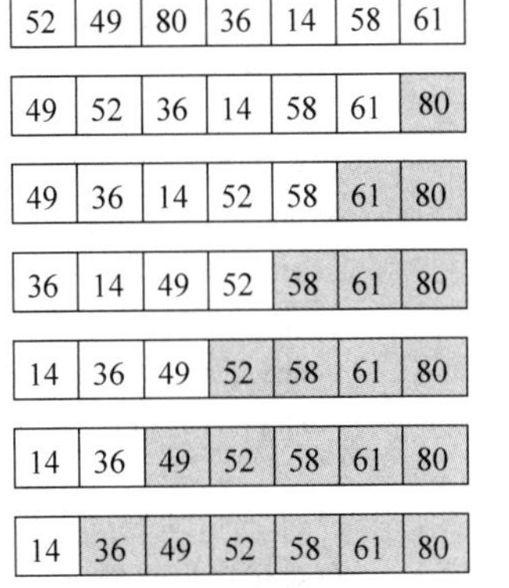

图 9.3　冒泡排序

程序如下：

```
Void Bubblisort(REOKDNODE r[ ],int n)
(＊对表 r[1..n]中的几个记录进行冒泡排序＊)
{int i,j;
for(j=1;i<n;i++)
for(j=1;j2 =n-i;j++)
```

```
if(r[j].key>r[j+1].key)
{r[0]=r[j];r[j]=r[j+1];r[j+1]f[0];}
}
```


(2) 分析

比较和交换总是发生在相邻元素之间,是稳定的排序算法,时间复杂度为 $O(n^2)$。

7. 快速排序

(1) 思路

一趟排序把记录分割成独立的两部分,一部分关键字均比另一部分小,然后再分别对两部分进行快排。

例如,初始序列{52,49,80,36,14,58,61}的一次划分如图 9.4 所示。

技巧:选第 1 个记录为轴,分别从后向前、从前向后扫描记录,后面"抓小放大"(如①、②),前面"抓大放小"(如③、④),交替进行直到前后指针相遇(⑤~⑦),最后将轴记录放在中间(⑧),划分成两个序列。

整个快速排序过程如图 9.5 所示。

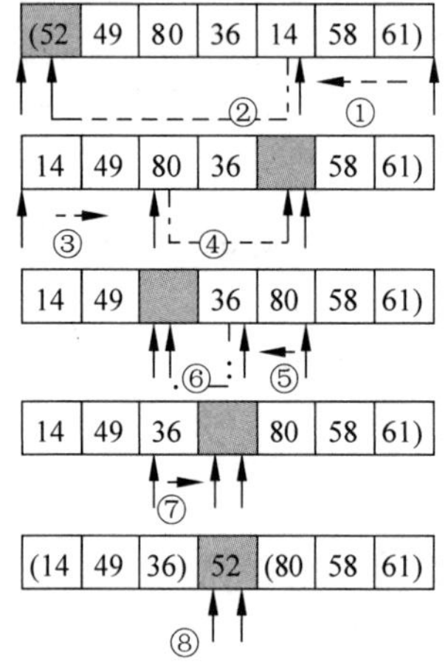

图 9.4 一次划分

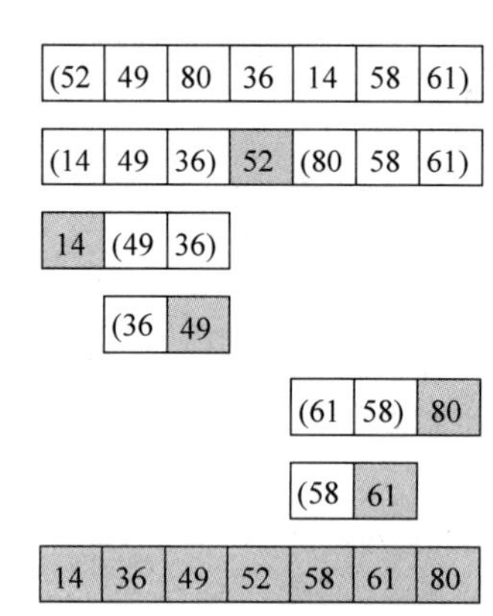

图 9.5 快速排序

```
void QuickSort (REOKDNODE r[], int low, int high )
{
  if ( low < high ) {
    //划分
    pivot = r[low];
    i = low; j = high;
    while ( i < j ) {
      while ( i < j && r[j] >= pivot ) j--;
      r[i] = r[j];
      while ( i < j && r[i] <= pivot ) i++;
      r[j] = r[i];
    }
    r[i] = pivot;
    //对子序列快排
    QuickSort ( r, low, i-1);
```

```
      QuickSort ( r, i + 1, high);
    }
}
```

(2) 分析

平均情况下，时间复杂度为 O(nlogn)。当记录本来有序时为最坏情况，时间复杂度为 $O(n^2)$。空间复杂度(考虑递归调用的最大深度)在平均情况下为 O(logn)，在最坏情况下为 O(n)。快速排序是不稳定的。

8. 简单选择排序

(1) 思路

在待排记录中选取最小的，交换到合适位置，重复 n－1 次。第 i 趟排序过程是在剩余的待排记录中选一个最小(大)的，放在第 i 个位置。

例如，对{52,49,80,36,14,58,61}进行简单选择排序的过程如图 9.6 所示。

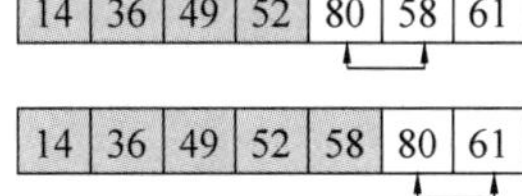

图 9.6　简单选择排序

程序如下：

```
void SelectionSort (REOKDNODE r[], int n )
{
  for ( i = 0; i<n - 1; i++) {
    k = i;
    for ( j = i + 1; j<n; j++)
      if ( r[j]<r[k] ) k = j;                //最小记录
    if ( k!= i ) r[i]←→r[k];                 //r[i]和 r[k]交换位置,此处用伪代码
  }                                          //便于读者记忆排序算法的思想
}
```

(2) 分析

时间复杂度为 $O(n^2)$，耗费在比较记录上，比较次数始终为 n(n－1)/2，移动次数最小为 0，最大为 3(n－1)，即 n－1 次交换。简单选择排序是不稳定的。

9. 堆排序

(1) 堆及其特点

序列{K_1，K_2，…，K_n}满足 $K_i \leqslant K_{2i}$，$K_i \leqslant K_{2i}+1$，称为小根堆；若满足 $K_i \geqslant K_{2i}$，$K_i \geqslant K_{2i+1}$，称为大根堆，其中 i＝1，2，…，n/2。

特点：小根堆的堆顶(第一个元素)为最小元素，大根堆的堆顶为最大元素。

(2) 判断序列是否构成堆

用 K_i 作为编号为 i 的结点，画一棵完全二叉树，比较双亲和孩子容易判断是否构成堆。

例如，判断序列(12,36,24,85,47,30,53,91)是否构成堆。根据图 9.7 判断，该序列构成小根堆。

图 9.7　小根堆

(3) 建立堆

“小堆”变“大堆”，从⌊n/2⌋变到 1；第⌊n/2⌋个元素是最后一个分支结点。

例如,把(24,85,47,53,30,91,12,36)调整成小根堆的过程如图 9.8 所示。

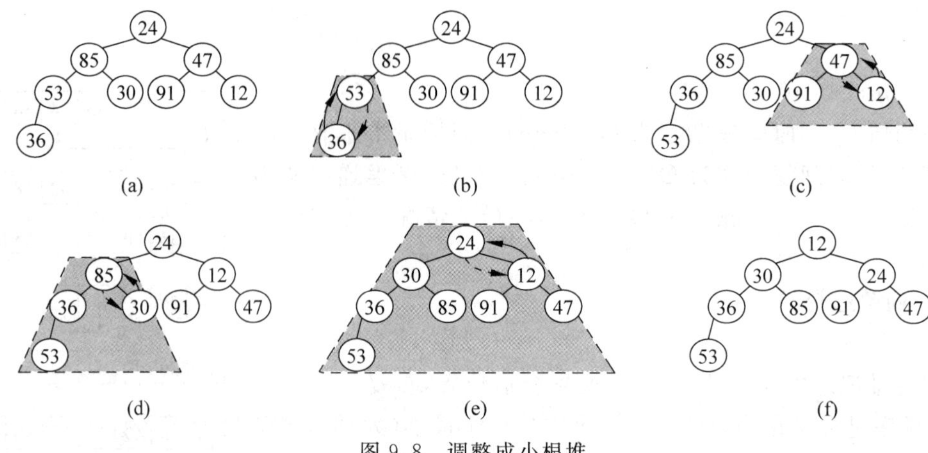

图 9.8　调整成小根堆

(4) 堆排序

例如,对(24,85,47,53,30,91,12,36)进行堆排序的过程如图 9.9 所示。

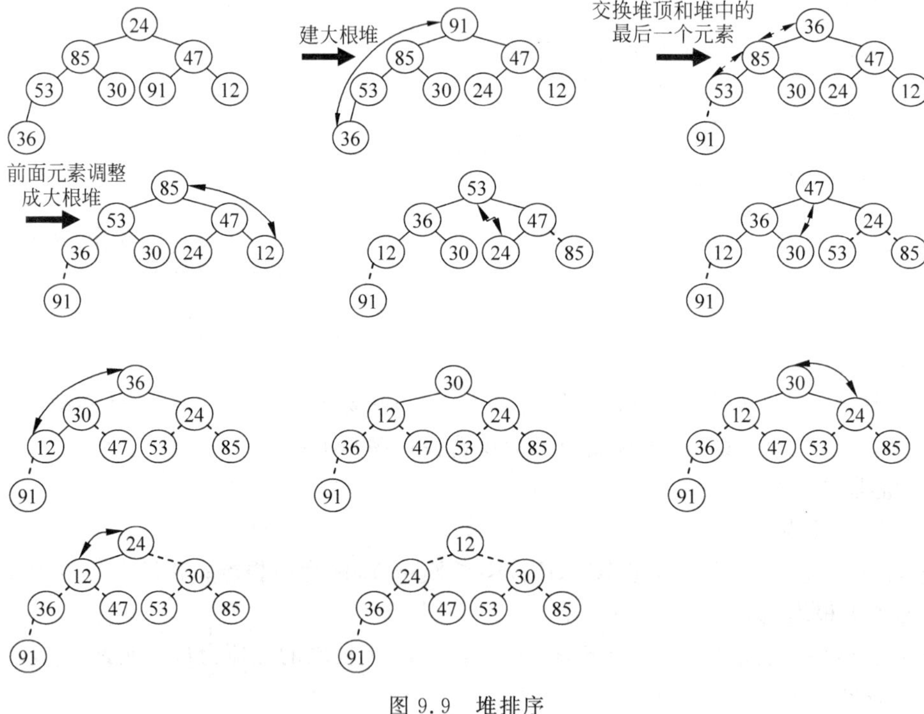

图 9.9　堆排序

采用序列的方式描述上述堆排序的步骤如图 9.10 所示。

(5) 分析

堆排序是不稳定的,时间复杂度是 O(nlogn)。

10. 归并排序

(1) 思路

归并将两个或多个有序表合并成一个有序表。

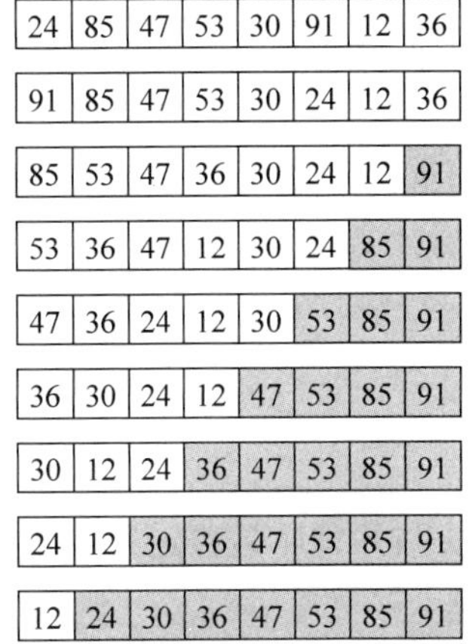

图 9.10　采取序列方式描述堆排序

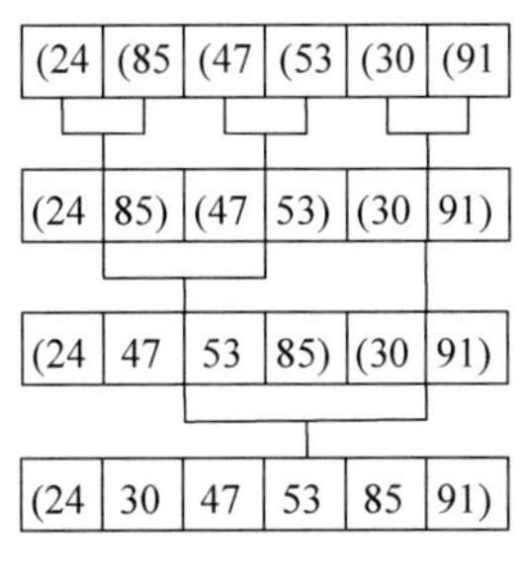

(a) 自底向上归并排序

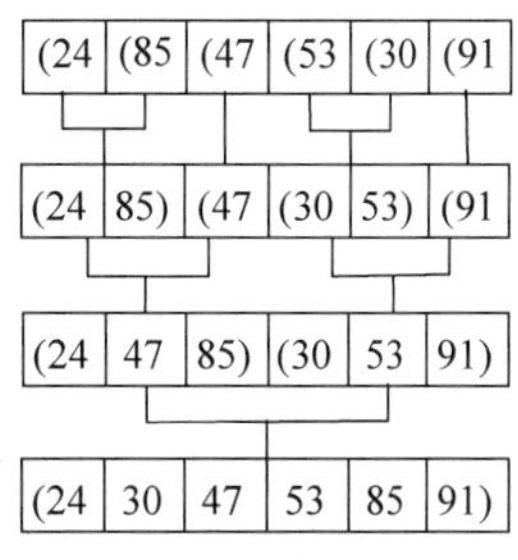

(b) 归并排序

图 9.11　归并排序

例如,对{24,85,47,53,30,91}进行归并排序的过程如图 9.11 所示。

```
void MergeSort (REOKDNODE r[ ], int low, int high )
{
  if ( low>= high ) return;
  else {
    mid = (low + high)/2;
    MergeSort (r, low, mid );
    MergeSort (r, mid + 1, high );
    Merge (r, low, mid, high );
  }
}
```

自底向上的归并排序:

```
void MergeSort (REOKDNODE r[ ], int n )
{
  t = 1;
  while ( t<n ) {
    s = t; t = s * 2;
    for ( i = 0; i + t <= n; i += t )
      Merge (r, i, i + s - 1, i + t - 1 );
    if ( i + s < n )
      Merge (r, i, i + s - 1, n - 1 );
  }
}
```

Merge()函数的功能是将有序序列 r[low..mid]和 r[mid+1..high]归并到 r[low..high]。

```
void Merge(REOKDNODE r[ ], int low, int mid, int high )
{ //归并到 b[ ]
  i = low; j = mid + 1; k = low;
  while ( i <= mid and j <= high ) {
    if (r[i]<= r[j] ) { b[k] = r[i]; i++; }
```

```
    else { b[k] = r[j]; j++; }
    k++;
  }
  //归并剩余元素
  while ( i<= mid ) b[k++] = r[i++];
  while ( j<= high ) b[k++] = r[j++];
  //从 b[]复制回 r[]
  r[low..high] = b[low..high];
}
```

(2) 分析

时间复杂度为 O(nlogn)。需要空间多,空间复杂度 O(n)。归并排序是稳定的排序。

11. 各种排序算法的比较

(1) 时间复杂度

直接插入排序、冒泡排序、直接选择排序这三种简单排序方法的时间复杂度都为 $O(n^2)$,快速排序、堆排序、二路归并排序的时间复杂度都为 O(nlogn),希尔排序的时间复杂度介于这两者之间。若从最好的时间复杂度考虑,则直接插入排序和冒泡排序的时间复杂度最好为 O(n),其他排序算法的最好情况同平均情况相同。若从最坏的时间复杂度考虑,则快速排序为 $O(n^2)$,直接插入排序、冒泡排序、希尔排序同平均情况相同,但系数大约增加一倍,所以运行速度将降低一半,而最坏情况对直接选择排序、堆排序和归并排序影响不大。

(2) 空间复杂度

归并排序的空间复杂度最大,为 O(n),快速排序的空间复杂度为 O(nlogn),其他排序的空间复杂度为 O(1)。

(3) 稳定性

一般来说,简单排序算法是稳定的排序算法,如直接插入排序、冒泡排序都是稳定的排序算法,但值得注意的是,直接选择排序是不稳定的。

表 9.2 列举了各排序算法的时间复杂度、空间复杂度和稳定性。

12. 各种排序算法的选择

(1) 当待排序记录数 n 较大时,排序关键字随机分布,同时对稳定性无要求时,则采用快速排序为宜。

(2) 当待排序记录数 n 较大,内存空间允许,且要求排序稳定时,采用二路归并排序为宜。

(3) 当待排序记录数 n 较大,排序关键字可能会出现正序或逆序的情况,同时对稳定性无要求时,则采用堆排序或二路归并排序为宜。

(4) 当待排序记录数 n 较小,元素基本有序或随机分布,且要求稳定时,则采用直接插入排序为宜。

(5) 当待排序记录数 n 较小,同时对稳定性无要求时,则采用直接选择排序为宜;若排序码不接近逆序,也可以采用直接插入排序。

总之,对记录数较多的排序,可以选择快速排序、堆排序、归并排序;当记录数较少时,可以选择简单的排序方法。若从空间的角度上,则尽量选择空间复杂度为 O(1)的排序方法。7 种排序方法的比较如表 9.2 所示。

表 9.2　7 种排序方法的比较

排序方法	最好时间	平均时间	最坏时间	辅助空间	稳定性	特　　点
直接插入排序	O(n)	$O(n^2)$	$O(n^2)$	O(1)	稳定	元素少或基本有序时高效
希尔排序		$O(n^{1.25})$		O(1)	不稳定	
冒泡排序	O(n)	$O(n^2)$	$O(n^2)$	O(1)	稳定	
快速排序	O(nlogn)	O(nlogn)	$O(n^2)$	O(nlogn)	不稳定	平均时间性能最好
直接选择排序	$O(n^2)$	$O(n^2)$	$O(n^2)$	O(1)	不稳定	比较次数最多
堆排序	O(nlogn)	O(nlogn)	O(nlogn)	O(1)	不稳定	辅助空间少
归并排序	O(nlogn)	O(nlogn)	O(nlogn)	O(n)	稳定	稳定的

9.2　典型题解析

例 9.1　以关键字序列(11,4,9,20,7,31,25)为例,分别写出执行以下排序算法的各趟排序结果。

(1) 直接插入排序　　(2) 希尔排序　　(3) 冒泡排序　　(4) 快速排序

(5) 简单选择排序　　(6) 堆排序　　(7) 二路归并排序

例题解析:

(1) 直接插入排序过程如下。

初始状态:　11　4　9　20　7　31　25

第 1 趟结果:(4　11)　9　20　7　31　25

第 2 趟结果:(4　11　9) 20　7　31　25

第 3 趟结果:(4　11　9　20)　7　31　25

第 4 趟结果:(4　7　11　9　20)　31　25

第 5 趟结果:(4　7　11　9　20　31)　25

第 6 趟结果:(4　7　11　9　20　25　31)

(2) 希尔排序过程如下。

初始状态:　11　4　9　20　7　31　25

第 1 趟分组:d=3

第 1 趟结果:　11　4　9　20　7　31　25

第 2 趟分组:d=1

第 2 趟结果:　4　7　9　11　20　25　31

对间隔值(用 d 表示)的取法有多种,希尔提出的方法是:$d_1=\lfloor n/2 \rfloor$,$d_{i+1}=\lfloor d_i/2 \rfloor$,最后一次排序的间隔值必须为 1,其中 n 为记录数。此题中记录数 n=7。

(3) 冒泡排序过程如下。

初始状态:　11　4　9　20　7　31　25

第 1 趟结果:　4　9　11　7　20　25　(31)

第 2 趟结果:　4　9　11　7　20　(25　31)

第 3 趟结果:　4　7　9　11　(20　25　31)　第 3 趟无记录交换,说明已有序,

第 4 趟结果:(4　7　9　11　20　25　31)　所以排序停止

(4) 快速排序过程如下。

初始状态： 11 4 9 20 7 31 25
第1趟结果：(7 4 9) 11 (20 31 25)
第2趟结果：(4) 7 (9) 11 20 (31 25)
第3趟结果： 4 7 9 11 20 25 (31)
第4趟结果： 4 7 9 11 20 25 31

(5) 简单选择排序过程如下。

初始状态： 11 4 9 20 7 31 25
第1趟结果：(4) 11 9 20 7 31 25
第2趟结果：(4 7) 9 20 11 31 25
第3趟结果：(4 7 9) 20 11 31 25
第4趟结果：(4 7 9 11) 20 31 25
第5趟结果：(4 7 9 11 20) 31 25
第6趟结果：(4 7 9 11 20 25 31)

(6) 堆排序过程如下。

初始状态：11 4 9 20 7 31 25

① 构造堆过程如图9.12所示。

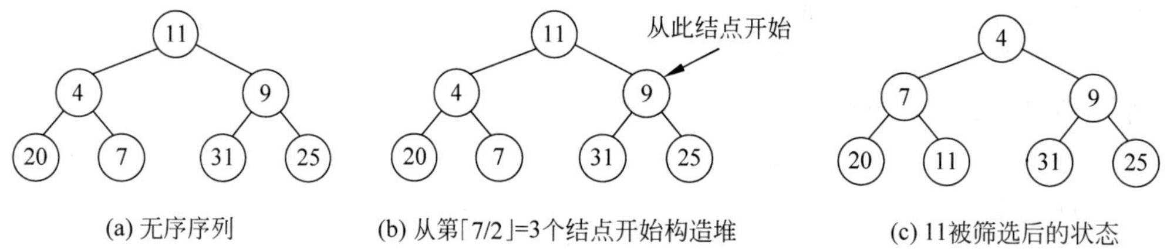

图9.12 构造堆

② 调整堆过程如图9.13所示。

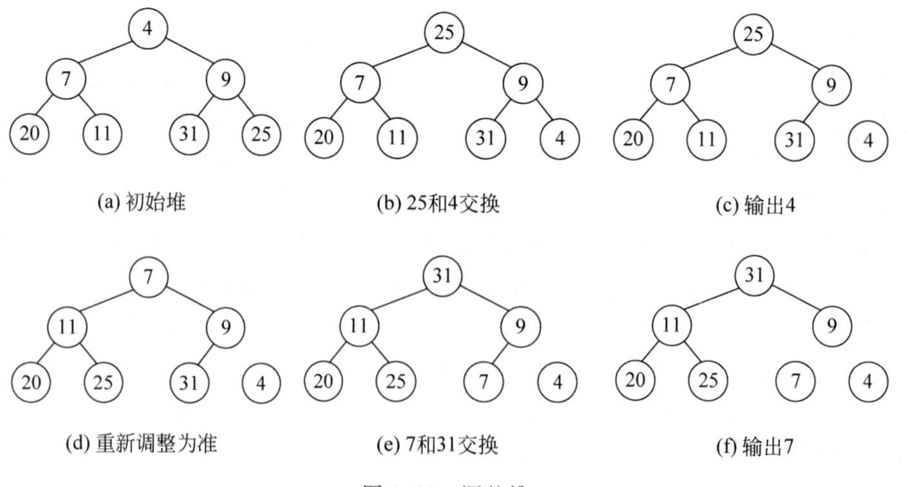

图9.13 调整堆

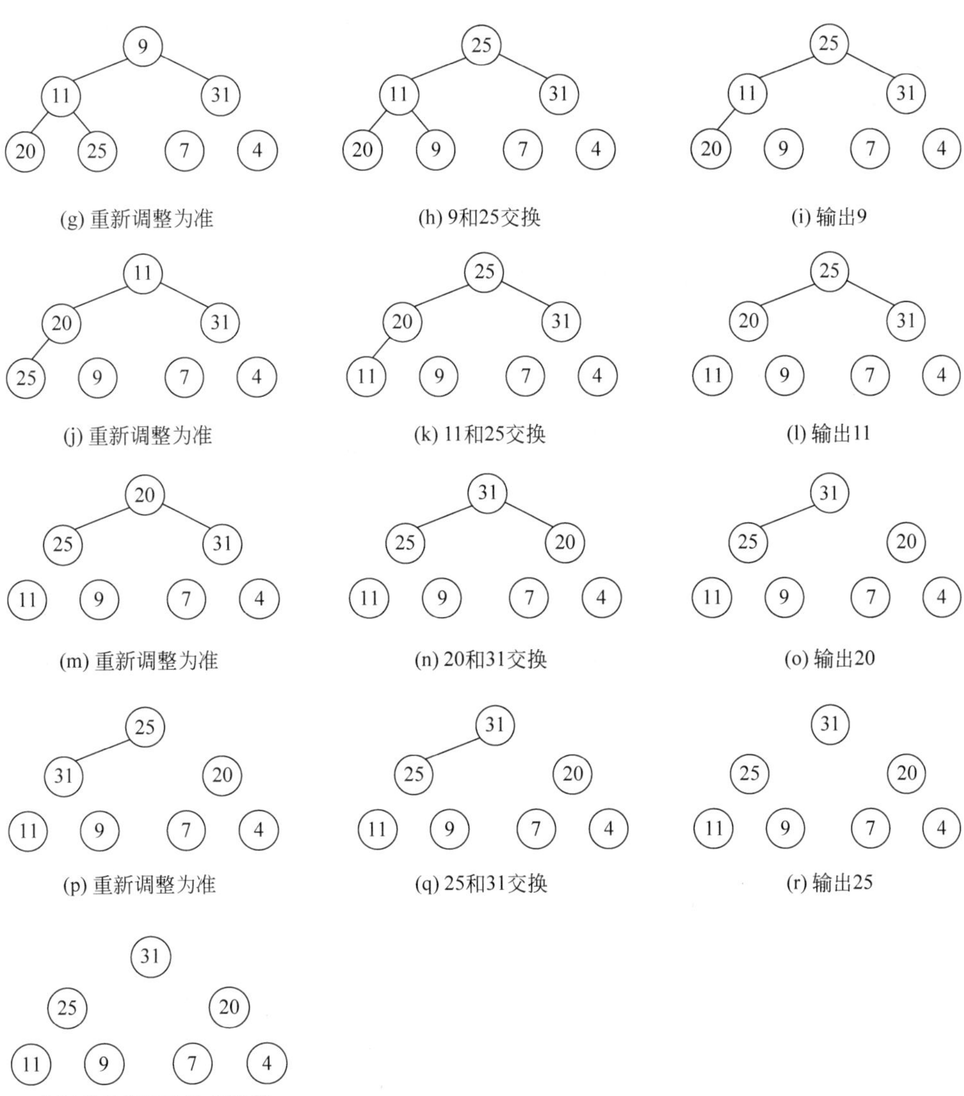

图 9.13 （续）

(7) 二路归并排序过程如下

初始状态：	11	4	9	20	7	31	25
第 1 趟结果：	(4	11)	(9	20)	(7	31)	(25)
第 2 趟结果：	(4	9	11	20)	(7	25	31)
第 3 趟结果：	(4	7	9	11	20	25	31)

例 9.2 已知下列各种初始状态的元素，试问当使用直接插入排序方法进行排序时，至少进行多少次比较（要求排序后的文件按照关键字从小到大顺序排列）？

(1) 关键字从小到大有序（$key_1 < key_2 < \cdots < key_n$）。

(2) 关键字从大到小有序（$key_1 > key_2 > \cdots > key_n$）。

(3) 奇数关键字顺序有序，偶数关键字顺序有序（$key_1 < key_3 < \cdots , key_2 < key_4 < \cdots$）。

(4) 前半部分元素按照关键字顺序有序,后半部分元素按照关键字顺序有序,即($key_1<key_2<\cdots<key_m,key_{m+1}<key_{m+2}<\cdots<key_n$,m是中间位置)。

例题解析:

依题意,各种初始状态在最好情况下的比较次数即为最少比较次数。

(1) 插入第i($2\leqslant i\leqslant n$)个元素的比较次数为1,因此比较次数为:

$$1+1+\cdots+1=n-1$$

(2) 插入第i($2\leqslant i\leqslant n$)个元素的比较次数为i,因此比较次数为:

$$2+3+\cdots+n=(n-1)(n+2)/2$$

(3) 比较次数最少的情况是所有记录关键字按照升序排列,总的比较次数为:

$$n-1$$

(4) 在后半部分元素的关键字均大于前半部分元素的关键字时需要的比较次数最少,总的比较次数为:

$$n-1$$

例 9.3 编写快速排序的非递归算法。

例题解析:

使用一个二维数组s作为栈,s[i][0]存储待排序序列第一个记录的下标,s[i][1]存储待排序序列最后一个记录的下标。

```
Void quicksort(RECOKDNODE R[ ], int t1, int t2)    //排序记录 R[0]～R[n-1]
{ int s [n0][2], i, top = 1;
 s[top][0] = t1;
 s[top][1] = t2;
 while(top > 0)
 {t1 = s[top][0];
  t2 = s[top][1];
  top--;
  partition(R,t1,t2,i);
  if(t1 < i-1)
  {top++;
   s[top][0] = t1;
   s[top][1] = i-1;
  }
  if(i+1 < t2)
  {top++;
   s[top][0] = i+1;
   s[top][1] = t2;
  }
 }
}
```

数据分割函数如下:

```
Void partition(RECOKDNODE R[], int l, int h, int i)
{int i = l, j = h;
 RECOKDNODE x;
 x = R[i];                                        //x 作为基准
```

```
 do                                          //从后向前扫描,查找第一个关键字
 {while(x.key <= R[j].key&&j > i)            //小于 x.key 的记录
  j--;
  if(j > i)                                  //交换 R[i]和 R[j]
  {R[i] = R[j];
   i++;
  }
  while(x.key >= R[i].key&&i < j)            //从左向右扫描,查找第一个关键字
  i++;                                       //大于 x.key 的记录
  if(i < j)
  {R[j] = R[i];
   j--;
  }
 }while(i!= j);                              //确定基准 x 的最终位置
 R[i] = x;
}
```

9.3 知 识 拓 展

直接插入算法中监视哨的作用：

算法中使用的附加记录 R[0]称为监视哨或哨兵。

监视哨有两个作用：

(1) 进入(查找插入位置的)循环之前,它保存了 R[i]的副本,这样不至于因记录后移而丢失 R[i]的内容;

(2) 在查找循环中"监视"下标变量 j 是否越界。一旦越界(即 j=0),因为 R[0].key 和自己比较,循环判定条件不成立使得查找循环结束,从而避免了在该循环内的每一次均要检测 j 是否越界(即省略了循环判定条件"j≥1")。正是因为这个原因,故称为监视哨。

另外：

(1) 可以说,一切为简化边界条件而引入的附加结点(元素)均可称为哨兵。例如,单链表中的头结点实际上是一个哨兵。

(2) 引入哨兵后使得测试查找循环条件的时间大约减少了一半,所以对于记录数较大的文件节约的时间就相当可观。对于类似于排序这样使用频率非常高的算法,要尽可能地减少其运行时间。所以不能把上述算法中的哨兵视为雕虫小技,而应该深刻理解并掌握这种技巧。

9.4 测试习题与参考答案

测试习题

一、填空题

1. 在对一组记录(54,38,96,23,15,72,60,45,83)进行直接插入排序时,当把第 7 个记录 60 插入到有序表时,为寻找插入位置需比较(　　)次。

2. 在插入和选择排序中,若初始数据基本正序,则选用(　　);若初始数据基本反序,则选用(　　)。

3. 对n个元素序列进行冒泡排序时,最少的比较次数是(　　)。

4. 对n个元素序列进行冒泡排序,在最坏情况下所需要的时间是(　　)。

5. 在堆排序和快速排序中,若原始记录接近正序或反序,则选用(　　);若原始记录无序,则最好选用(　　)。

6. 大多数排序的算法都有两个基本的操作(　　)和(　　)。

7. 在选择排序、堆排序、快速排序、直接插入排序中,稳定的排序方法是(　　)。

8. 快速排序在最坏情况下的时间复杂度是(　　)。

9. 对n个记录的表r[1…n]进行简单选择排序,所需进行的关键字比较次数为(　　)。

10. 每趟排序都从序列的未排好序的序列中挑选一个值最小(或最大)的记录,然后将其与未排好序的序列的第一个记录交换位置。这种排序法称为(　　)。

11. 对关键字序列(47, 55, 24, 96, 13, 87, 65, 38, 17)取增量为3,进行一趟希尔排序之后得到的结果为(　　)。

12. 对序列(49,38,65,97,76,13,47,50)采用直接插入排序法进行排序,要把第7个元素47插入到已排序序列中,为寻找插入的合适位置需要进行(　　)次元素间的比较。

13. 第i趟排序对序列的前n−i+1个元素做如下工作:从第一个元素开始,相邻两个元素比较,若前者大于后者,这两个元素交换位置,否则,这两个元素不交换位置。这种排序方法称为(　　)。

14. 排序的方法有许多种:(　　)法从未排序序列中依次取出元素,与排序序列(初始为空)中的元素作比较,将其放入已排序列的正确位置上;(　　)法从未排序序列中挑选元素,并将其依次放入已排序序列(初始时为空)的一端;交换排序法是对序列中的元素进行一系列的比较,当被比较的两元素逆序时进行交换。(　　)是基于这类方法的效率较高的算法。利用某种算法,根据元素的关键值计算出排序位置的方法是(　　)。

二、选择题

1. 在最好的情况下,关键字比较次数最多的排序方法是(　　)。
   A. 希尔排序　B. 冒泡排序　C. 直接插入排序　D. 选择排序

2. 将10个不同的数据进行排序,至多需要比较(　　)次。
   A. 11　B. 10　C. 45　D. 44

3. 对n个不同的关键字进行冒泡排序,在元素无序的情况下比较的次数为(　　)。
   A. n+1　B. n　C. n−1　D. n(n−1)/2

4. 从未排序序列中挑选元素,将其放在已排序序列的一端,这种排序方法称为(　　)。
   A. 选择排序　B. 插入排序　C. 快速排序　D. 冒泡排序

5. 下列排序方法中,不稳定的排序方法是(　　)。
   A. 直接插入排序　B. 直接选择排序　C. 冒泡排序　D. 归并排序

6. 堆的形状是一棵(　　)。
   A. 二叉排序树　B. 满二叉树　C. 完全二叉树　D. 平衡二叉树

7. 堆排序是一种(　　)排序。
   A. 插入　B. 选择　C. 交换　D. 归并

8. 下列排序方法中，排序趟数与序列的原始状态有关的方法是(　　)。

A. 选择排序　　B. 希尔排序　　C. 堆排序　　D. 冒泡排序

9. 若用冒泡排序对关键字序列{18,16,14,12,10,8}进行从小到大的排序，所需进行的关键字比较总次数是(　　)。

A. 10　　B. 15　　C. 21　　D. 34

10. 就平均时间而言，下列排序方法中最差的一种是(　　)。

A. 堆排序　　B. 快速排序　　C. 归并排序　　D. 选择排序

11. 记录的关键字序列为(7,6,8,4,3,5)，采用快速排序以第一个记录为基准得到的第一次划分结果是(　　)。

A. (5,3,6,4,7,8)　　B. (3,5,6,4,7,8)

C. (6,4,3,5,7,8)　　D. (5,6,3,4,7,8)

12. 稳定的排序方法是(　　)。

A. 直接插入排序和快速排序　　B. 直接插入排序和冒泡排序

C. 简单选择排序和直接插入排序　　D. 堆排序和归并排序

13. 对以下几个关键字序列进行快速排序，以第一个元素为轴，一次划分效果不好的是(　　)。

A. 4,1,2,3,6,5,7　　B. 4,3,1,7,6,5,2

C. 4,2,1,3,6,7,5　　D. 1,2,3,4,5,6,7

14. 堆排序属于(　　)。

A. 归并排序　　B. 选择排序　　C. 快速排序　　D. 直接插入排序

15. 若待排序序列已基本有序，要使它完全有序，从关键字比较次数和移动次数考虑，应当使用的排序方法是(　　)。

A. 直接插入排序　　B. 快速排序　　C. 直接选择排序　　D. 归并排序

16. 若一组记录的排序码为(46,79,56,38,40,84)，则利用堆排序的方法建立的初始堆为(　　)。

A. 79,46,56,38,40,84　　B. 84,79,56,38,40,46

C. 84,79,56,46,40,38　　D. 84,56,79,40,46,38

17. 快速排序在最坏情况下的时间复杂度是(　　)。

A. O(logn)　　B. O(nlogn)　　C. $O(n^2)$　　D. $O(n^3)$

18. 以下稳定的排序方法是(　　)。

A. 快速排序　　B. 冒泡排序　　C. 直接选择排序　　D. 堆排序

19. 用冒泡排序的方法对 n 个数据进行排序，第一趟共比较(　　)对元素。

A. 1　　B. 2　　C. n－1　　D. n

20. 一个记录的关键字为(46,79,56,38,40,84)，采用快速排序以第一个记录为基准得到的第一次划分结果是(　　)。

A. (38,40,46,56,38,79,84)　　B. (40,38,46,79,56,84)

C. (40,38,46,56,79,84)　　D. (40,38,46,56,79)

21. 快速排序在(　　)情况下最易发挥其长处。

A. 被排序的数据中含有多个相同排序码

B. 被排序的数据已基本有序

C. 被排序的数据完全无序

D. 被排序的数据中的最大值和最小值相差悬殊

22. 以下序列不是堆的是(　　)。

A. 100,85,98,77,80,60,82,40,20,10,66

B. 100,98,85,82,80,77,66,60,40,20,10

C. 10,20,40,60,66,77,80,82,85,98,100

D. 100,85,40,77,80,60,66,98,82,10,20

23. 一个序列中有1000个元素,若只想得到其中前10个最小元素,最好采用(　　)。

A. 快速排序　　B. 堆排序　　C. 插入排序　　D. 二路归并排序

24. 下列排序算法中,(　　)排序在一趟结束后不一定能选出一个元素放在其最终位置上。

A. 冒泡　　B. 选择　　C. 归并　　D. 快速

25. 在待排序的元素序列基本有序的前提下,效率最高的排列方法是(　　)。

A. 插入排序　　B. 选择排序　　C. 快速排序　　D. 二路归并排序

26. 下列排序算法中,(　　)算法可能会出现下面的情况:初始数据有序时,花费时间反而最多。

A. 堆排序　　B. 冒泡排序　　C. 快速排序　　D. 希尔排序

三、判断题

1. 对于n个记录的集合进行冒泡排序,所需要的平均时间是O(n)。　(　　)

2. 快速排序是一种稳定的排序方法。　(　　)

3. 快速排序算法在每趟排序中都能找到一个元素放到其最终位置上。　(　　)

4. 快速排序是基于比较的内部排序方法中最好的。　(　　)

5. 当待排序记录规模较小时,选用直接插入排序算法比较好。　(　　)

6. 在堆排序和快速排序中,若原始记录已基本有序,则较适合采用堆排序。　(　　)

7. 在执行某排序算法过程中,出现了排序码朝着与最终排序序列相反方向移动的现象,则称该算法是不稳定的。　(　　)

四、应用题

1. 有一组关键字序列(38,19,65,13,97,49),采用冒泡排序方法由大到小进行排序,请写出每趟排序的结果。

2. 判别下列序列是否为堆(大根堆或小根堆),若不是,则将其调整为堆。

(1) (100,86,48,73,35,39,42,57,66,21);

(2) (12,70,33,65,24,56,48,92,86,33′);

(3) (103,97,56,38,66,23,42,12,30,52,06,20);

(4) (05,56,20,23,40,38,29,61,35,76,28,100)。

3. 有一组关键字序列(41,34,53,38,26,74),采用快速排序方法由大到小进行排序,请写出每趟排序的结果。

4. 有一组关键码序列(12,5,9,20,6,31,24),采用直接插入排序方法由小到大进行排序,请写出每趟排序的结果。

5. 有一组关键码序列(38,19,65,13,97,49),采用选择排序方法由小到大进行排序,请写出每趟排序的结果。

6. 证明:借助比较进行的排序方法,在最坏情况下所能达到的最好的时间复杂度是O(nlogn)。

五、算法设计题

1. 编写一个自下往上扫描的冒泡排序算法。

2. 设立高端监视哨,改写直接插入排序算法。

3. 采用插入法将单链表中的元素排序。

4. 采用选择法将单链表中的元素排序。

5. 编写算法,使得在尽可能少的时间内重排数组,将所有取负值的关键字放在所有取非负值的关键字的前面。

参考答案

一、填空题

1. 3　　2. 插入排序　选择排序　　3. n－1

4. $O(n^2)$　　5. 堆排序　快速排序　　6. 比较元素大小　移动记录

7. 直接插入排序　　8. $O(n^2)$　　9. n(n－1)/2

10. 直接选择排序　　11. 47,13,17,65,38,24,96,55,87　　12. 5

13. 冒泡排序　　14. 插入排序　选择排序　快速排序　希尔排序

二、选择题

1. D　2. C　3. D　4. A　5. B　6. C　7. B　8. D　9. B　10. D

11. D　12. B　13. D　14. B　15. A　16. B　17. C　18. B　19. C

20. C　21. C　22. D　23. B　24. C　25. A　26. C

三、判断题

1. ×　2. ×　3. √　4. ×　5. √　6. √　7. ×

四、应用题

1. 假设采用自上往下扫描的冒泡排序方法,排序过程如下。

第1趟排序结果: 38　65　19　97　49　[13]

第2趟排序结果: 65　38　97　49　[19　13]

第3趟排序结果: 65　97　49　[38　19　13]

第4趟排序结果: 97　65　[49　38　19　13]

第5趟排序结果: 97　[65　49　38　19　13]

最后排序结果: [97　65　49　38　19　13]

2.

(1)和(3)所示序列是大根堆,(2)和(4)所示序列不是堆。

将(2)所示序列调整为小根堆:12,24,33,65,33′,56,48,92,86,70。

将(4)所示序列调整为小根堆:5,23,20,35,28,38,29,61,56,76,40,100。

3.

第 1 趟排序结果：(74 53) 41 (38 26 34)

第 2 趟排序结果： 74 (53) 41 38 (26 34)

第 3 趟排序结果： 74 53 41 38 (34) 26

最后排序结果： 74 53 41 38 34 26

4.

直接插入排序：

初始状态： 12 5 9 20 6 31 24

第 1 趟结果：(5 12) 9 20 6 31 24

第 2 趟结果：(5 9 12) 20 6 31 24

第 3 趟结果：(5 9 12 20) 6 31 24

第 4 趟结果：(5 6 9 12 20) 31 24

第 5 趟结果：(5 6 9 12 20 31) 24

第 6 趟结果：(5 6 9 12 20 24 31)

5.

选择排序：

初始状态： 38 19 65 13 97 49

第 1 趟结果：(13) 19 65 38 97 49

第 2 趟结果：(13 19) 65 38 97 49

第 3 趟结果：(13 19 38) 65 97 49

第 4 趟结果：(13 19 38 49) 97 65

第 5 趟结果：(13 19 38 49 65) 97

最后结果：(13 19 38 49 65 97)

6. 分析：含有 n 个记录的序列排序可能的初始状态有 n!个，所以描述 n 个记录排序过程的判定树必有 n!个叶子结点，二叉树的高度 $h \geq \log(n!)+1$。该判定树上必定存在长度为 $\log(n!)$的路径。所以借助比较的排序方法在最坏情况下的所需要比较次数至少为 $\log(n!)$。时间复杂度为 $O(\log(n!))=O(n\log n)$。

五、算法设计题

1.

```
#define KEYTYPE int
#define MAXSIZE 100
typedef struct
{KEYTYPE key;
}RECORDNODE;
void bubblesort(RECORDNODE *r,int n)          //待排序关键字序列放在 r[0]~r[n-1]单元中*/
{int i,j,noswap;
RECORDNODE temp;
for(i=0;i<n-1;i++)
{noswap=1;
for(j=n-2;j>=i;j--)
if (r[j+1].key<r[j].key)
```

```
{temp = r[j + 1];
r[j + 1] = r[j];
r[j] = temp;
noswap = 0;
}
if (noswap)
break;
}
}
```

2.

```
#define KEYTYPE int
#define MAXSIZE 100
typedef struct
{KEYTYPE key;
}RECORDNODE;
void gaosort(RECORDNODE *r,int n)            //待排序关键字序列放在r[0]~r[n-1]单元中*/
{int i,j;
for(i = n - 2;i >= 0;i-- )
{r[n] = r[i];
j = i + 1;
while(r[n].key > r[j].key)
{r[j - 1] = r[j];
j++;
}
r[j - 1] = r[n];
}
}
```

3.

```
void InsertionSort ( LinkList &L )
{  h = L->next;                              //原链表
  L->next = NULL;                            //新空表
  while ( h ) {
    //从原链表中取下结点 s
    s = h; h = h->next;
    //在新表中查找插入位置
    p = L;
    while ( p->next && p->next->data <= s->data )
      p = p->next;
    //在 p 之后插入 s
    s->next = p->next;
    p->next = s;
  }
}
```

4.

```
void SelectionSort ( LinkList &L )
{ p = L;
```

```
    while ( p->next ) {
      //选择最小(从 p->next 至表尾)
      q = p;                                   //最小元素的前驱 q
      s = p;
      while ( s->next ) {
        if ( s->next->data < q->next->data ) q = s;
        s = s->next;
      }
      m = q->next;                             //找到最小 m
      //最小元素 m 插入有序序列末尾(p 之后)
      if ( q!= p ) {
        q->next = m->next;                     //解下最小 m
        m->next = p->next;                     //插入 p 之后
        p->next = m;
      }
      p = p->next;                             //L->next 至 p 为有序序列
    }
}
```

5.

```
#define KEYTYPE int                            /* 顺序表的类型定义 */
#define MAXSIZE 100
typedef struct
{KEYTYPE key;
}RECORDNODE;
void part(RECORDNODE *r,int n)
{RECORDNODE temp;
int i=0,j=n-1;
while(i<j)
{while(i<j&&r[j].key>=0)
j--;
while(i<j&&r[i].key<0)
i++;
if (i<j)
{temp=r[i];r[i]=r[j];r[j]=temp;i++;j--;}
}
}
main()
{RECORDNODE a[MAXSIZE];
int i,len;
scanf("%d",&len);
for(i=0;i<len;i++)
scanf("%d",&a[i].key);
part(a,len);
for(i=0;i<len;i++)
printf("%4d",a[i].key);
}
```

第10章 文　件

10.1 基本知识提要

10.1.1 知识结构图

- 文件
  - 文件的定义、操作
  - 顺序文件
    - 顺序文件的定义和操作
    - 顺序文件的分类
  - 索引文件
    - 索引文件的概念和存储
    - ISAM、VSAM 文件
  - 散列文件
  - 多关键字文件
  - 多重表文件
  - 倒排文件

10.1.2 常用术语解析

记录：文件中存取的基本单位。

文件：性质相同的记录的集合。

数据项：有时也称为字段或者称为属性，是文件可使用的最小单位。

顺序文件：指按记录进入文件的先后顺序存放、其逻辑顺序和物理顺序一致的文件。

索引文件：由主文件和索引表构成。

索引顺序存取方法：一种专为磁盘存取文件设计的文件组织方式，采用静态索引结构。B^+ 树是一种常用于文件组织的 B^- 树的变型树。

虚拟存储存取方法：一种索引顺序文件的组织方式，采用 B^+ 树作为动态索引结构。

散列文件：利用散列存储方式组织的文件，亦称直接存取文件。

10.1.3 重点知识整理

文件(File)是性质相同的记录的集合。记录是文件中存取的基本单位，数据项是文件可使用的最小单位。数据项有时也称为字段(Field)，或者称为属性(Attribute)。其值能唯一标识一个记录的数据项或数据项的组合称为主关键字项，主关键字项(或次关键字项)的值称为主关键字(或次关键字)。

文件具有自己的逻辑结构、存储结构。在文件的逻辑结构上支持对文件的操作,文件上的操作主要有两类,分别为检索和维护。文件在外存上的基本的组织方式有4种:顺序组织、索引组织、散列组织和链组织;对应的文件名称分别为顺序文件、索引文件、散列文件和多关键字文件。文件组织方式的选择取决于对文件中记录的使用方式和频繁程度、存取要求、外存的性质和容量。常用外存设备有如下几种:磁带是顺序存取设备,只适用于存储顺序文件;磁盘是直接存取设备,适用于存储顺序文件、索引文件、散列文件和多关键字文件等。

评价一个文件组织的效率,需要从时间复杂度和空间复杂度两方面来考量,通常文件组织的主要目的,是为了能高效、方便地对文件进行操作,而检索功能的速度,是衡量文件操作质量的一个重要标志。

1. 顺序文件

顺序文件是指按记录进入文件的先后顺序存放、其逻辑顺序和物理顺序一致的文件。一切存储在顺序存取存储器(如磁带)上的文件,都只能是顺序文件。顺序文件可以分为顺序有序文件(即记录按其主关键字有序的顺序文件)和顺序无序文件(即记录未按其主关键字有序排列的顺序文件)。为提高检索效率,常将顺序文件组织成有序文件。

对于顺序文件可以采用分块查找法进行检索,分块查找又称索引顺序查找,它是顺序查找的一种改进方法。具体方法是:将n个数据记录"按块有序"划分为m块(m≤n)。每一块中的结点不必有序,但块与块之间必须"按块有序",即第1块中任一元素的关键字都必须小于第2块中任一元素的关键字,而第2块中的任一元素又都必须小于第3块中的任一元素。

二分查找法只适合对较小的文件或一个文件的索引进行查找。当文件很大,在磁盘上占有多个柱面时,二分查找将引起磁头来回移动,增加查询时间。

2. 索引文件

索引文件由主文件和索引表构成。主文件即文件本身。索引表是在文件本身外建立的一张表,它指明逻辑记录和物理记录之间的一一对应关系。索引表由若干索引项组成。一般索引项由主关键字和该关键字所在记录的物理地址组成。索引表必须按主关键字有序,而主文件本身则可以按主关键字有序或无序。ISAM文件和VSAM文件是常用的索引顺序文件。

(1) ISAM

ISAM(Indexed Sequential Access Method,索引顺序存取方法)是一种专为磁盘存取文件设计的文件组织方式,采用静态索引结构。由于磁盘是以盘组、柱面和磁道三级地址存取的设备,则可对磁盘上的数据文件建立盘组、柱面和磁道多级索引。ISAM文件由多级主索引、柱面索引、磁道索引和主文件组成。文件的记录在同一盘组上存放时,应先集中放在一个柱面上,然后再顺序存放在相邻的柱面上。对同一柱面,则应按盘面的次序顺序存放。

(2) VSAM

VSAM(Virtual Storage Access Method,虚拟存储存取方法)也是一种索引顺序文件的组织方式,采用B^+树作为动态索引结构。B^+树是一种常用于文件组织的B^-树的变型树。一棵m阶的B^+树和m阶的B^-树的差异是:有k个孩子的结点必有k个关键字;所有的叶子结点,包含了全部关键字的信息及指向相应的记录的指针,且叶子结点本身依照关键字的大小，自小到大顺序链接；上面各层结点中的关键字，均是下一层相应结点中最大关键字的复写(当然也可采用“最小关键字复写”的原则)，因此，所有非叶子结点都可看作是索引部分。

3. 散列文件的组织方式

散列文件是利用散列存储方式组织的文件，亦称直接存取文件。即根据文件中关键字的特点，设计一个散列函数和处理冲突的方法，将记录散列到存储设备上。

散列文件的存储单位叫桶(Bucket)。假如一个桶能存放 m 个记录，则当桶中已有 m 个同义词的记录时，存放第 m+1 个同义词时会发生“溢出”。需要将第 m+1 个同义词存放到另一个桶中，通常称此桶为“溢出桶”。相对地，称前 m 个同义词存放的桶为“基桶”。溢出桶和基桶大小相同，相互之间用指针相链接。当在基桶中没有找到待查记录时，就沿着指针到所指溢出桶中进行查找，因此，希望同一散列地址的溢出桶和基桶，在磁盘上的物理位置不要相距太远，最好在同一柱面上。

4. 多关键字文件

多关键字文件是包含多个次关键字索引的文件，次关键字索引本身可以是顺序表或树表。

5. 多重表文件

多重表文件是将索引方法和链接方法相结合的一种组织方式。多重表文件具体组织方式如下：

对每个需要查询的次关键字建立一个索引，同时将具有相同次关键字的记录链接成一个链表，并将此链表的头指针、链表长度及次关键字作为索引表的一个索引项。通常多重表文件的主文件是一个顺序文件。

6. 倒排文件

倒排文件和多重表文件不同。在次关键字索引中，具有相同次关键字的记录之间不进行链接，而是列出具有该次关键字记录的物理地址。倒排文件中的次关键字索引称为倒排表。倒排表和主文件一起就构成了倒排文件。倒排表的主要优点是：在处理复杂的多关键字查询时，可在倒排表中先完成查询的交、并等逻辑运算，得到结果后再对记录进行存取。这样不必对每个记录随机存取，把对记录的查询转换为地址集合的运算，从而提高查找速度。

10.2 典型题解析

例 10.1 简述数据结构中文件和数据库中的文件、操作系统中的文件有哪些区别。

例题解析：对于此类题目，我们需要对文件的基本概念有较清晰的认识。所谓文件，一般是指存储在外部介质上的数据集合，数据结构中所讨论的文件主要是数据库意义上的文件。操作系统中的文件是一维的连续的字符序列；数据库中的文件是带有结构的记录的集合，每条记录是由一个或多个数据项组成的集合。操作系统中的文件仅是一个字符序列，无结构、无解释，仅仅是为了加工、存取的方便而划分的字符组。而数据库文件中的记录是有结构的，可以由一个或多个数据项组成，记录是存取文件中数据的基本单位。

例 10.2 设有一个职工文件,其记录格式为:

职工号	姓名	性别	职务	年龄	工资

其中“职工号”为关键字,并设该文件有 5 个记录,如表 10.1 所示。

表 10.1 职工信息表

地址	职工号	姓名	性别	职务	年龄	工资
A	39	张恒珊	男	程序员	25	3270
B	50	王莉	女	分析员	31	5685
C	10	季迎宾	男	程序员	28	3575
D	75	丁达芬	女	操作员	18	1650
E	27	赵军	男	分析员	33	6280

(1) 若该记录为顺序文件,请写出文件的存储结构;

(2) 若该文件为索引顺序文件,请写出索引表;

(3) 若该文件为倒排文件,请写出关于性别的倒排表和关于职务的倒排表。

例题解析:

(1) 已知顺序文件是指按记录进入文件的先后顺序存放、其逻辑顺序和物理顺序一致的文件。因此,按照题中给出的逻辑结构把 5 个记录依次排列起来,形成线性结构即为其存储结构。

(2) 已知索引表是在文件本身外建立的一张表,它指明逻辑记录和物理记录之间的一一对应关系。索引表由若干索引项组成。一般索引项由主关键字和该关键字所在记录的物理地址组成。索引表必须按主关键字有序,而主文件本身则可以按主关键字有序或无序。因此以职工号为关键字建立索引表如表 10.2 所示。

表 10.2 职工索引表

职工号(关键字)	地址	职工号(关键字)	地址
10	C	50	B
27	E	75	D
39	A		

(3) 倒排文件:倒排文件是一种多关键字的文件,主数据文件按关键字顺序构成串联文件,并建立主关键字索引。对次关键字也建立索引,该索引称为倒排表。倒排表包括两项,一项是次关键字,另一项是具有同一次关键字值的记录的物理记录号。因此,根据题意创建倒排表如下。

关于性别的倒排表如表 10.3 所示。

关于职务的倒排表如表 10.4 所示。

表 10.3 关于性别的倒排表

次关键字(性别)	地址
男	A C E
女	B D

表 10.4 关于职务的倒排表

次关键字(职务)	地址
程序员	A C
分析员	B E
操作员	D

10.3 知识拓展

倒排文件的具体应用是什么？

在搜索引擎收集完数据的预处理阶段，搜索引擎往往需要一种高效的数据结构来对外提供检索服务。而现行最有效的数据结构就是"倒排文件"。倒排文件简单一点可以定义为"用文档的关键词作为索引，文档作为索引目标"的一种结构。

由于倒排索引支持高效检索，所以应用相当广泛。当然，对倒排表进行集合运算也需要一些运算空间，更大的缺点在于：当文件发生变化时，要同时维护更新这些索引，而这种更新的工作量会很大，所以它比较适合于当大文件里面内容比较稳定的情况下。尤其像光盘上的数据检索等就会是它最理想的应用场所之一。

10.4 测试习题与参考答案

测试习题

一、填空题

1. 文件可按其记录的类型不同而分成两类，即(　　)和(　　)文件。

2. 数据库文件按记录中关键字的多少可分成(　　)和(　　)两种文件。

3. 从用户的观点看，文件的逻辑结构通常可以区分为两类：一类是如 dBASE 中数据库文件那样的文件组织结构，称为(　(1)　)文件；另一种是诸如用各种文字处理软件编辑成的文本文件，称为(　(2)　)文件。从文件在存储器上的存放方式来看，文件的物理结构往往可区分为三类，即(　(3)　)、(　(4)　)和(　(5)　)。B^+ 树适用于组织(　(6)　)的索引结构，m 阶 B^+ 树每个结点至多有(　(7)　)个孩子，除根结点外每个结点至少有(　(8)　)个孩子，根结点至少有(　(9)　)个孩子，有 k 个孩子的结点必有(　(10)　)个关键码。

4. 文件由(　　)组成；记录由(　　)组成。

5. 物理记录之间的次序由指针相连表示的顺序文件称为(　　)。

6. 顺序文件中，要存取第 I 个记录，必须先存取(　　)个记录。

7. 索引顺序文件既可以顺序存取，也可以(　　)存取。

8. 建立索引文件的目的是(　　)。

9. 索引顺序文件是最常用的文件组织之一，通常用(　　)结构来组织索引。

10. 倒排序文件的主要优点在于(　　)。

11. 检索是为了在文件中寻找满足一定条件的记录而设置的操作。检索可以按(　(1)　)检索，也可以按(　(2)　)检索；按(　(3)　)检索又可以分为(　(4)　)检索和(　(5)　)检索。

12. 散列检索技术的关键是(　　)和(　　)。

13. VSAM 系统是由(　　)、(　　)、(　　)构成的。

14. VSAM(虚拟存储存取方法)文件的优点是：动态地(　　)，不需要文件进行(　　)，并能较快地(　　)进行查找。

15. 在散列文件中,主要采用(　　)法处理散列表中的冲突。

二、选择题

1. 散列文件使用散列函数将记录的关键字值计算转化为记录的存放地址,因为散列函数是一对一的关系,则选择好的(　　)方法是散列文件的关键。

A. 散列函数　　B. 除余法中的质数

C. 冲突处理　　D. 散列函数和冲突处理

2. 顺序文件采用顺序结构实现文件的存储,对大型的顺序文件的少量修改,要求重新复制整个文件,代价很高,采用(　　)的方法可降低所需的代价。

A. 附加文件　　B. 按关键字大小排序

C. 按记录输入先后排序　　D. 连续排序

3. 用 ISAM 组织文件适合于(　　)。

A. 磁带　　B. 磁盘　　C. 光盘　　D. 内存

4. 下述文件中适合于磁带存储的是(　　)。

A. 顺序文件　　B. 索引文件　　C. 散列文件　　D. 多关键字文件

5. 用 ISAM 和 VSAM 组织文件属于(　　)。

A. 顺序文件　　B. 索引文件　　C. 散列文件　　D. 数据库文件

6. ISAM 文件由多级主索引、柱面索引、(　　)和主文件组成。

A. 索引非顺序文件　　B. 磁道索引　　C. 扇区索引　　D. 位图索引

7. B^+ 树应用在(　　)文件系统中。

A. ISAM　　B. VSAM　　C. 光盘　　D. 内存

8. (　　)是 m 阶 B^- 树和 B^+ 树共有的特点。

A. 每个结点至多有 m 个孩子

B. 有 K 个孩子的非叶结点包含 K−1 个关键字

C. 叶子结点依关键字的大小自小而大顺序链接

D. 非终端结点中仅含其子树(根结点)中的最大(或最小)关键字

9. 文件的基本组织方式有顺序组织、索引组织、(　　)和链组织。

A. 桶组织　　B. 网状组织　　C. 散列组织　　D. 树型组织

10. 下列关于散列文件的表述中错误的是(　　)。

A. 文件随机存放,记录不需要进行排序

B. 插入和删除方便,存取速度快

C. 不需要索引区,节省存储空间

D. 可以按照关键字存取,也可以进行顺序存取

三、判断题

1. 文件是记录的集合,每个记录由一个或多个数据项组成,因而一个文件可看作由多个记录组成的数据结构。(　　)

2. 倒排文件是对次关键字建立索引。(　　)

3. 检索出文件中的关键码值落在某个连续的范围内的全部记录,这种操作称为范围检索。对经常需要做范围检索的文件进行组织,采用散列法优于顺序检索法。(　　)

4. 倒排文件与多重表文件的次关键字的索引结构是不同的。 (　　)

5. Hash 表与 Hash 文件的唯一区别是 Hash 文件引入了“桶”的概念。 (　　)

6. 文件系统采用索引结构是为了节省存储空间。 (　　)

7. 对处理大量数据的外存介质而言，索引顺序存取方法是一种方便的文件组织方法。 (　　)

8. 对磁带机而言，ISAM 是一种方便、稳健的组织方法。 (　　)

9. 直接访问文件也能顺序访问，只是一般效率不高。 (　　)

10. 存放在磁盘、磁带上的文件，既可以是顺序文件，也可以是索引结构或其他结构类型的文件。 (　　)

四、简答题

1. 简述文件的基本概念。

2. 文件存储结构的基本形式有哪些？一个文件采用何种存储结构应考虑哪些因素？

3. 简述什么是索引文件。

4. 简述什么是索引顺序文件。

5. 索引顺序存取方法(ISAM)中，主文件已按关键字排序，为何还需要主关键字索引？

6. 分析 ISAM 文件(Indexed Sequential Access Methord)和 VSAM 文件(Virtual Storage Access Methord)的应用场合、优缺点等。

7. 一个 ISAM 文件除了主索引外，还包括哪两级索引？

8. 简述什么是倒排文件？

9. 为什么在倒排文件(Inverted Files)组织中，实际记录中的关键字域(Key Fields)可删除以节约空间？而在多重表(Multilists)结构中这样做为什么会牺牲性能？

10. 简单比较文件的多重表和倒排表组织方式各自的特点。

11. 组织待检索文件的倒排表的优点是什么？

12. 为什么文件的倒排表比多重表组织方式节省空间？

13. 试比较顺序文件、索引非顺序文件、索引顺序文件、散列文件的存储代价，检索、插入、删除记录时的优点和缺点。

14. 已知两个各包含 N 和 M 个记录的排好序的文件能在 O(N+M)时间内合并为一个包含 N+M 个记录的排好序的文件。当有多于两个排好序的文件要被合并在一起时，只需重复成对地合并便可完成。合并的步骤不同，所需花费的记录移动次数也不同。现有文件 F1、F2、F3、F4、F5，各有记录数为 20、30、10、5 和 30，试找出记录移动次数最少的合并步骤。

15. 已知职工文件中包括职工号、职工姓名、职务和职称 4 个数据项(见表 10.5)。职务有校长、系主任、室主任和教员；校长领导所有系主任，系主任领导他所在系的所有室主任，室主任领导他所在室的全体教员；职称有教授、副教授和讲师三种。请在职工文件的数据结构中设置若干指针和索引，以满足下列两种查找的需要：

(1) 能够检索出全体职工间领导与被领导的情况；

(2) 能够分别检索出全体教授、副教授、讲师。

要求指针数量尽可能少，给出各指针项索引的名称及含义即可。

表 10.5 职工文件

职工号	职工姓名	职务	职称
001	张军	教员	讲师
002	沈灵	系主任	教授
003	叶明	校长	教授
004	张莲	室主任	副教授
005	叶宏	系主任	教授
006	周芳	教员	教授
007	刘光	系主任	教授
008	黄兵	教员	讲师
009	李民	室主任	教授
010	赵松	教员	副教授
…	…	…	…

参考答案

一、填空题

1. 操作系统文件　数据库

2. 单关键字文件　多关键字文件

3. 数据库　文本　顺序组织　随机组织　链组织
随机组织　m　$\lceil m/2 \rceil$　2　k

4. 记录　数据项

5. 串联文件

6. 第 I－1

7. 随机

8. 提高查找速度

9. 树

10. 检索记录快

11. 关键字　记录号　记录号　顺序　直接

12. 构造散列函数　解决冲突的方法

13. 索引集　顺序集　数据集

14. 分配和释放存储空间　重组　对插入的记录

15. 拉链

二、选择题

1. D　2. A　3. B　4. A　5. B　6. B　7. B　8. A　9. C　10. D

三、判断题

1. √　2. √　3. √　4. √　5. ×　6. ×　7. ×　8. ×　9. ×　10. ×

四、简答题

1. 文件是由大量性质相同的记录组成的集合，按记录类型不同可分为操作系统文件和数据库文件。

2. 文件的基本组织方式有顺序组织、索引组织、散列组织和链组织。文件的存储结构可以采用将基本组织方式结合的方法，常用的结构有顺序结构、索引结构、散列结构。

(1) 顺序结构，相应文件为顺序文件，其记录按存入文件的先后次序顺序存放。顺序文件本质上就是顺序表。若逻辑上相邻的两个记录在存储位置上相邻，则为连续文件；若记录之间以指针相链接，则称为串联文件。顺序文件只能顺序存取，要更新某个记录，必须复制整个文件。顺序文件连续存取的速度快，主要适用于顺序存取、批量修改的情况。

(2) 带索引的结构，相应文件为索引文件。索引文件包括索引表和数据表，索引表中的索引项包括数据表中数据的关键字和相应地址，索引表有序，其物理顺序体现了文件的逻辑次序，实现了文件的线性结构。索引文件只能是磁盘文件，既能顺序存取，又能随机存取。

(3) 散列结构，也称计算寻址结构，相应文件称为散列文件，其记录是根据关键字值经散列函数计算确定其地址，存取速度快，不需索引，节省存储空间。不能顺序存取，只能随机存取。

其他文件均由以上文件派生而得。

文件采用何种存储结构应综合考虑各种因素，如存储介质类型、记录的类型、大小和关键字的数目以及对文件做何种操作。

3. 在主文件外，再建立索引表指示关键字及其物理记录的地址间的一一对应关系。这种由索引表和主文件一起构成的文件称为索引文件。索引表依关键字有序。主文件若按关键字有序称为索引顺序文件，否则称为索引非顺序文件(通常简称索引文件)。索引顺序文件因主文件有序，一般用稀疏索引，占用空间较少。常用索引顺序文件有 ISAM 和 VSAM。ISAM 采用静态索引结构，而 VSAM 采用 B^+ 树的动态索引结构。索引文件既能顺序存取，也能随机存取。

4. 在索引文件中，若(数据区)主文件中关键字有序，则文件称为索引顺序文件，参见简答题 3。

5. ISAM 是专为磁盘存取设计的文件组织方式。即使主文件关键字有序，但因磁盘是以盘组、柱面和磁道(盘面)三级地址存取的设备，因此通常对磁盘上的数据文件建立盘组、柱面和磁道(盘面)三级索引。在 ISAM 文件上检索记录时，先从主索引(柱面索引的索引)找到相应柱面索引。再从柱面索引找到记录所在柱面的磁道索引，最后从磁道索引找到记录所在磁道的第一个记录的位置，由此出发在该磁道上进行顺序查找直到查到为止；反之，若找遍该磁道而未找到所查记录，则文件中无此记录。

6. ISAM 是一种专为磁盘存取设计的文件组织形式，采用静态索引结构，对磁盘上的数据文件建立盘组、柱面、磁道三级索引。ISAM 文件中记录按关键字顺序存放，插入记录时需移动记录并将同一磁道上最后的一个记录移至溢出区，同时修改磁道索引项，删除记录只需在存储位置作标记，不需移动记录和修改指针。经过多次插入和删除记录后，文件结构变得不合理，需周期整理 ISAM 文件。

VSAM 文件采用 B^+ 树动态索引结构，文件只有控制区间和控制区域等逻辑存储单位，与外存储器中柱面、磁道等具体存储单位没有必然联系。VSAM 文件结构包括索引集、顺序集和数据集三部分，记录存于数据集中，顺序集和索引集构成 B^+ 树，文件的索引部分可实现顺链查找和从根结点开始的随机查找。

与 ISAM 文件相比，VSAM 文件有如下优点：动态分配和释放存储空间，不需对文件进行重组；能保持较高的查找效率，且查找先后插入记录所需时间相同。因此，基于 B^+ 树的VSAM文件通常作为大型索引顺序文件的标准组织。

7. ISAM文件有三级索引：磁盘组、柱面和磁盘，柱面索引存放在某个柱面上，若柱面索引较大，占多个磁道时，可建立柱面索引的索引——主索引。故本题中所指的两级索引是盘组和磁道。

8. 倒排文件是一种多关键字的文件，主数据文件按关键字顺序构成串联文件，并建立主关键字索引。对次关键字也建立索引，该索引称为倒排表。倒排表包括两项，一项是次关键字，另一项是具有同一次关键字值的记录的物理记录号(若数据文件非串联文件，而是索引顺序文件(如ISAM)，则倒排表中存放记录的主关键字而不是物理记录号)。倒排表作索引的优点是索引记录快，缺点是维护困难。在同一索引表中，不同的关键字其记录数不同，各倒排表的长度不同，同一倒排表中各项长度也不相等。

9. 因倒排文件组织中，倒排表有关键字值及同一关键字值的记录的所有物理记录号，可方便地查询具有同一关键字值的所有记录；而多重表文件中次关键字索引结构不同，删除关键字域后查询性能受到影响。

10. 多重表文件是把索引与链接结合而形成的组织方式。记录按主关键字顺序构成一个串联文件，建立主关键字的索引(主索引)。对每一次关键字建立次关键字索引，具有同一关键字的记录构成一个链表。主索引为非稠密索引，次索引为稠密索引，每个索引项包括次关键字、头指针和链表长度。多重表文件易于编程，也易于插入，但删除烦琐，需在各次关键字链表中删除。倒排文件的特点见简答题8。

11. 倒排表作索引的优点是索引记录快，因为从次关键字值直接找到各相关记录的物理记录号，倒排因此而得名(因通常的查询是从关键字查到记录)。在插入和删除记录时，倒排表随之修改，倒排表中具有相同次关键字的记录号是有序的。

12. 排表有两项，一是次关键字值，二是具有相同次关键字值的物理记录号，这些记录号有序且顺序存储，不使用多重表中的指针链接，因而节省了空间。

13. (1) 顺序文件只能顺序查找，优点是批量检索速度快，不适于单个记录的检索。顺序文件不能像顺序表那样插入、删除和修改，因文件中的记录不能像向量空间中的元素那样"移动"，只能通过复制整个文件实现上述操作。

(2) 索引非顺序文件适合随机存取，不适合顺序存取，因主关键字未排序，若顺序存取会引起磁头频繁移动。索引顺序文件是最常用的文件组织，因主文件有序，既可顺序存取，也可随机存取。索引非顺序文件是稠密索引，可以"预查找"，索引顺序文件是稀疏索引，不能"预查找"，但由于索引占空间较少，管理要求低，提高了索引的查找速度。

(3) 散列文件也称直接存取文件，根据关键字的散列函数值和处理冲突的方法，将记录散列到外存上。这种文件组织只适用于像磁盘那样的直接存取设备，其优点是文件随机存放，记录不必排序，插入、删除方便，存取速度快，无须索引区，节省存储空间。缺点是散列文件不能顺序存取，且只限于简单查询。经多次插入、删除后，文件结构不合理，需重组文件，这很费时。

14. 类似最优二叉树(哈夫曼树)，可先合并含较少记录的文件，后合并较多记录的文件，使移动次数减少，如图10.1所示。

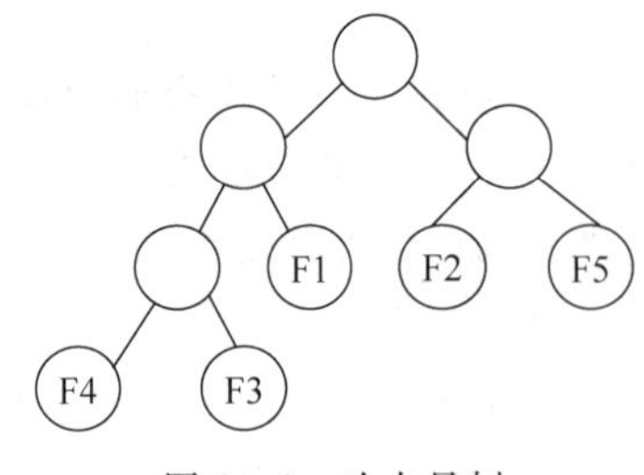

图10.1 哈夫曼树

15. [问题分析]在职务项中增加一个指针项，指向其领导者。关键字索引表如表10.6所示。因题目中未提出具体的隶属关系，如哪个系的系主任、哪个系哪个室的室主任、哪个室的教员等。这里假设每个室主任隶属于他前边离他最近的那个系主任，每个教员隶属于他前边离他最近的那个室主任。在职称项中增加一个指针项，指向同一职称的下一个职工，增加一个次关键字索引表，如表10.7所示。

表10.6 关键字索引表

关键字	头指针	长度
讲师	001	2
副教授	004	2
教授	002	6

表10.7 "职称"索引表

记录号	职工号	职工姓名	职务		职称	
01	001	张军	教员	04	讲师	08
02	002	沈灵	系主任	03	教授	03
03	003	叶明	校长	^	教授	05
04	004	张莲	室主任	02	副教授	10
05	005	叶宏	系主任	03	教授	06
06	006	周芳	教员	04	教授	07
07	007	刘光	系主任	03	教授	09
08	008	黄兵	教员	04	讲师	^
09	009	李民	室主任	07	教授	^
10	010	赵松	教员	09	副教授	^
	…	…	…		…	

下 篇
数据结构实验

第一部分　实验内容

实验教学大纲

1. 实验教学目标

实验目的在于更深入地理解和掌握课程教学中的有关基本概念，应用基本技术解决实际问题，从而进一步提高分析和解决问题的能力。因此必须明确实验的目的，以保证达到课程所指定的基本要求。在实验小结中，要进一步确认是否达到了预期的目的。并总结调试程序所取得的经验与体会，如果程序未能通过，应分析其原因。

2. 实验要求

能够按要求编写课程设计，能正确阐述设计的算法和实验结果、正确绘制程序框图和编写算法核心语句。培养学生程序设计能力，逐步建立正确的程序编写风格。

3. 实验课时安排

序号	实 验 名 称	课时	必(选)做
实验一	顺序存储的线性表	4	必做
实验二	单链表	6	必做
实验三	栈和队列	4	必做
实验四	串	2	选做
实验五	二叉树	4	必做
实验六	图	4	选做
实验七	查找	4	必做
实验八	排序	6	必做

4. 实验内容

不带“*”号的上机实验题目，主要是为帮助学生深化理解教学内容，澄清基本概念，并以基本程序设计技能训练为主要目的而设；而带“*”号的上机实验题目，可激发学生的学习潜能，并对广泛开拓思路有益。

实验一　顺序存储的线性表

实验目的

(1) 了解线性表的逻辑结构特征。

(2) 熟练掌握线性表的顺序存储结构的描述方法，及在其上实现各种基本运算的方法。

(3) 掌握和理解本实验中出现的一些基本的C语言语句。

(4) 体会算法在程序设计中的重要性。

实验内容

(1) 将一顺序表a中的元素逆置。要求算法仅用一个辅助结点。

(2) 求顺序表中的元素的最大值和次最大值。

(3) 试设计一个算法,仅用一个辅助结点,实现将顺序表A中的结点循环右移K位的运算。

*(4) 设一顺序表中元素值递增有序。试设计一算法,将元素x插入到表中适当的位置上,并保持顺序表的有序性。

实验二 单 链 表

实验目的

(1) 熟练掌握线性表的单链式存储结构及在其上实现线性表的各种基本运算的方法。

(2) 掌握和理解本实验中出现的一些基本的C语言语句。

(3) 体会算法在程序设计中的重要性。

实验内容

(1) 设计一算法,逆置带头结点的动态单链表head。要求利用原表的结点空间,并要求用尽可能少的时间完成。

(2) 设有两个按元素值递增有序的单链表A和B,编一程序将A表和B表归并成一个新的递增有序的单链表C(值相同的元素均保留在C表中),并要求利用原表的空间存放C。

实验三 栈和队列

实验目的

(1) 掌握栈和队列的数据结构的特点。

(2) 熟练掌握在两种存储结构上实现栈和队列的基本运算。

(3) 学会利用栈和队列解决一些实际问题。

(4) 掌握和理解本实验中出现的一些基本的C语言语句。

(5) 体会算法在程序设计中的重要性。

实验内容

*(1) 写一算法将一顺序栈中的元素依次取出,并打印元素值。

*(2) 写一算法将一链栈中的元素依次取出,并打印元素值。

*(3) 写一算法将一顺序队列中的元素依次取出,并打印元素值。

*(4) 写一算法将一链队列中的元素依次取出,并打印元素值。

实验四　串

实验目的

(1) 掌握串的顺序和链接存储结构的实现方法。

(2) 掌握串的模式匹配算法。

(3) 掌握和理解本实验中出现的一些基本的C语言语句。

(4) 体会算法在程序设计中的重要性。

实验内容

(1) 设计串的模式匹配算法(子串定位)。

(2) 若s和t是两个采用顺序结构存储的串,编写一个比较两个串大小的算法,若s>t,则返回1;若s<t,则返回-1,否则返回0。

实验五　二　叉　树

实验目的

(1) 熟悉二叉树的各种存储结构及适用范围。

(2) 掌握建立二叉树的存储结构的方法。

(3) 熟练掌握二叉树的前序、中序、后序遍历的递归算法和非递归算法。

(4) 灵活运用递归的遍历算法实现二叉树的各种其他运算。

(5) 掌握和理解本实验中出现的一些基本的C语言语句。

(6) 体会非递归遍历与遍历图的递归。

实验内容

(1) 以二叉链表作存储结构,设计求二叉树高度的算法。

(2) 以二叉链表作存储结构,编写递归的中序遍历算法。

*(3) 以二叉链表作存储结构,编写非递归的中序遍历算法。

*(4) 以二叉链表作存储结构,编写求二叉树中叶子结点的个数算法。

实验六　图

实验目的

(1) 掌握图的两种存储结构的实现方法。

(2) 掌握遍历图的递归和非递归算法。

(3) 掌握和理解本实验中出现的一些基本的C语言语句。

(4) 体会算法在程序设计中的重要性。

实验内容

(1) 设计算法,构造无向图的邻接链表,并递归地实现基于邻接链表的图的深度优先搜索遍历。

(2) 设计算法,构造无向图的邻接矩阵,并递归地实现基于邻接矩阵的图的深度优先搜索遍历。

实验七　查　　找

实验目的

(1) 掌握顺序查找、二分查找的递归及非递归算法。
(2) 掌握散列表上的各种操作。
(3) 熟练掌握在二叉排序树上各种操作的实现方法。
(4) 掌握和理解本实验中出现的一些基本的C语言语句。
(5) 体会算法在程序设计中的重要性。

实验内容

(1) 给出顺序表上顺序查找元素的算法。
(2) 给出非递归的二分查找算法。
*(3) 编写拉链法处理冲突的查找程序。

实验八　排　　序

实验目的

(1) 熟练掌握在顺序表上实现排序的各种方法。
(2) 深刻理解各种排序方法的特点,并能灵活运用。
(3) 掌握和理解本实验中出现的一些基本的C语言语句。
(4) 体会算法在程序设计中的重要性。

实验内容

编写一个排序菜单程序,在其中调用不同的排序算法,实现对任意无序序列的递增排序操作。在主程序中输入初始序列,分别调用直接插入排序、冒泡排序、直接选择排序、快速排序等排序算法,输出排序后的结果。题目要求:在所有的排序算法中,待排序数据均从数组的0单元放起。

第二部分　实验参考答案

实验一　顺序存储的线性表

(1)

```
#define MAXSIZE 100
typedef struct
{int len;
int data[MAXSIZE];
}SEQUENLIST;                                    /* 顺序表结构类型定义 */
void rev(SEQUENLIST *q)                         /* 逆置顺序表元素算法 */
{int i,j,t;
for(i=0,j=q->len-1;i<q->len/2;i++,j--)
{t=q->data[i];
q->data[i]=q->data[j];
q->data[j]=t;
}
}
main()                                          /* 主函数 */
{int i;
SEQUENLIST a;
a.len=7;                                        /* 假设顺序表中有 7 个元素 */
for(i=0;i<a.len;i++)                            /* 输入顺序表元素 */
scanf("%d",&a.data[i]);
rev(&a);                                        /* 调用逆置顺序表元素函数 */
for(i=0;i<a.len;i++)                            /* 逆置后顺序表元素显示 */
printf("%4d",a.data[i]);
}
```

(2)

```
#define MAXSIZE 100
typedef struct
{int len;
int data[MAXSIZE];
}SEQUENLIST;
SEQUENLIST p;
void sort(SEQUENLIST *q)                        /* 采用冒泡排序的方法对数组进行降序排序 */
{int i,j,t;
for(i=0;i<q->len-1;i++)
```

```
for(j = i + 1;j < q -> len;j++)
if (q -> data[i]< q -> data[j])
{t = q -> data[i];q -> data[i] = q -> data[j];q -> data[j] = t;}
}
main()
{int i;
p.len = 7;
for(i = 0;i < p.len;i++)
scanf(" % d",&p.data[i]);
sort(&p);
for(i = 0;i < 2;i++)                              /* 输出数组中的前两个元素值 */
printf(" % 4d",p.data[i]);}
```

(3)

```
#define MAXSIZE 100
typedef struct
{int len;
int data[MAXSIZE];
}SEQUENLIST;                                      /* 顺序表结构类型定义 */
void move(SEQUENLIST * q,int k)                   /* 结点循环右移 k 位运算的算法 */
{int i,j = 0,t;
while(j < k)
{t = q -> data[q -> len - 1];                     /* 把最后一个元素放在单元 t 中 */
for(i = q -> len - 2;i >= 0;i -- )                /* 从倒数第二个元素开始依次后移 */
q -> data[i + 1] = q -> data[i];
q -> data[0] = t;                                 /* 把最后一个元素放在第一个元素位置 */
j++;
}
}
main()
{int i,k;
SEQUENLIST a;
a.len = 5;                                        /* 假设顺序表中有 5 个元素 */
for(i = 0;i < a.len;i++)                          /* 输入顺序表元素 */
scanf(" % d",&a.data[i]);
scanf(" % d",&k);                                 /* 输入循环右移的位数 k */
move(&a,k);                                       /* 调用结点循环右移 k 位运算函数 */
for(i = 0;i < a.len;i++)                          /* 输出结点循环右移 k 位运算后的顺序表 */
printf(" % 4d",a.data[i]);
}
```

(4)

```
#define MAXSIZE 100
typedef struct
{int len;
int data[MAXSIZE];
}SEQUENLIST;                                      /* 顺序表结构类型定义 */
void insert(SEQUENLIST * q,int x)                 /* 插入元素 x,保持顺序表有序性算法 */
{int i;
for(i = q -> len - 1;q -> data[i]>= x&&i >= 0;i -- )
```

```
q->data[i+1]=q->data[i];
q->data[i+1]=x;
q->len++;
}
main()
{int i,x;
SEQUENLIST p;
p.len=7;                                    /*假设顺序表中有7个元素*/
for(i=0;i<p.len;i++)                        /*输入顺序表元素*/
scanf("%d",&p.data[i]);
scanf("%d",&x);                             /*输入待插入元素x*/
insert(&p,x);                               /*调用插入元素x函数*/
for(i=0;i<p.len;i++)                        /*插入元素x后的顺序表显示*/
printf("%4d",p.data[i]);
}
```

实验二　单　链　表

(1)

```
#define NULL '\0'
#define DATATYPE2 char
typedef struct node
{DATATYPE2 data;
struct node *next;
}LINKLIST;                                  /*单链表类型定义*/
LINKLIST *init()                            /*单链表初始化函数*/
{LINKLIST *head;
head=(LINKLIST *)malloc(sizeof(LINKLIST));
head->next=NULL;
return head;
}
LINKLIST *creat()                           /*尾插法建立动态单链表head函数*/
{LINKLIST *head, *p, *q;                    /*q是尾指针*/
char n;
head=init();
q=head;                                     /*初始时尾指针指向头结点*/
scanf("%c",&n);
while(n!='$')                               /*输入$单链表结束*/
{p=(LINKLIST *)malloc(sizeof(LINKLIST));
p->data=n;
p->next=q->next;
q->next=p;
q=p;                                        /*q始终指向最后一个结点*/
scanf("%c",&n);
}
return head;
}
void rev(head)                              /*逆置单链表函数*/
```

```
LINKLIST * head;
{LINKLIST * p, * q;
p = head -> next;                          /* p指针用来下移结点 */
head -> next = NULL;
while(p!= NULL)
{q = p;                                    /* q指向待插入结点,头插法插入 */
p = p -> next;
q -> next = head -> next;
head -> next = q;
}
}
void print(head)                           /* 输出单链表 head 中的结点函数 */
LINKLIST * head;
{LINKLIST * p;
p = head -> next;
while(p!= NULL)
{printf(" % 4c",p -> data);
p = p -> next;
}
}
main()
{LINKLIST * head;
head = creat();                            /* 调用建立单链表函数 */
rev(head);                                 /* 调用逆置单链表函数 */
print(head);                               /* 调用输出单链表函数 */
}
```

(2)

```
#define NULL 0
#define DATATYPE2 int
typedef struct node
{DATATYPE2 data;
struct node * next;
}LINKLIST;
LINKLIST * init()                          /* 单链表初始化函数 */
{LINKLIST * head;
head = (LINKLIST * )malloc(sizeof(LINKLIST));
head -> next = NULL;
return head;
}
LINKLIST * creat()                         /* 尾插法建立动态单链表函数 */
{LINKLIST * head, * p, * q;
int n;
head = init();
q = head;
scanf(" % d",&n);
while(n!= 0)                               /* 输入0单链表结束 */
{p = (LINKLIST * )malloc(sizeof(LINKLIST));
p -> data = n;
p -> next = q -> next;
```

```
q->next=p;
q=p;
scanf("%d",&n);
}
return head;
}
LINKLIST *join(LINKLIST *A,LINKLIST *B)         /*两个单链表归并函数*/
{LINKLIST *p1, *p2, *q, *r, *C;
p1=A->next;
p2=B->next;
C=A;
C->next=NULL;
r=C;
while((p1!=NULL)&&(p2!=NULL))
{if (p1->data<p2->data)                          /*p1 所指结点*q 准备插入*/
   {q=p1;p1=p1->next;}
else                                             /*p2 所指结点*q 准备插入*/
   {q=p2;p2=p2->next;}
q->next=r->next;                                 /*尾插法插入 q 所指结点*/
r->next=q;
r=q;
}
while(p1!=NULL)                          /*若 A 表未扫完,依次把它的结点插入到 C 表尾部*/
{q=p1;p1=p1->next;
q->next=r->next;
r->next=q;
r=q;
}
while(p2!=NULL)                          /*若 B 表未扫完,依次把它的结点插入到 C 表尾部*/
{q=p2;p2=p2->next;
q->next=r->next;
r->next=q;
r=q;
}
return C;
}
void print(head)                                 /*输出单链表中的结点函数*/
LINKLIST *head;
{LINKLIST *p;
p=head->next;
while(p!=NULL)
{printf("%4d",p->data);
p=p->next;
}
}
main()
{LINKLIST *A, *B, *C;
A=creat();                                       /*调用函数建立单链表 A*/
B=creat();                                       /*调用函数建立单链表 B*/
C=join(A,B);                                     /*调用归并函数*/
print(C);                                        /*输出归并后的单链表 C 中的结点*/
}
```

实验三　栈和队列

(1)

```
#define NULL '\0'                                   /*用顺序栈处理元素按逆序输出*/
#define DATATYPE char
#define MAXSIZE 100
#include "stdio.h"
typedef struct
{DATATYPE data[MAXSIZE];
int top;
}SEQSTACK;
void initstack(SEQSTACK *s)                          /*顺序栈初始化算法*/
{s->top=-1;}
void push(SEQSTACK *s,DATATYPE x)                    /*顺序栈入栈算法*/
{if (s->top==MAXSIZE-1)
{printf("overflow\n");exit(0);}
else
{s->top++;
s->data[s->top]=x;
}
}
int empty(SEQSTACK *s)                               /*顺序栈判栈空算法*/
{if (s->top==-1)
return 1;
else
return 0;
}
DATATYPE pop(SEQSTACK *s)                            /*顺序栈出栈算法*/
{DATATYPE x;
if (empty(s))
{printf("underflow\n");x=NULL;}
else
{x=s->data[s->top];
s->top--;
}
return x;
}
main()
{SEQSTACK s,*p;
char x,y;
p=&s;
initstack(p);
while((x=getchar())!='$')
push(p,x);
while(!empty(p))
{y=pop(p);
printf("%3c",y);
}
}
```

(2)

```
#define DATATYPE int                              /* 用链栈处理整数序列按逆序输出 */
#define NULL 0
typedef struct snode
{DATATYPE data;
struct snode  * next;
}LINKSTACK;
LINKSTACK  * top = NULL;
void pushstack(DATATYPE x)                        /* 链栈入栈算法 */
{LINKSTACK  * p;
p = (LINKSTACK  * )malloc(sizeof(LINKSTACK));
p -> data = x;
p -> next = top;
top = p;
}
DATATYPE popstack()                               /* 链栈出栈算法 */
{LINKSTACK  * p;
DATATYPE v;
if (top == NULL)
{printf("underflow\n");v = NULL;
}
else
{v = top -> data;
p = top;
top = top -> next;
free(p);
}
return v;
}
main()
{int x,y;
scanf(" % d",&x);
while(x!= 0)
{pushstack(x);scanf(" % d",&x);
}
while(top!= NULL)
{y = popstack();
printf(" % 4d",y);}}
```

(3)

```
#define NULL '\0'                                 /* 用循环队列处理元素顺序输出 */
#define DATATYPE char
#define MAXSIZE 100
#include "stdio.h"
typedef struct
{DATATYPE data[MAXSIZE];
int front,rear;
}SEQUEUE;
void initqueue(SEQUEUE  * q)                      /* 循环队列初始化算法 */
```

```
{q->front=-1;q->rear=-1;}
void enqueue(SEQUEUE *q,DATATYPE x)                /*循环队列入队算法*/
{if (q->front==(q->rear+1)%MAXSIZE)
{printf("queue is full\n");exit(0);}
else
{q->rear=(q->rear+1)%MAXSIZE;
q->data[q->rear]=x;
}
}
int empty(SEQUEUE *q)                              /*循环队列判队空算法*/
{if (q->rear==q->front)
return 1;
else
return 0;
}
DATATYPE dequeue(SEQUEUE *q)                       /*循环队列出队算法*/
{DATATYPE v;
if (empty(q))
{printf(" queue is null\n");v=NULL;}
else
{q->front=(q->front+1)%MAXSIZE;
v=q->data[q->front];
}
return v;
}
main()
{SEQUEUE a,*q;
char x,y;
q=&a;
initqueue(q);
while((x=getchar())!='$')
enqueue(q,x);
while(!empty(q))
{y=dequeue(q);
printf("%3c",y);
}
}
```

(4)

```
#define DATATYPE int                               /*用链队列处理整数序列顺序输出*/
#define NULL 0
typedef struct qnode
{DATATYPE data;
struct qnode *next;
}LINKNODE;
typedef struct
{LINKNODE *front,*rear;}LINKQUEUE;
void initlinkqueue(LINKQUEUE *q)                   /*链队列初始化算法*/
{q->front=(LINKNODE *)malloc(sizeof(LINKNODE));
q->front->next=NULL;q->rear=q->front;
}
```

```
int emptylinkqueue(LINKQUEUE *q)                  /*链队列判队空算法*/
{int v;
if (q->front==q->rear)
v=1;
else
v=0;
return v;
}
void enlinkqueue(LINKQUEUE *q,DATATYPE x)         /*链队列入队算法*/
{q->rear->next=(LINKNODE *)malloc(sizeof(LINKNODE));
q->rear=q->rear->next;
q->rear->data=x;
q->rear->next=NULL;
}
DATATYPE dellinkqueue(LINKQUEUE *q)               /*链队列出队算法*/
{LINKNODE *p;
DATATYPE v;
if (emptylinkqueue(q))
{printf(" queue if empty\n");v=NULL;}
else
{p=q->front->next;
q->front->next=p->next;
if (p->next==NULL)
q->rear=q->front;
v=p->data;
free(p);
}
return v;
}
main()
{LINKQUEUE *q,a;
int x,y;
q=&a;
initlinkqueue(q);
scanf("%d",&x);
while(x!=0)
{enlinkqueue(q,x);scanf("%d",&x);
}
while(!emptylinkqueue(q))
{y=dellinkqueue(q);
printf("%4d",y);
}
}
```

实验四　串

(1)

```
#define MAXSIZE 100                  /*定义符号常量 MAXSIZE 为 100*/
typedef struct
{char str[MAXSIZE];                  /*定义可容纳 100 个字符的字符数组*/
int curlen;                          /*存放当前串的实际串长*/
```

```
} string;
int matchstr(string * s,string * t){ int i,j;
i = 0;                                           /* 指向串 s 的第 1 个字符 */
j = 0;                                           /* 指向串 t 的第 1 个字符 */
while(i < s -> curlen&&j < t -> curlen)if(s -> str[i] == t -> str[j])
                                                 /* 比较两个子串是否相等 */
  { i++;                                         /* 继续比较后继字符 */
    j++;
    }else { i = i - j + 1;                       /* 指针 i 回溯,j 重新开始下一次的匹配 */
    j = 0;
    }if(j == t -> curlen) return(i - j + 1);
                                    /* 匹配成功,返回模式串 t 在串 s 中的起始位置(序号) */
else return (0);                                 /* 匹配失败,返回 0 */
}
main()                                           /* 求 t 在 s 中出现的位置 */
{string * s, * t,a,b;
int k;
s = &a;t = &b;
gets(s -> str);
gets(t -> str);
s -> curlen = strlen(s -> str);
t -> curlen = strlen(t -> str);
k = matchstr(s,t);if(k!= 0)
printf(" t de weizhi is %d",k);
else
printf(" noexist");
}
```

(2)

```
#define MAXSIZE 100                              /* 定义符号常量 MAXSIZE 为 100 */
typedef struct
{char str[MAXSIZE];                              /* 定义可容纳 100 个字符的字符数组 */
int curlen;                                      /* 存放当前串的实际串长 */
} string;
int cmpstr(string * s,string * t)
{int i,minlen;
if(s -> curlen < t -> curlen)
  minlen = s -> curlen;
else
  minlen = t -> curlen;
i = 0;
while(i < minlen)
{ if(s -> str[i]< t -> str[i])                   /* s 小于 t */
    return( - 1);
 else if (s -> str[i]> t -> str[i])              /* s 大于 t */
          return(1);
      else
          i++;
}
if(s -> curlen == t -> curlen)
```

```
  return(0);
else if(s->curlen<t->curlen)
    return(-1);
else
    return(1);
}
main()
{string *s, *t,q,a;
int i;
s=&q;t=&a;
gets(s->str);
gets(t->str);
s->curlen=strlen(s->str);
t->curlen=strlen(t->str);
i=cmpstr(s,t);
if(i==1)
  printf("s>t");
if(i==0)
  printf("s=t");
if(i==-1)
  printf("s<t");
}
```

实验五　二　叉　树

(1)

```
#define DATATYPE2 char                    /*二叉树结点类型定义*/
#define NULL '\0'
typedef struct node
{DATATYPE2 data;
struct node *lchild, *rchild;
}BTLINK;
BTLINK *creat()                           /*以二叉链表为存储结构的二叉树的建立算法*/
{BTLINK *q;
BTLINK *s[30];
int j,i;
char x;
printf("i,x = ");
scanf("%d,%c",&i,&x);
while(i != 0 && x != '$')
{q=(BTLINK *)malloc(sizeof(BTLINK));
 q->data=x;
 q->lchild=NULL;
 q->rchild=NULL;
 s[i]=q;
 if(i!= 1)
 {j=i/2;
 if(i%2==0)
```

```
 s[j] -> lchild = q;
 else s[j] -> rchild = q;
 }
 printf("i,x = ");
 scanf(" %d, %c",&i,&x);}
 return s[1];
 }
int depthtree(BTLINK *bt)                         /*求二叉树的高度算法*/
{int dep,depl,depr;
if (bt = NULL)
dep = 0;
else
{depl = depthtree(bt -> lchild);
depr = depthtree(bt -> rchild);
if (depl > depr)
dep = depl + 1;
else
dep = depr + 1;
}
return dep;
}
main()
{BTLINK *bt;
int treeh;
bt = creat();
treeh = depthtree(bt);
printf("\n 二叉树高度 = %d",treeh);
}
```

(2)

```
#define DATATYPE2 char                            /*二叉树结点类型定义*/
#define NULL '\0'
typedef struct node
{DATATYPE2 data;
struct node *lchild, *rchild;
}BTLINK;
BTLINK *creat()                                /*以二叉链表为存储结构的二叉树的建立算法*/
{BTLINK *q;
BTLINK *s[30];
int j,i;
char x;
printf("i,x = ");
scanf(" %d, %c",&i,&x);
while(i != 0 && x != '$')
{q = (BTLINK *)malloc(sizeof(BTLINK));
 q -> data = x;
 q -> lchild = NULL;
 q -> rchild = NULL;
 s[i] = q;
 if(i!= 1)
```

```
 {j = i/2;
 if(i % 2 == 0)
 s[j] -> lchild = q;
 else s[j] -> rchild = q;
 }
 printf("i,x = ");
 scanf(" % d, % c",&i,&x);}
 return s[1];
 }
 void digui(BTLINK * bt)                              /* 二叉树的中序遍历递归算法 */
 {if(bt != NULL)
 {digui(bt -> lchild);
 printf(" % c ",bt -> data);
 digui(bt -> rchild); }
 }
main()
{BTLINK * bt;
 bt = creat();
 digui(bt);
 }
```

(3)

```
#define DATATYPE2 char                                /* 二叉树结点类型定义 */
#define NULL '\0'
typedef struct node
{DATATYPE2 data;
struct node * lchild, * rchild;
}BTLINK;
BTLINK * creat()                                    /* 以二叉链表为存储结构的二叉树的建立算法 */
{BTLINK * q;
BTLINK * s[30];
int j,i;
char x;
printf("i,x = ");
scanf(" % d, % c",&i,&x);
while(i != 0 && x != '$')
{q = (BTLINK *)malloc(sizeof(BTLINK));
 q -> data = x;
 q -> lchild = NULL;
 q -> rchild = NULL;
 s[i] = q;
 if(i!= 1)
 {j = i/2;
 if(i % 2 == 0)
 s[j] -> lchild = q;
 else s[j] -> rchild = q;
 }
 printf("i,x = ");
 scanf(" % d, % c",&i,&x);}
 return s[1];
```

```
}
void zhxuf(BTLINK * bt)                      /* 二叉树的中序遍历非递归算法 */
{BTLINK * q, * s[20];
int top = 0;
int bool = 1;
q = bt;
do
{while(q!= NULL)
 {top++; s[top] = q; q = q->lchild; }
if (top == 0) bool = 0;
else
{q = s[top];
 top --;
 printf("%c ",q->data);
 q = q->rchild;
 }}while(bool);
 }
main()
{BTLINK * bt;
 bt = creat();
 zhxuf(bt);
 }
```

(4)

```
#define DATATYPE2 char                       /* 二叉树结点类型定义 */
#define NULL '\0'
typedef struct node
{DATATYPE2 data;
struct node * lchild, * rchild;
}BTLINK;
int k;
BTLINK * creat()                             /* 以二叉链表为存储结构的二叉树的建立算法 */
{BTLINK * q;
BTLINK * s[30];
int j,i;
char x;
printf("i,x = ");
scanf("%d,%c",&i,&x);
while(i != 0 && x != '$')
{q = (BTLINK *)malloc(sizeof(BTLINK));
 q->data = x;
 q->lchild = NULL;
 q->rchild = NULL;
 s[i] = q;
 if(i!= 1)
 {j = i/2;
 if(i%2 == 0)
 s[j]->lchild = q;
 else s[j]->rchild = q;
 }
```

```
 printf("i,x = ");
 scanf("%d, %c",&i,&x);}
 return s[1];
 }
void geshu(BTLINK *bt)                          /*求二叉树的叶子结点个数算法*/
{if (bt!= NULL)
{geshu(bt->lchild);
if(bt->lchild==NULL&&bt->rchild==NULL)
k++;
geshu(bt->rchild);}
}
main()
{BTLINK *bt;
k=0;
bt=creat();
geshu(bt);
printf("二叉树叶子结点的个数=%d",k);
}
```

实验六　图

(1)

```
#define MAXLEN 30                    /*基于邻接表存储结构的无向图的结点类型定义*/
#define NULL '\0'
int visited[MAXLEN]={0};
typedef struct node
{int vertex;
struct node *next;
}ANODE;
typedef struct
{int data;
ANODE *first;
}VNODE;
typedef struct
{VNODE adjlist[MAXLEN];
int vexnum,arcnum;
}ADJGRAPH;
ADJGRAPH creat()                       /*基于邻接表存储结构的无向图的建立算法*/
{ANODE *p;
int i, s, d;
ADJGRAPH ag;
printf("input vexnum,input arcnum: ");
scanf("%d, %d", &ag.vexnum, &ag.arcnum);
printf("input gege dingdian zhi:");
for(i=0; i<ag.vexnum; i++)
{scanf("%d", &ag.adjlist[i].data);
 ag.adjlist[i].first=NULL;
 }
```

```
for(i = 0; i<ag.arcnum; i++)
{printf("input bian de dingdian xuhao: ");
scanf("%d, %d", &s, &d);
 s--;
 d--;
 p = (ANODE *)malloc(sizeof(ANODE));
 p->vertex = d;
 p->next = ag.adjlist[s].first;
 ag.adjlist[s].first = p;
 p = (ANODE *)malloc(sizeof(ANODE));
 p->vertex = s;
 p->next = ag.adjlist[d].first;
 ag.adjlist[d].first = p;
 }
 return ag;
 }
void dfs(ADJGRAPH ag, int i)                    /*无向图的深度优先搜索遍历算法*/
{ANODE *p;
visited[i-1] = 1;
printf("%3d", ag.adjlist[i-1].data);
p = ag.adjlist[i-1].first;
while(p!= NULL)
{if(visited[p->vertex] == 0)
 dfs(ag,(p->vertex) + 1);
 p = p->next;}
 }
main()
{ADJGRAPH ag;
 int i;
 ag = creat();
 printf("cong di i ge jirdian kaishi:");
 scanf("%d",&i);
 dfs(ag,i);
}
```

(2)

```
#define maxlen 10                    /*基于邻接矩阵存储结构的无向图的结点类型定义*/
int visited[maxlen] = {0};
typedef struct
{int vexs[maxlen];
int arcs[maxlen][maxlen];
int vexnum,arcnum;
}MGRAPH;
void creat(MGRAPH *g)                    /*基于邻接矩阵存储结构的无向图的建立算法*/
{int i,j;
printf("input vexnum,arcnum:");
scanf("%d%d",&g->vexnum,&g->arcnum);
for(i = 0;i<g->vexnum;i++)
for(j = 0;j<g->vexnum;j++)
g->arcs[i][j] = 0;
```

```
for(i = 0;i < g -> arcnum;i++)
{printf("bian de dingdian:");
scanf(" % d % d",&i,&j);
g -> arcs[i - 1][j - 1] = 1;
g -> arcs[j - 1][i - 1] = 1;
}
}
void print(MGRAPH * g)
{int i,j;
for(i = 0;i < g -> vexnum;i++)
{for(j = 0;j < g -> vexnum;j++)
printf(" % 3d",g -> arcs[i][j]);
printf("\n");
}
}
void dfs(MGRAPH * g,int i)                      /* 无向图的深度优先搜索遍历算法 */
{int j;
printf(" % 3d",i);
visited[i - 1] = 1;
for(j = 0;j < g -> vexnum;j++)
if (g -> arcs[i - 1][j] == 1&&(!visited[j]))
dfs(g,j + 1);
}
main()
{MGRAPH * g,k;
int i;
g = &k;
creat(g);
print(g);
printf("cong di i ge jiedian fangwen: ");
scanf(" % d",&i);
dfs(g,i);
}
```

实验七 查　　找

(1)

```
#define KEYTYPE int                             /* 查找表的结点类型定义 */
#define MAXSIZE 100
typedef struct
{KEYTYPE key;
}SEQLIST;
int seq_search(KEYTYPE k,SEQLIST * st,int n)    /* 顺序表中查找元素算法 */
{int j;
j = n;                                          /* 顺序表元素个数 */
st[0].key = k;                                  /* st.r[0]单元作为监视哨 */
while(st[j].key!= k)                            /* 顺序表从后向前查找 */
j -- ;
```

```
return j;
}
main()
{SEQLIST a[MAXSIZE];
int i,k,n;
scanf(" %d" ,&n);
for(i = 1;i <= n;i++)
scanf(" %d" ,&a[i].key);
printf("输入待查元素关键字: ");
scanf(" %d",&i);
k = seq_search(i,a,n);
if (k == 0)
printf("表中待查元素不存在");
else
printf("表中待查元素的位置 %d",k);
}
```

(2)

```
#define KEYTYPE int                                    /* 查找表的结点类型定义 */
#define MAXSIZE 100
typedef struct
{KEYTYPE key;
}SEQLIST;
int bsearch(SEQLIST * st,KEYTYPE k,int n)              /* 有序表上二分查找非递归算法 */
{int low,high,mid;
low = 1;high = n;
while (low <= high)
{mid = (low + high)/2;
if (st[mid].key == k)
return mid;
else if (st[mid].key > k)
high = mid - 1;
else
low = mid + 1;
}
return 0;
}
main()
{SEQLIST a[MAXSIZE];
int i,k,n;
scanf(" %d" ,&n);
for(i = 1;i <= n;i++)
scanf(" %d" ,&a[i].key);
printf("输入待查元素关键字: ");
scanf(" %d",&i);
k = bsearch(a,i,n);
if (k == 0)
printf("表中待查元素不存在");
else
printf("表中待查元素的位置 %d",k);
}
```

(3)

```
#define NULL '\0'
#define m 13
typedef struct node
{int key;
struct node * next;
}CHAINHASH;
void creat_chain_hash(CHAINHASH * HTC[])
{CHAINHASH * p;
 int i, d;
  scanf("%d",&i);
  while (i != 0) {
    d= i % 13;
    p = (CHAINHASH * ) malloc(sizeof(CHAINHASH));
    p->next = HTC[d];
    p->key = i;
    HTC[d] = p;
    scanf("%d",&i); }
}
void print_chain_hash(CHAINHASH * HTC[])
{ int i;
CHAINHASH * p;
for(i =0; i<13; i++)
 {if(HTC[i] == NULL) printf("   %3d | ^\n",i);
  else {p = HTC[i];
      printf("   %3d | ->",i);
      while(p != NULL)
     {printf("%5d ->",p->key); p = p->next; }
      printf("^\n");
     }
  }
}
CHAINHASH * search_chain_hash(CHAINHASH * HTC[], int k)
{CHAINHASH * p;
int d;
d=k%13;
p=HTC[d];
while(p!= NULL&&p->key!=k)
   p = p->next;
return p;
}
main()
{CHAINHASH * HTC[m];
int i;
CHAINHASH * p;
printf("\nplease input data\n\n");
for (i = 0; i<m; i++)
HTC[i] = NULL;
printf("biao\n");
creat_chain_hash(HTC);
```

```
print_chain_hash(HTC);
printf("\ninput i: ");
scanf("%d",&i);
p = search_chain_hash(HTC, i);
if (p == NULL) printf("no found\n\n");
else printf("exist, %d\n",p->key);
}
```

实验八 排　　序

```
/* 在以下所有的排序算法中,待排序数据均放在 r[0]~r[n-1]单元中 */
#define KEYTYPE int                                     /* 顺序表的类型定义 */
#define MAXSIZE 100
typedef struct
{KEYTYPE key;
}RECORDNODE;
void gaosort(RECORDNODE *r,int n)                       /* 设立高端监视哨的直接插入排序算法 */
{int i,j;
for(i=n-2;i>=0;i--)
{r[n]=r[i];
j=i+1;
while(r[n].key>r[j].key)
{r[j-1]=r[j];
j++;
}
r[j-1]=r[n];
}
}

void maosort(RECORDNODE *r,int n)                       /* 自下向上扫描的冒泡排序算法 */
{RECORDNODE temp;
int i,j,noswap;
for(i=0;i<n-1;i++)
{noswap=1;
for(j=n-2;j>=i ;j--)
if (r[j].key>r[j+1].key)
{temp=r[j];r[j]=r[j+1];r[j+1]=temp;noswap=0;}
if(noswap)
break;
}
}

void xuansort(RECORDNODE *r,int n)                      /* 直接选择排序算法 */
{RECORDNODE temp;
int i,j,k;
for(i=0;i<n-1;i++)
{k=i;
for(j=i+1;j<=n-1;j++)
```

```
if (r[j].key<r[k].key)
k = j;
if (k!= i)
{temp = r[i];r[i] = r[k];r[k] = temp;}
}
}

int part(RECORDNODE * r,int * low,int * high)     /* 一趟快速排序算法 */
{int i,j;
RECORDNODE temp;
i = * low;j = * high;
temp = r[i];
do{while(r[j].key>= temp.key&&i<j)
j--;
if(i<j)
{r[i] = r[j];i++;}
while(r[i].key<= temp.key&&i<j)
i++;
if(i<j)
{r[j] = r[i];j--;}
}while(i!= j);
r[i] = temp;
return i;
}
void quicksort(RECORDNODE * r,int start,int end) /* 快速排序算法 */
{int i;
if(start<end)
{i = part(r,&start,&end);
quicksort(r,start,i - 1);
quicksort(r,i + 1,end);
}
}

void paixuhou(RECORDNODE * r,int n)
{int i;
printf("排序后: ");
for(i = 0;i<n;i++)                                /* 输出排序后的有序序列 */
printf(" %4d" ,r[i].key);
}

main()
{RECORDNODE r[MAXSIZE];
int i,len,start = 0;
int haoma,flag = 1;
scanf(" %d" ,&len);
for(i = 0;i<len;i++)
scanf(" %d" ,&r[i].key);
while(flag)
{printf("排序综合练习\n");
printf("1.直接插入排序\n");                       /* 系统菜单 */
printf("2.冒泡排序\n");
```

```
printf("3.直接选择排序\n");
printf("4.快速排序\n");
printf("0.退出\n");
printf("input:");
scanf("%d",&haoma);                                /*输入菜单选项值*/
if(haoma>=0&&haoma<=4)                             /*确定输入的号码范围为0~4*/
switch(haoma)                                      /*根据输入的haoma值,调用不同的排序算法*/
{case 1:gaosort(r,len);paixuhou(r,len);break;
case 2:maosort(r,len); paixuhou(r,len);break;
case 3:xuansort(r,len); paixuhou(r,len);break;
case 4:quicksort(r,start,len-1); paixuhou(r,len);break;
case 0:flag=0; break;
}
printf("结束此练习吗?(0—结束,1—继续)");
scanf("%d",&flag);
}
}
```

附录 常用术语中英文对照

为方便检索，以下术语按英文字母排序。

2_way insertion sort　二路插入排序

2_way merge　二路归并

Abstract DataType　抽象数据类型

Adjacency lists　邻接表

Adjacency matrix　邻接矩阵

Adjacency multilists　邻接多重表

Adjacent　邻接点

Algorithm　算法

Arrays　数组

Backtrackins　回溯

Balanced factor　平衡因子

Best wishes, alanced binary tree　平衡二叉树

Binary insertion sort　折半插入排序

Binary search　折半检索

Binary search tree　二叉搜索树

Binary sort tree　二叉排序树

Binary tree　二叉树

Blocking search　分块检索

Botton　栈底

Breath-First Search　广度优先索引

Bubble sort　冒泡排序

Chaining　链地址法

Circylar linked lists　循环链表

Column major order　列为主序

Complete binary tree　完全二叉树

Connected component　连通分支

Connected graph　连通图

Correctness　正确性

Data　数据

Data element　数据元素

Data item　数据项
Data structure　数据结构
Data type　数据类型
Degree　度
Dense graph　稠密图
Dense index　稠密索引
Depth-First Search　深度优先索引
Digit analysis method　数字分析法
Diminishing increment sort　缩小增量排序
Directed acycline graph　有向无环图
Directed complete graph　无向完全图
Directed graph (digraph)　有向图
Division method　除留余数法
Double circular linked list　双向循环链表
Double linked lists　双向链表
Files　文件
First In Last Out　先进后出
Folding method　折叠法
Frequency count　频度
Front　队头
Full binary tree　满二叉树
Generalized lists　广义表
Graph　图
Hashed file　散列文件
Heap sort　堆排序
Huffman tree　哈夫曼树
Immediate predecessor　直接前驱
Immediate successor　直接后继
Immediately allocate　直接定址
Indegree　入度
Indexed file　索引文件
Indexed Sequential Access Method　索引顺序存取方法
Inorder traversal　中序遍历
Inverted file　倒排文件
Key　关键字
Last In First Out　后进先出
Least Significant Digit First　最低位优先(LSD)
Linear list　线性表
Linear probing　线性探查

Linked storage structure　链状存储结构
List of 3_tuples　三元组表
Logical structure　逻辑结构
Merging sort　归并排序
Mid-square method　平方取中法
Minimum spanning tree　最小生成树
Most Significant Digit First　最高位优先(MSD)
Multi_way merge　多路归并
Multilist file　多重表文件
Network　网点
Open addressing　开放定址法
Orthogonal list　十字链表
Outdegree　出度
Overflow　上溢
Pattern matching　模式匹配
Pointer　指针
Postorder traversal　后序遍历
Preorder traversal　前序遍历
Primary key　主关键字
Queue　队列
Quick sort　快速排序
Radix sorting　基数排序
Readability　可读性
Rear　队尾
Robustness　健壮性
Row major order　行为主序
Searching　检索
Selection sort　选择排序
Sequenatial list　顺序表
Sequential file　顺序文件
Sequential search　顺序检索
Sequential storage structure　顺序存储结构
Shared　共享
Shared insertion sort　共享插入排序
Shells method　希尔排序
Shortest path　最短路径
Singly linked list　单链表
Sorting　排序
Space complexity　空间复杂度

Spanning tree　生成树
Sparse graph　稀疏图
Sparse index　稀疏索引
Sparse matrices　稀疏矩阵
Special matrices　特殊矩阵
Stack　栈
Straight insertion sort　直接插入排序
Straight selection sort　直接选择排序
String　串
Strong graph　强连通图
Substring　子串
Time complexity　时间复杂度
Top　栈顶
Topological sort　拓扑排序
Tournament sort　锦标赛排序
Tree　树
Tree selection sort　树型选择排序
Underflow　下溢
Undirected Complete Graph　有向完全图
Undirected graph (undigraph)　无向图
Virtual Storage Access Method　虚拟存储存取方法
With more than one key　多关键字文件

参考文献

[1] 张长富.数据结构(C语言版)1000个问题与解答.北京：清华大学出版社，2010.
[2] 严蔚敏，吴伟民，米宁.数据结构题集.北京：清华大学出版社，2011.
[3] 率辉.数据结构高分笔记之习题精析扩展.北京：机械工业出版社，2014.
[4] 陈德裕.数据结构学习指导与习题集.北京：清华大学出版社，2010.
[5] 陈守礼，陈守孔，胡潇琨，等.算法与数据结构考研试题精析.北京：清华大学出版社，2007.
[6] 李春葆，尹为民，等.数据结构教程(第3版)学习指导.北京：清华大学出版社，2009.
[7] 陶东辉，等.数据结构辅导及习题精解(C语言版)(新版).西安：陕西师范大学出版社，2006.
[8] 陈慧南.数据结构学习指导和习题解析——C++语言描述.北京：人民邮电出版社，2009.
[9] 王红梅，胡明，王涛.数据结构(C++版)学习辅导与实验指导.北京：清华大学出版社，2009.